基礎と演習

理工系の力学

高橋 正雄　著

共立出版

はじめに

多くの理工系の大学で，「力学」は１年生向けの必修科目として設置されている．それは「力学」が自然科学や工学の基礎であり，将来理工系のどの分野に進んでも必要となる数式処理能力や論理的考え方を習得する上で必要だからである．実際，力学を理解していないと履修できない専門科目も多い．

しかし「物理は難しい」と思い込み，苦手意識を持ってしまう学生が多いこともまた事実である．講義を聴いたときはわかった気になっても，実際に演習問題を解こうとしたら，どこから手をつけていけばよいかわからない，という声もよく聞く．さらにここ十年の間に，高校教育課程の自由化や入試方式の多様化も進み，新入生の学力低下も指摘されている．にもかかわらず多くの大学では依然として，高校物理の履修を前提にした教科書を使用している．そのため，ある大学で調査した学生アンケートでは，「力学・数学の補習授業は必要だと思う，あれば受けたい」と答えた学生が90%に達している．

本著は，そのような教育的・社会的変化に対応して書かれた「力学」の教科書・演習書である．標準的な大学の授業の進め方にしたがって全体を「力と運動」，「エネルギーと運動量」，「振動と円運動」，「剛体の力学」に分けた．各章での基本事項はできるだけ小項目に分け，図を多く用いてなるべく平易に説明した．理解を確実にするために，「まとめ」のページを設け，誘導形式の整理・確認問題や基本問題を配置した．全体を通して，理工系の大学に入学してはじめて「力学」を学ぼうとする学生に配慮した内容構成になっている．例えば，力学でつまずく人は，数学の基礎知識があいまいなことが多い．学ぶ人の立場に立って，必要となる三角関数・ベクトル・微分積分などの数学的知識も補充できるようにした．さらに４分野の最後の章には，基本問題と標準問題を並べ，期末試験などにも役立つようにした．問題にはすべて詳細な解答をつけたので，参考書として自学自習にも役立つと思う．演習問題を解く中から，読者の皆さんがしぜんと自信と実力が身につけられることを期待している．

姉妹書の『理工系の電磁気学』とともに物理学の学習に役立てていただければ幸いである．最後に，本書の出版にあたって大変お世話になった共立出版(株)の松原茂氏と大越隆道氏に深く感謝の意を表したい．

2006 年 9 月

著　者

目　次

ギリシア文字

大文字	小文字	発　音	大文字	小文字	発　音	大文字	小文字	発　音
A	α	アルファ	I	ι	イオタ	P	ρ	ロー
B	β	ベータ	K	κ	カッパ	Σ	σ	シグマ
Γ	γ	ガンマ	Λ	λ	ラムダ	T	τ	タウ
Δ	δ	デルタ	M	μ	ミュー	Υ	υ	ウプシロン
E	ϵ	イプシロン	N	ν	ニュー	Φ	$\phi\ \varphi$	ファイ
Z	ζ	ツェータ	Ξ	ξ	クシイ	X	χ	カイ
H	η	イータ	O	o	オミクロン	Ψ	ψ	プサイ
Θ	$\theta\ \vartheta$	シータ	Π	π	パイ	Ω	ω	オメガ

第Ⅰ部

力と運動

1 三角比とベクトル

「自然の書物は数学の言葉によってかかれている」とガリレオ・ガリレイは言った．ここでは力学ですぐ必要となる三角比とベクトルに関する数学的事項をまとめておく．

§ 1.1 三角比

■三平方の定理 角 C が直角で辺の長さが a, b, c の直角三角形 ABC（図 1.1）について，次の三平方の定理（**ピタゴラスの定理**）

$$a^2 + b^2 = c^2 \tag{1.1}$$

が成り立つ．

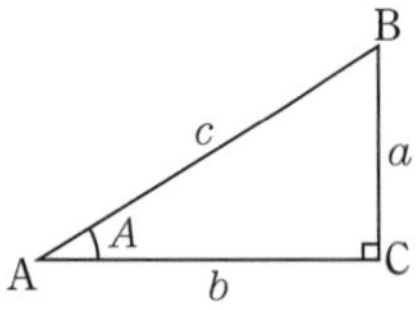

図 1.1 直角三角形

■三角比の定義 図 1.1 に示す直角三角形の角 A の三角比は，3 辺の長さ a, b, c を使って次式で定義する *．

* $\sin A$ は**サイン *A***
$\cos A$ は**コサイン *A***
$\tan A$ は**タンジェント *A*** とよぶ．

$$\textbf{正弦：}\sin A = \frac{a}{c} \qquad \textbf{余弦：}\cos A = \frac{b}{c} \qquad \textbf{正接：}\tan A = \frac{a}{b} \tag{1.2}$$

> **例題 1.1**（角度 30°，45°，60° の三角比の値） 角度 30°，60°，45° の正弦，余弦，正接の値を求めよ．

（解） 三角比の定義により

図 1.2(a) に示す鋭角が 30°，60° の直角三角形で

$$\sin 30^\circ = \mathbf{\frac{1}{2}} \quad \cos 30^\circ = \mathbf{\frac{\sqrt{3}}{2}} \quad \tan 30^\circ = \mathbf{\frac{1}{\sqrt{3}}}$$

$$\sin 60^\circ = \mathbf{\frac{\sqrt{3}}{2}} \quad \cos 60^\circ = \mathbf{\frac{1}{2}} \quad \tan 60^\circ = \mathbf{\sqrt{3}}$$

図 1.2(b) に示す直角二等辺三角形で

$$\sin 45^\circ = \mathbf{\frac{1}{\sqrt{2}}} \quad \cos 45^\circ = \mathbf{\frac{1}{\sqrt{2}}} \quad \tan 45^\circ = \mathbf{1}$$

■

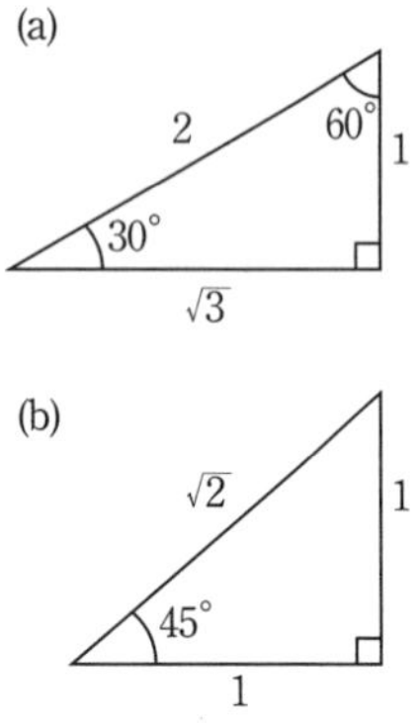

図 1.2 直角三角形

問題 1.1（三平方の定理と三角比） 図 1.3(a) で，AC の長さを求めよ．次に，$\sin\theta$，$\cos\theta$，$\tan\theta$ の値を求めよ．

問題 1.2（三平方の定理と三角比） 図 1.3(b) で，AC の長さを求めよ．次に，$\sin\theta$，$\cos\theta$，$\tan\theta$ の値を求めよ．

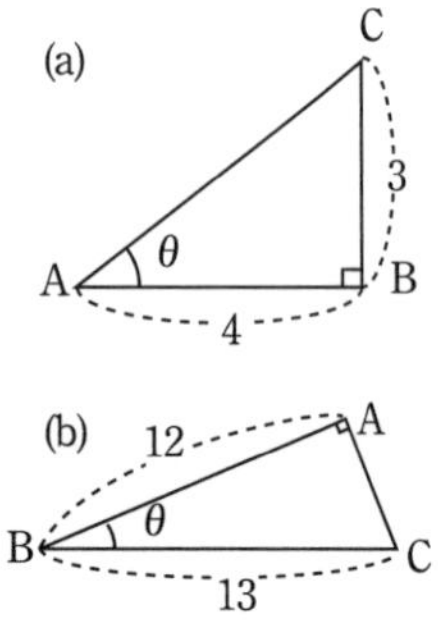

図 1.3 直角三角形

§ 1.2 三角比の拡張

■座標を用いた三角比（三角関数）の定義 図 1.4 のように，原点 O を中心とする半径 1 の円（単位円）上の点 $\mathrm{P}(x, y)$ を考える．OP が x 軸となす角を θ とするとき，三角比（三角関数）を

$$\sin\theta = y \qquad \cos\theta = x \qquad \tan\theta = \frac{y}{x} \tag{1.3}$$

で定義する．三角比の符号は図 1.4 をもとにして理解すること．

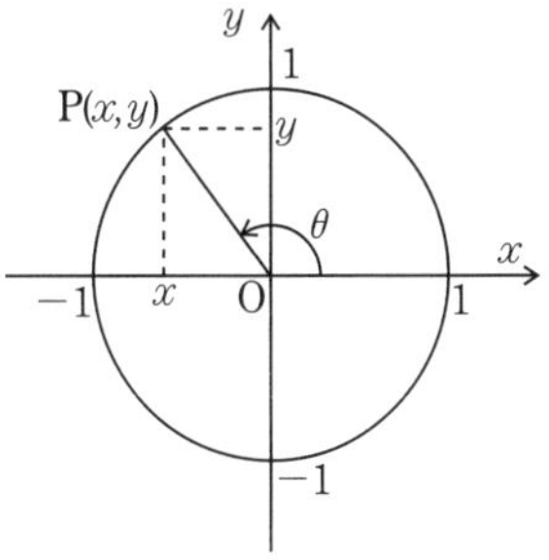

図 **1.4** 単位円と三角比

■三角比の相互関係 三角比（三角関数）の定義から

$$\sin^2\theta + \cos^2\theta = 1 \qquad \tan\theta = \frac{\sin\theta}{\cos\theta} \tag{1.4}$$

$$-1 \leqq \sin\theta \leqq 1 \qquad -1 \leqq \cos\theta \leqq 1 \tag{1.5}$$

■三角比の値と角度

> **例題 1.2**（三角比の値） 三角比 $\sin 150°$，$\cos 150°$，$\tan 150°$ の値を求めよ．

（解） 図 1.5(a) のように単位円をかき，$\theta = 150°$ の点 $\mathrm{P}(x, y)$ をとる．このとき図 (b) のように，辺の比が $1:2:\sqrt{3}$ の直角三角形ができていることに着目して，$y = 1/2\ (= \sin\theta)$，$x = -\sqrt{3}/2\ (= \cos\theta)$ の値を読み取り，$\tan\theta = y/x$ の値を計算する．

$$\sin 150° = \mathbf{\frac{1}{2}} \qquad \cos 150° = -\mathbf{\frac{\sqrt{3}}{2}} \qquad \tan 150° = -\mathbf{\frac{1}{\sqrt{3}}} \qquad ■$$

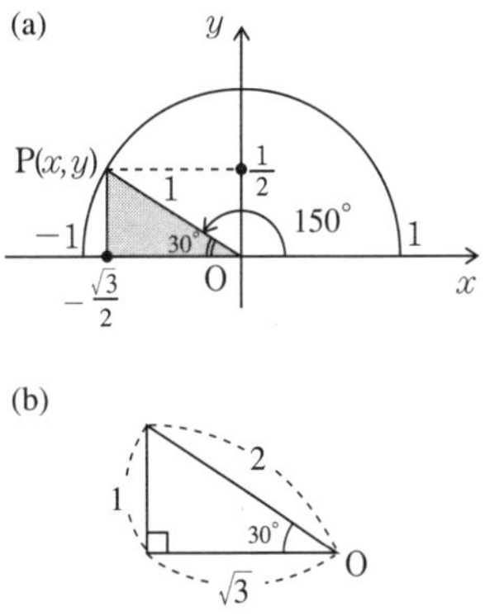

図 **1.5**

> **例題 1.3**（三角比についての方程式） $0 \leqq \theta < 360°$ のとき，次の等式を満たす θ の値を求めよ．
>
> (1) $\sin\theta = -\dfrac{1}{2}$ (2) $\cos\theta = -\dfrac{1}{2}$

（解） (1) $\sin\theta = -\dfrac{1}{2}$ の場合は，図 1.6(a) のように単位円と直線 $y = -\dfrac{1}{2}$ との交点を P，Q とする．このとき，OP，OQ の表す角が $\sin\theta = -\dfrac{1}{2}$ を満たす角 θ だから，$\theta = \mathbf{210°}$，$\mathbf{330°}$

(2) $\cos\theta = -\dfrac{1}{2}$ の場合は，図 (b) のように単位円と直線 $x = -\dfrac{1}{2}$ との交点を P，Q とする．このとき，OP，OQ の表す角が $\cos\theta = -\dfrac{1}{2}$ を満たす角 θ だから，$\theta = \mathbf{120°}$，$\mathbf{240°}$ ■

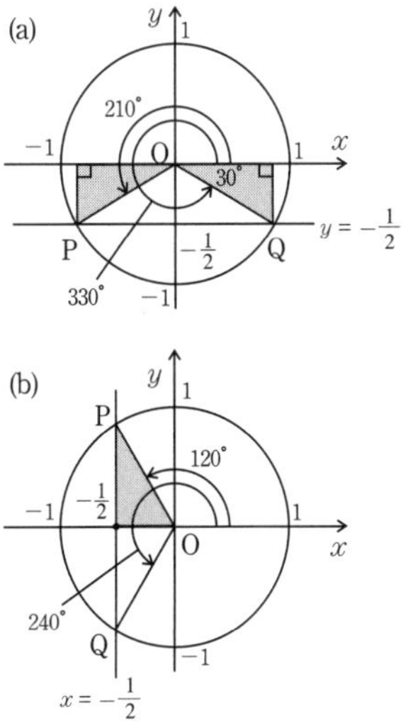

図 **1.6**

§ 1.3　ベクトル

■**ベクトル**　これから学習する「力」や「速度」,「加速度」のように，大きさと向きをもつ量を**ベクトル**とよぶ．一般にベクトルは，矢印で表す．始点を点 O，終点を A とするベクトルは $\overrightarrow{\mathrm{OA}}$ と記す．記号を簡略化するため，本書ではベクトルを記号 $\boldsymbol{a}$ のように太い英文字で表すが，$\vec{a}$ と表記する本もある．ベクトルの大きさは a $(= |\boldsymbol{a}| = |\vec{a}|$ または $|\overrightarrow{\mathrm{OA}}|)$ と記す．

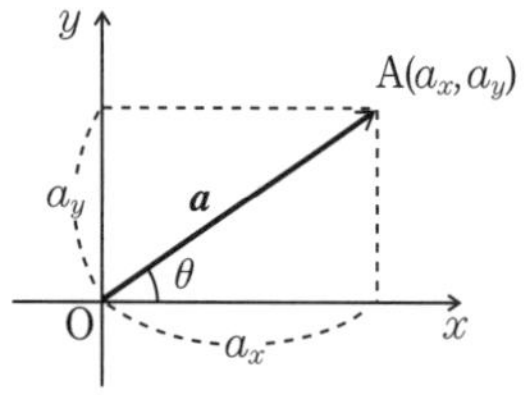

図 1.7

■**ベクトルの成分表示**　図 1.7 に示すような x-y 座標系を取ると，始点 O から終点 A(a_x, a_y) に向かうベクトルは *

$$\text{成分表示で：} \boldsymbol{a} = (a_x, a_y) \tag{1.6}$$

* ここでは 2 次元ベクトルを中心に説明するが，3 次元ベクトルの扱いは 2 次元ベクトルをそのまま拡張するだけでよい．

と表される．大きさ a と，ベクトルが x 軸とのなす角 θ を使えば，

$$x \text{ 成分：} a_x = a\cos\theta \qquad y \text{ 成分：} a_y = a\sin\theta \tag{1.7}$$

である．一方，成分 (a_x, a_y) を使えば，このベクトルは

$$\text{大きさ　：} a = \sqrt{a_x^2 + a_y^2} \tag{1.8}$$

$$x \text{ 軸となす角 } \theta\text{：} \tan\theta = \frac{a_y}{a_x} \tag{1.9}$$

と表される．

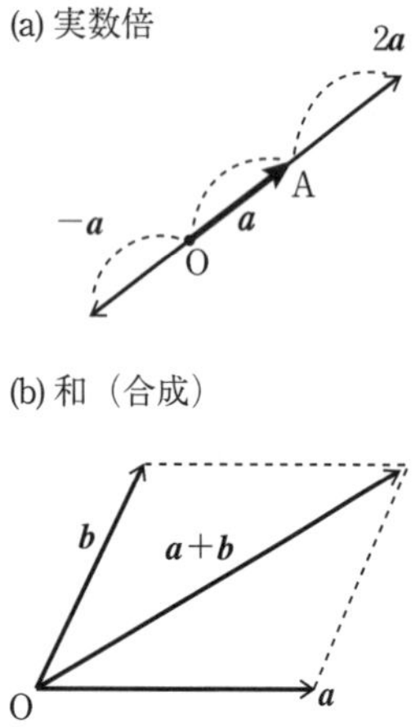

図 1.8

■**ベクトルの演算**　図 1.8(a) に示すように，ベクトル $\boldsymbol{a}$ の実数倍 $k\boldsymbol{a}$ は，同一直線上で $\boldsymbol{a}$ を k 倍する（実数 $k > 0$ ならば $\boldsymbol{a}$ と同じ向き，$k < 0$ ならば反対向き）．図 (b) に示すように，2 つのベクトル $\boldsymbol{a}$ と $\boldsymbol{b}$ の和（**合成ベクトル**）$\boldsymbol{a} + \boldsymbol{b}$ は，$\boldsymbol{a}$ と $\boldsymbol{b}$ を 2 辺とする平行四辺形の対角線で定義される（**平行四辺形法**）．

■**成分表示によるベクトルの演算**　図 1.9 に示すように，ベクトル $\boldsymbol{a} = (a_x, a_y)$，$\boldsymbol{b} = (b_x, b_y)$ と与えられるとき，

$$\text{和は } \boldsymbol{a} + \boldsymbol{b} = (a_x, a_y) + (b_x, b_y) = (a_x + b_x, a_y + b_y) \tag{1.10}$$

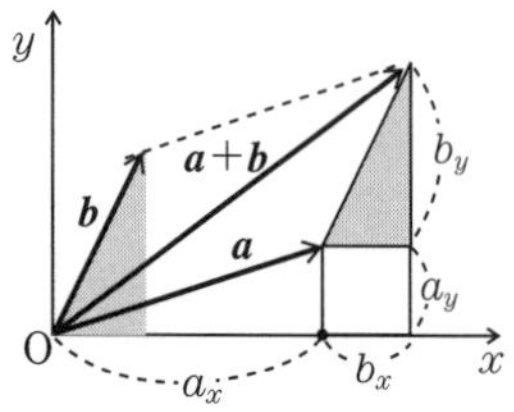

図 1.9

となる．つまり，合成ベクトル $\boldsymbol{a} + \boldsymbol{b}$ の x，y 成分は $\boldsymbol{a}$ と $\boldsymbol{b}$ の x と y 成分を各々加算するだけでよい．同様に，

$$\text{実数倍は} \quad k\boldsymbol{a} = k(a_x, a_y) = (ka_x, ka_y) \qquad (k \text{ は実数}) \tag{1.11}$$

$$\text{差は } \boldsymbol{a} - \boldsymbol{b} = (a_x, a_y) - (b_x, b_y) = (a_x - b_x, a_y - b_y) \tag{1.12}$$

となる．

§ 1.4 ベクトルの例題

■ベクトルの演算

> **例題 1.4**（**2** 次元ベクトルの演算） $\boldsymbol{a} = (2, 1)$, $\boldsymbol{b} = (1, -1)$ のとき，
>
> (1) ① $-\boldsymbol{b}$, ② $\boldsymbol{a} + \boldsymbol{b}$, ③ $\boldsymbol{a} - \boldsymbol{b}$ を成分表示で求めよ．
>
> (2) $\boldsymbol{a}$, $\boldsymbol{b}$, $-\boldsymbol{b}$, $\boldsymbol{a} + \boldsymbol{b}$, $\boldsymbol{a} - \boldsymbol{b}$ を図示せよ．

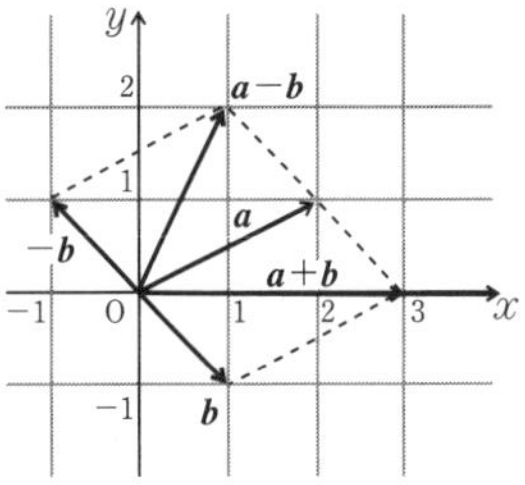

図 1.10

（解） (1) ① $-\boldsymbol{b} = (-1, 1)$ ② $\boldsymbol{a} + \boldsymbol{b} = (3, 0)$ ③ $\boldsymbol{a} - \boldsymbol{b} = (1, 2)$

(2) 作図をすれば，図 1.10 の通り． ■

■成分による方法

> **例題 1.5**（成分による方法） 図 1.11 に示すように，x 軸と 45° をなす大きさ $\sqrt{2}$ のベクトル $\boldsymbol{F_1}$ と 120° をなす大きさ 2 のベクトル $\boldsymbol{F_2}$ がある．合成ベクトル $\boldsymbol{F} = \boldsymbol{F_1} + \boldsymbol{F_2}$ の大きさと向きを求めよ．

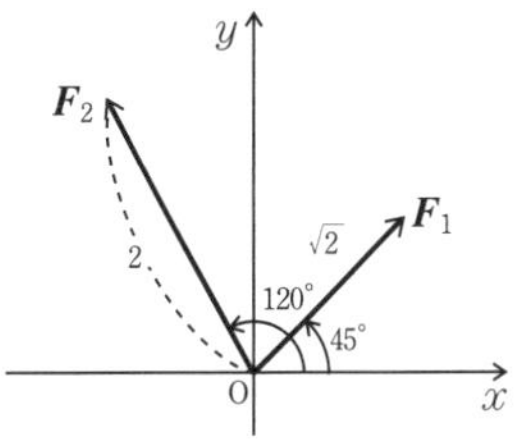

図 1.11

（解） 成分表示で表すと，

$$\boldsymbol{F_1} = (\sqrt{2}\cos 45°, \sqrt{2}\sin 45°) = (1, 1)$$

$$\boldsymbol{F_2} = (2\cos 120°, 2\sin 120°) = (-1, \sqrt{3})$$

合成ベクトルを求めるには各成分を各々加算すればよいから

$$\boldsymbol{F} = \boldsymbol{F_1} + \boldsymbol{F_2} = (1 - 1, 1 + \sqrt{3}) = (0, \sqrt{3} + 1)$$

よって合成ベクトルの大きさは $|\boldsymbol{F}| = \sqrt{3} + 1$,

x 軸となす角 θ は $\tan\theta = F_y/F_x = \infty$ より，$\theta = 90°$（y 軸方向） ■

■ベクトルの分解

> **例題 1.6**（斜面上の物体にはたらく重力）
>
> (1) 図 1.12(a) に示す直角三角形 ABD において，$\angle\mathrm{ABD} = \theta$ とする．頂点 A から辺 BD に下した垂線の足を C とするとき，$\angle\mathrm{CAD} = \theta$ であることを示せ．
>
> (2) 図 (b) は，水平面 BD と角 θ をなす斜面の上に物体 A があり，その物体 A にはたらく大きさ W の重力を，斜面に平行な成分 F_1 と斜面に垂直な成分 F_2 にわける方法を図示したものである．F_1 と F_2 の大きさを求めよ．

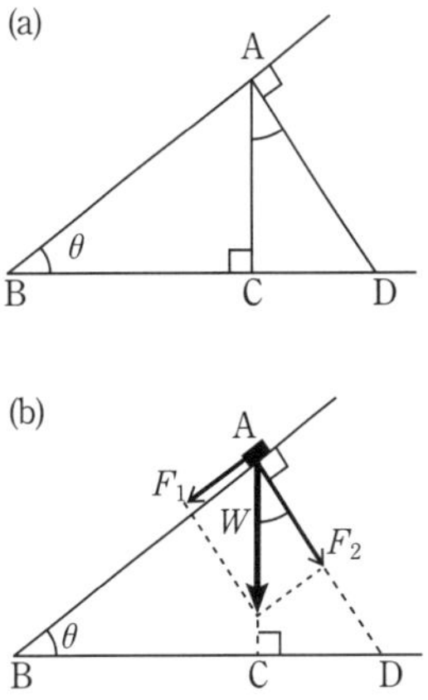

図 1.12

（解） (1) $\angle\mathrm{DAB} = \angle\mathrm{DCA} = \angle\mathrm{R}$（直角）で角 D は共通だから，$\triangle\mathrm{ABD}$ と $\triangle\mathrm{CAD}$ は 相似．相似のときは対応する角は等しいので， $\angle\mathrm{CAD} = \angle\mathrm{ABD} = \theta$（証明終わり）

(2) 図 (b) と三角比の定義から，

$$F_1 = W\sin\theta, \qquad F_2 = W\cos\theta$$ ■

まとめ（1. 三角比とベクトル）

整理・確認問題（三角比）

問題 1.3　次の表を完成させよ．

θ (度)	0°	30°	45°	60°	90°	180°	270°	360°
θ [rad]	0					π		2π
$\sin\theta$								
$\cos\theta$								
$\tan\theta$								

ヒント：弧度法と度数法の関係は　$\theta[\mathrm{rad}] = \dfrac{\theta[^\circ]}{180^\circ} \times \pi$
弧度法については §13.1 も参照．

基本問題（三角比）

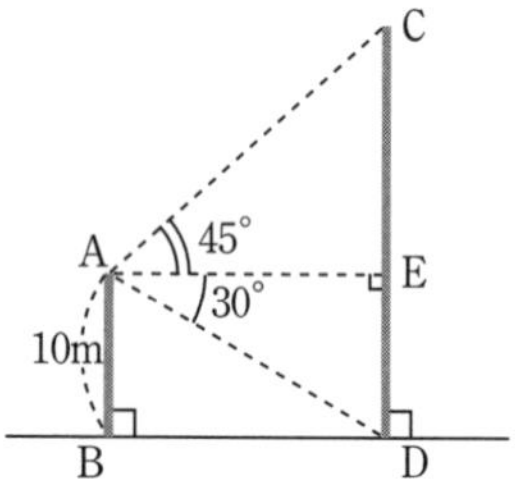

図 1.13

問題 1.4（三角比の応用）　水平な地面に高さ 10 m の塔 AB と，塔 AB より高い塔 CD が垂直に立っている．塔 AB の頂点 A から塔 CD の頂点 C を見上げた角は 45°，その真下の地点 D を見下ろした角は 30° である．$\sqrt{3} = 1.73$ とする．

(1) 2 つの塔の間の距離 BD はいくらか．

(2) 塔 CD の高さを求めよ．

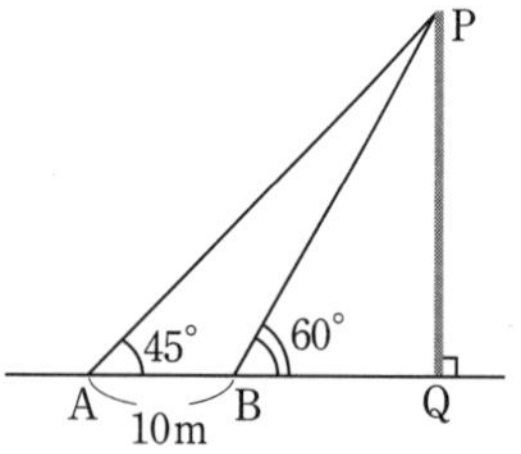

図 1.14

問題 1.5（三角比の応用）　水平な地面に塔 PQ が立っている．地点 A から塔の頂点 P を見上げると，仰角は 45° であった．さらに塔に 10 m 近づいた地点 B で仰角を測ると 60° であった．$\sqrt{3} = 1.73$ として，塔 PQ の高さを求めよ．

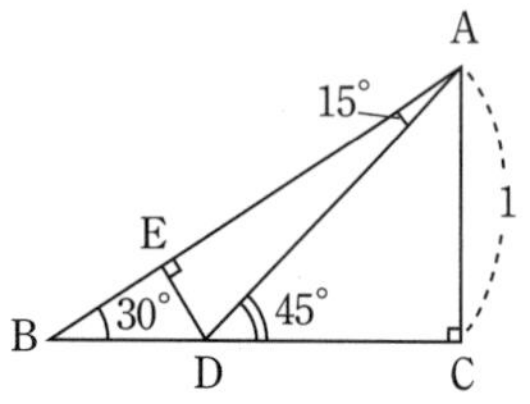

図 1.15

問題 1.6（15° の三角比）　図 1.15 に示す直角三角形 ABC において，辺 BC 上に点 D をとり，$\angle B = 30^\circ$，$\angle C = 90^\circ$，$\angle ADC = 45^\circ$，$AC = 1$ とする．さらに点 D から辺 AB に下ろした垂線の足を E とする．次のものを求めよ．

(1) BD の長さ　(2) DE の長さ　(3) $\sin 15^\circ$ の値

整理・確認問題（ベクトル）

次の [　　] に適当な言葉・文字・記号または数値を入れよ．

問題 1.7　2 つのベクトルが成分表示で $\boldsymbol{a} = (2, -1)$，$\boldsymbol{b} = (-2, 3)$ で与えられるとき，

(1) $\boldsymbol{a}+\boldsymbol{b} =$ [①]（成分表示）で，その大きさは $|\boldsymbol{a}+\boldsymbol{b}| =$ [②]

(2) $3\boldsymbol{a} =$ [③]（成分表示）で，$|3\boldsymbol{a}| =$ [④]

(3) $-2\boldsymbol{a}+3\boldsymbol{b}=$ [⑤]（成分表示）で，その大きさは [⑥]

基本問題（ベクトル）

問題 1.8（速度の合成）　速度はベクトルであり，ベクトルの合成の規則が適用できる．図 1.16 のように，流速が 3.0 m/s で川幅が 100 m の川がある．静水上を 4.0 m/s で進む船が，常に船首を流れに対して直角にむけて進むとき，

(1) 岸から見た船の速さ v（＝速度の大きさ）はいくらか．

(2) 船は出発した A 地点の対岸の B 地点よりさらに下流の C 地点に到着する．距離 BC は何 m か．距離 AC は何 m か．

(3) 船が川を横切るのに要する時間はいくらか．

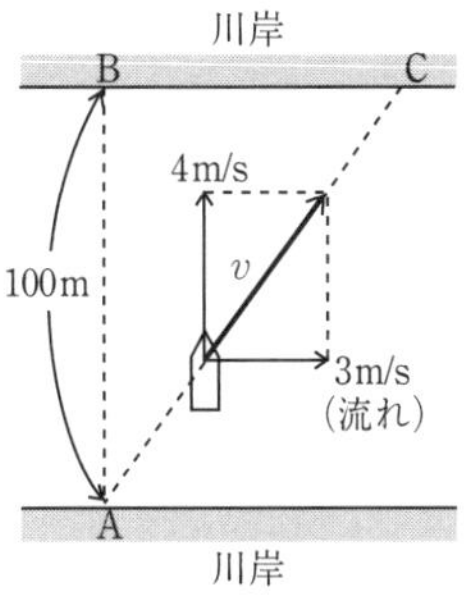

図 1.16

問題 1.9（相対速度）　鉛直に降っている雨を水平な地面上を $V = 5.0$ m/s で走る自動車から見ると，鉛直方向に対して 30° 傾いて降ってくるように見えた．地面に対する雨滴の速さ v は何 m/s か．また自動車から見る雨滴の速さ v' は何 m/s か．$\sqrt{3} = 1.73$ とする．

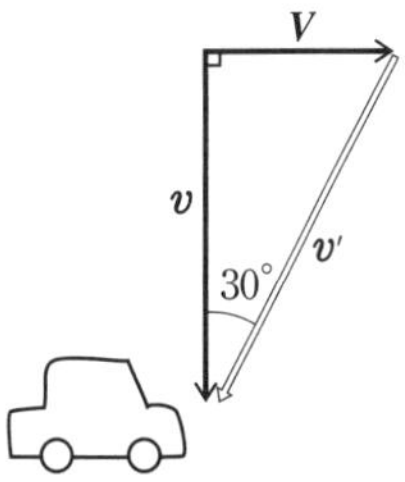

図 1.17

コーヒーブレイク

なぜ，60 進法？

日常生活の必要な数量はほとんど 10 進法で計量されている．10 進法が定着した一番の理由は，手の指が 10 本だからである．しかし，角度と時間はなぜか 60 進法である *．その起源ははっきりしないが，1 年が 365 日であることに由来すると思われる．毎日定時に星座を観測すると，星座は 1 年かけて北極星のまわりを 1 周する．このとき角度の 1 周を 360° にとれば，1 日に 1 度ずつ回っていくことに，古代メソポタミア人達は気がついていた．さらに，円は半径で 6 等分でき，角度 60° の正三角形がつくれる．それを半分にすると，30° になり，12 等分できる．季節に四季があることや月の満ち欠けを考えると，1 年を 12 ヵ月に分けた方がよい **．数字の 60 は，2，3，5 で割り切れる．天空での星の運行を記録し暦を作成するには，60 進法の方が便利だったのだ．

---

* フランス大革命のとき時計や角度の 10 進法も導入されたが，評判が悪く廃止された．一方このとき導入された MKS 単位系は，後の一部の変更を経て現在も使われている．

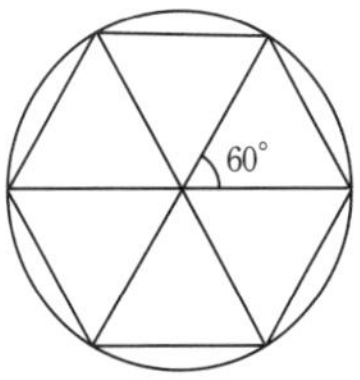

図 1.18

** 月の公転周期は約 27.3 日で，満ち欠けの周期は約 29.5 日である．

2　力のはたらき

力学の第 1 歩は力の種類と性質を知ることである．力は大きさと向きをもつベクトルである．力のつり合いは，ベクトルや三角比のよい演習問題でもある．

§ 2.1　いろいろな力

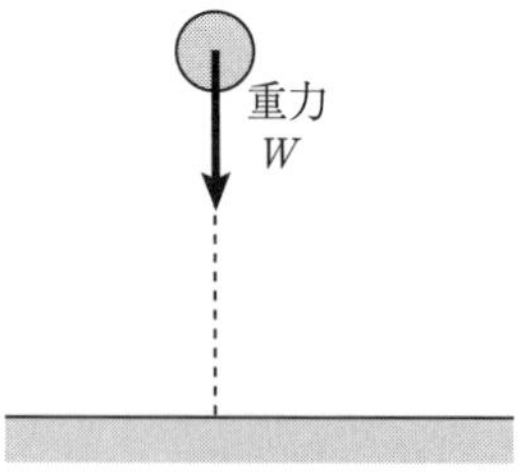

図 2.1　重力と落下運動

■重力　地上にある物体には 鉛直下向きに重力 がはたらく．図 2.1 のように，物体が落下するのは，物体にはたらく重力が原因である．物体が地表近くにある場合には，物体にはたらく重力は場所によらない一定値であるとして扱ってよい．重力の大きさはその物体のもつ**質量**に比例する．**1 kg** の質量の物体にはたらく重力の大きさを **1 kgw**（**キログラム重**）とよび，力の実用単位として扱う．1 kgw は 1 リットル (l) の水の入ったペットボトルの**重さ**にほぼ等しい *.

* 重さは重力の大きさで kgw の単位をもち，**質量**は物体自身のもつ量で kg の単位をもつ．混同しやすいが，厳密に区別すること．

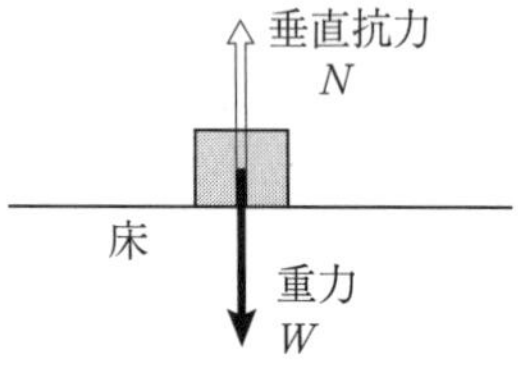

図 2.2　重力と垂直抗力

■重力と垂直抗力　図 2.2 のように，水平な床に置かれた物体にも重力がはたらいている．重力がはたらいているにもかかわらず，物体が静止しているのは，重力のほかに**垂直抗力**がはたらいているからである．垂直抗力は床が物体に及ぼす力である．このように，1 つの物体にいくつかの力がはたらいて，それらが互いに打ち消し合って，物体が静止しているとき，それらの 力はつり合っている という．図 2.2 の場合には，重力 W と垂直抗力 N とがつり合っていて，

$$N = W$$

上向きの力（垂直抗力）の大きさ ＝ 下向きの力（重力）の大きさ

の関係がある．重力が物体自身のもつ質量に比例して決まるのに対して，**垂直抗力はつり合いの条件から決まる**．抗力のように，つり合いの条件により決まる力を**現れる力**（または**拘束力**）とよぶ．

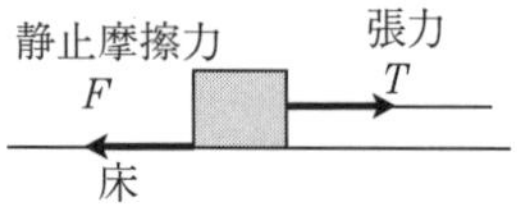

図 2.3　静止摩擦力

■静止摩擦力　図 2.3 に示すように，粗い床の上に置かれた物体にひもをつけて大きさ T の力で水平に引っ張る **．外部からの力 T（ひもの**張力**）が小さければ，物体は動かない．これは外力 T と反対向きに**静止摩擦力** F がはたらき，T とつり合うからである．**静止摩擦力 F もつり合いの条件により決まる力**（現れる力）である．図 2.3 では，つり合いの条件

$$F = T \qquad (\text{静止摩擦力の大きさ}) = (\text{張力の大きさ})$$

から決まる．T が大きければ，F も大きくなるが，**最大摩擦力** F_0 を超えることはできない．F_0 は垂直抗力 N に比例し

$$\text{最大摩擦力 } \boldsymbol{F_0} = \boldsymbol{\mu N} \qquad (\mu \text{ は静止摩擦係数}) \tag{2.1}$$

と表される．T が F_0 を超えると，物体は動き出す．

** 摩擦が現れる面を**粗い面**，摩擦が無視できる面を**滑らかな面**とよぶ．

■弾性力　図 2.4 に示すように，ばねを自然の長さ（自然長）から伸ばしたり縮めたりすると，元の長さに戻ろうとする力（**弾性力**）がはたらく．この弾性力の大きさ F はばねの伸びた（縮んだ）長さ s に比例し

$$\text{フックの法則：} F = ks \tag{2.2}$$

の関係がある．比例定数 k を**ばね定数**とよぶ．

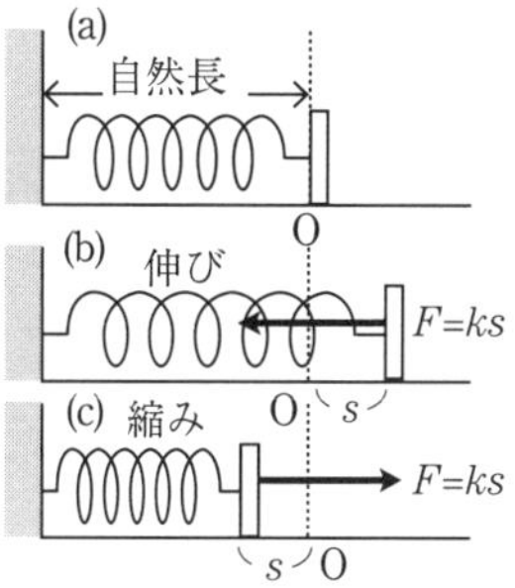

図 2.4　ばねの弾性力

§ 2.2　力の表し方とはたらき

■力の表し方　力は大きさと向きをもつ**ベクトル量**である *．物体に力がはたらいている点を力の**作用点**という．力を図示するには，図 2.5 のように，作用点から力の向きに，その大きさ F に比例した長さの「力の矢印」を描き，記号 $\boldsymbol{F}$（または $\vec{F}$）のように表す．力のはたらきは，大きさ，向き，作用点によって決まるので，これらを**力の三要素**とよぶ．また，作用点を通り，力の向きに引いた線を**作用線**とよぶ．

* 大きさだけをもち向きをもたない量を**スカラー**とよぶ．「質量」や「体積」はスカラー量である．

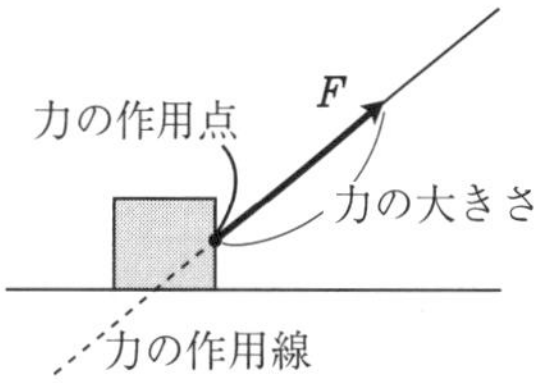

図 2.5　力の表し方

■近接力と遠隔力　物体は接している他の物体から力を受ける．例えば，図 2.6 で物体は，ひもと床に接していて，ひもからは張力 T，床からは垂直抗力 N と摩擦力 F を受けている．このように，直接接している他の物体から受ける力を**近接力**（または**接触力**）とよぶ．一方重力 W は，地球自体の質量から及ぼされるが，地球に直接接していなくても，物体に力が及んでいる．このような力を**遠隔力**とよぶ．遠隔力は重力（万有引力），電気力，磁気力の 3 つだけである．特別な指定がない限り，力学では重力だけを問題とする．

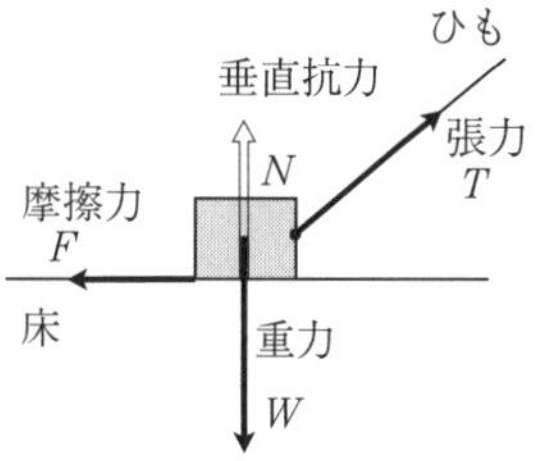

図 2.6　物体にはたらく力

■作用・反作用の法則　図 2.7(a) で，ひもの張力を通して，物体 A が物体 B を大きさ T の力で持ち上げているが，同時に B は A を大きさ T の力で下向きに引っ張っている．このように，一般に，2 つの物体 A と B があり，**A が B に力をはたらかせているとき**（作用），**B は A に同じ大きさで向きが反対の力を同一作用線上ではたらき返している**（反作用）．これを**作用・反作用の法則**とよぶ．

■ひもの張力　図 2.7(a) に示すように，「軽い」ひもの両端で，張力 T の大きさは等しい．また図 2.7(b) のように，ひもを通した「軽い」滑車は，張力の向きを変えるが，力の大きさを変えない．

力学で「軽い」とは，質量が無視できる，という意味である．質量をもつ滑車の運動については，剛体の力学で学ぶ．

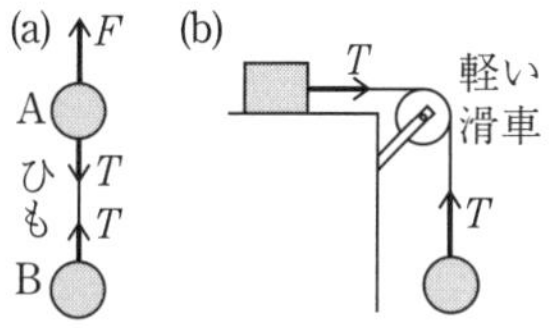

図 2.7　作用・反作用
（ひもの張力）

§ 2.3　力のつり合い (1)

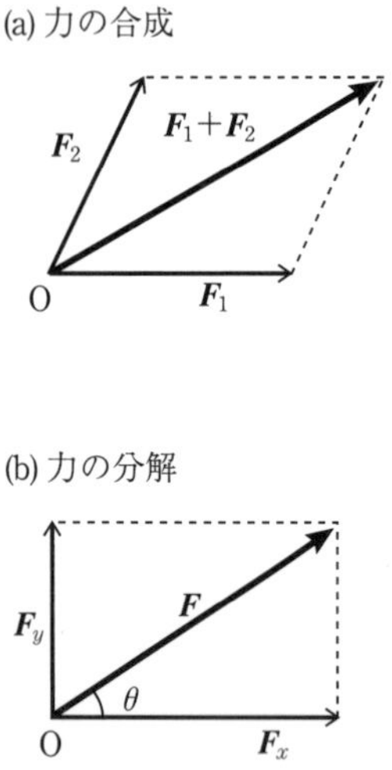

図 2.8　力の合成と分解

■力の合成と分解　力はベクトルであるから，図 2.8(a) に示すように，平行四辺形法によって合成される．また，図 (b) に示すように，分解することもできる．合成して得られた力を**合力**，分解して得られた力を**分力**という．力の合成は 1 通りしかない．力の分解の仕方は何通りもあるが，直交する x-y 方向に分解するのが普通である．

■力のつり合いの条件　物体にいくつかの力がはたらきつり合うとき，これらの力の x 方向の分力も y 方向の分力もそれぞれつり合う．x-y 方向には，「水平－鉛直」か，「斜面に垂直－平行」をとる場合が多いが，具体的には問題演習を通して習得するほうがよい．

例題 2.1（3 力のつり合い）　図 2.9(a) に示すように，重さ W のおもりが，2 本の糸で天井からつり下げられている．糸 A，B が水平とそれぞれ 60°，45° をなしているとき，各糸の張力 T_A と T_B はそれぞれいくらか．はじめに，W や無理数（$\sqrt{2}$ や $\sqrt{3}$）はそのままの形で示し，次に $W = 10\,\mathrm{kgw}$ のときそれぞれ何 kgw かを答えよ．

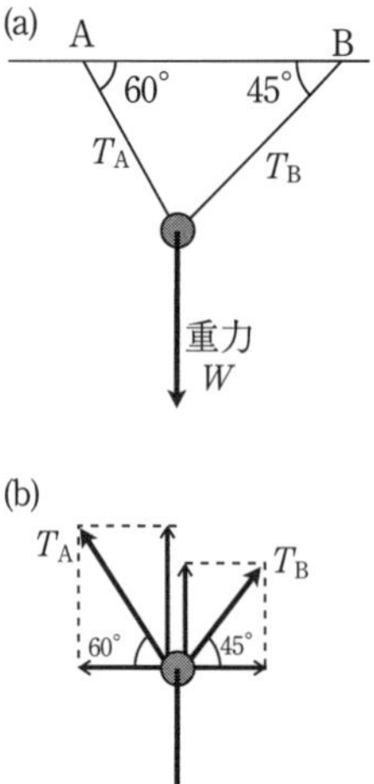

図 2.9

(解)　与えられているのは $W = 10\,\mathrm{kgw}$ で，求める量はつり合いの式から決まる T_A，T_B である．図 (b) のように T_A と T_B を水平方向と鉛直方向に分解し，力のつり合いの式をたてると，

水平方向：$T_A \cos 60° = T_B \cos 45°$ より　$\frac{1}{2}T_A = \frac{\sqrt{2}}{2}T_B \quad \cdots①$

鉛直方向：$T_A \sin 60° + T_B \sin 45° = W$ より

$$\frac{\sqrt{3}}{2}T_A + \frac{\sqrt{2}}{2}T_B = W \quad \cdots②$$

条件式①と②を T_A と T_B を未知数とする連立方程式とみなして解き，次に W =10 kgw を代入すると，

$$T_A = \boldsymbol{(\sqrt{3}-1)W = 7.32\,\mathrm{kgw}}$$

$$T_B = \boldsymbol{\frac{\sqrt{2}}{(\sqrt{3}+1)}W = \frac{\sqrt{2}(\sqrt{3}-1)}{2}W = 5.18\,\mathrm{kgw}}$$

■

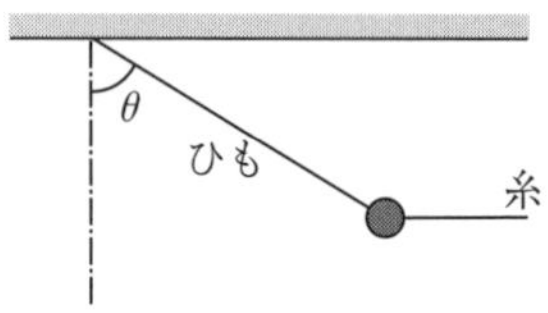

図 2.10

問題 2.1（重力と張力のつり合い）　図 2.10 に示すように，重さ W の物体にひもをつけて天井からつるし，別の糸でこの物体を水平方向から引っ張ったら，ひもが鉛直方向と角 θ をなした状態でつり合った．ひもの張力 T，糸の張力 F はそれぞれいくらか．初めに W と θ を使った形で示し，次に重さ $W = 10\,\mathrm{kgw}$，$\theta = 60°$ のときそれぞれ何 kgw かを数値で答えよ．

§ 2.4　力のつり合い (2)

■**力の見つけ方**　力のつり合いは，まず物体にはたらいている力を見つけ，図に書き込むことである．その手順は

(1) 最初に遠隔力である**重力**を書き込む．

(2) 次に，接触している物体から受ける力（近接力）をさがし，その接触点を作用点として，力の矢印を書き込む．

面と接触していると ……………… **垂直抗力**（接触面に垂直）

粗い面と接触していると ………… **摩擦力**（接触面に平行）

糸（ひも）につながれていると …… **糸（ひも）の張力**

ばねにつながれていると ………… **ばねの弾性力**

などがある．このとき，力を見落とさないように注意．

> **例題 2.2（摩擦のある斜面上の物体）**　図 2.11(a) に示すように，水平面と角 $\theta = 30°$ をなす粗い斜面上に，重さ $W = 2\,\mathrm{kgw}$ の物体が静止している．この物体にはたらく垂直抗力 N と静止摩擦力 F の大きさはそれぞれ何 kgw か．

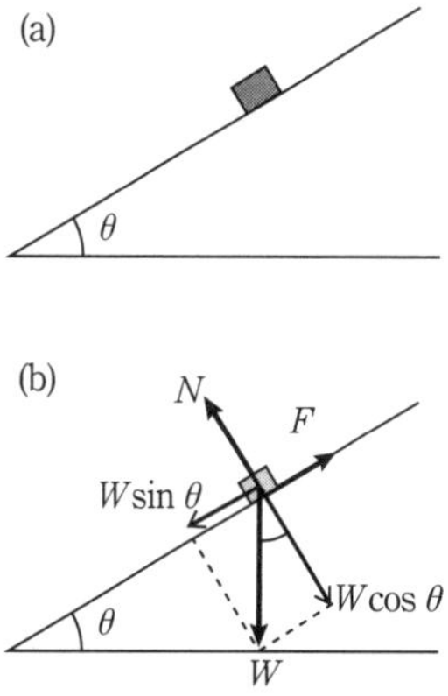

図 **2.11**

（解）　図にまず鉛直下向き重力 W を記入する．垂直抗力 N と摩擦力 F の大きさはつり合いの条件からきまるが，力の向きはそれぞれ「斜面に垂直」，「斜面に平行」であることが分かっているので，そのことに注意して N と F も書き込むと図 (b) のようになる．次に，鉛直下向きの重力 W を「斜面に垂直な成分 $(= W\cos\theta)$」と「斜面に平行な成分 $(= W\sin\theta)$」に分解する（例題 1.6 参照）．力のつり合いの式を立てて，

斜面と平行方向：$F = W\sin\theta = 2\sin 30° = 2 \times \dfrac{1}{2} = \mathbf{1.0\ kgw}$

斜面と垂直方向：$N = W\cos\theta = 2\cos 30° = \boldsymbol{\sqrt{3} = 1.73\,\mathrm{kgw}}$ ■

> **例題 2.3（糸で結ばれた斜面上の物体とおもり）**　図 2.12(a) に示すように，水平面と角 θ をなす滑らかな斜面上に，重さ W_1 の物体 A をのせて糸をつけ，他端に重さ W_2 の物体 B をつけ，軽い滑車を通してつるしたところ A，B は静止した．W_1 と W_2 との関係を求めよ．

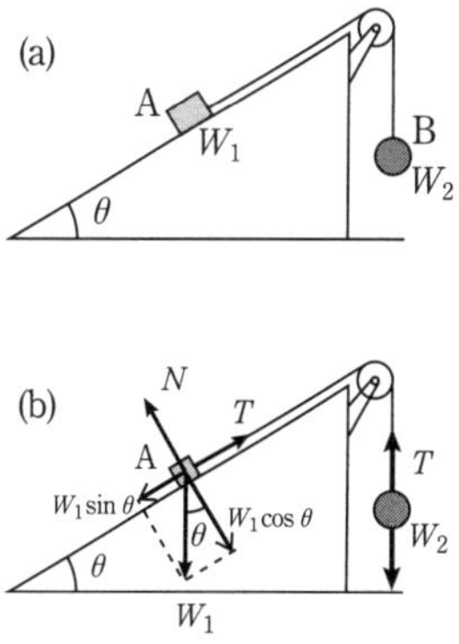

図 **2.12**

（解）　図にまず重力 W_1 と W_2 を記入する．物体 A，B に直接接触しているのは糸の張力で，軽い滑車だから糸の両端での張力は等しいとして T を図に書き込む．さらに垂直抗力 N を書き込むと，図 (b) のようになる．W_1 を「斜面に垂直な成分」と「斜面に平行な成分」に分解すると，N は「斜面に垂直な成分 $(= W_1\cos\theta)$」と等しい．

A の斜面と平行方向のつり合いの式は　　$T = W_1\sin\theta \cdots$ ①

B の鉛直方向のつり合いの式は　　$W_2 = T \cdots$ ②

①と②から T を消去すれば *　　$\boldsymbol{W_2 = W_1\sin\theta}$　　■

* このように物体 A，B が直接受ける力 T を使って，つり合いの式を立ててから解くこと．

まとめ（2. 力のはたらき）

整理・確認問題

問題 2.2　物体にはたらく力には，遠くにある物体からはたらく [①] と，接触している物体からはたらく [②] の 2 種類がある．前者の力で力学で問題になるのは [③] である．後者の力でつり合いで問題になるのは，接触面から垂直に受ける [④] と，面が粗いとき面に平行にはたらく [⑤]，物体に直接結ばれている糸やひもから及ぼされる [⑥]，ばねから及ぼされる [⑦] などである．

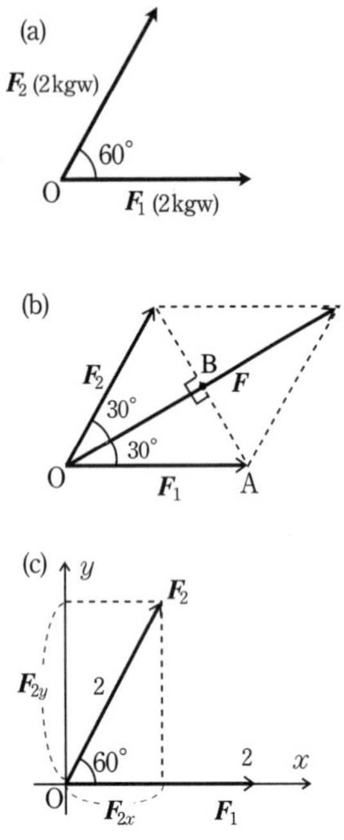

図 2.13

問題 2.3　図 2.13(a) のように，角 60° をなして点 O にはたらく大きさ 2 kgw の 2 つの力 $\boldsymbol{F_1}$ と $\boldsymbol{F_2}$ の合力の大きさ F を求める．

(1) 図 (b) に示す**平行四辺形法**では，直角三角形 OAB において $\angle\mathrm{AOB} = 30°$ だから，

$F = 2 \times \mathrm{OB} = 2 \times \mathrm{OA}\cos 30° =$ [①] kgw.

(2) **成分による方法**では図 (c) のように座標 (x-y) 軸をとり，成分を求めて，

$\boldsymbol{F_1} = (F_{1x}, F_{1y}) =$ ([②], [③])

$\boldsymbol{F_2} = (F_{2x}, F_{2y}) =$ ([④], [⑤])

合力 $\boldsymbol{F}$ の各成分は，それぞれの成分の和だから

$F_x = F_{1x} + F_{2x} =$ [⑥] kgw.

$F_y = F_{1y} + F_{2y} =$ [⑦] kgw.

よって，$F = \sqrt{F_x^2 + F_y^2} =$ [⑧] kgw.

基本問題

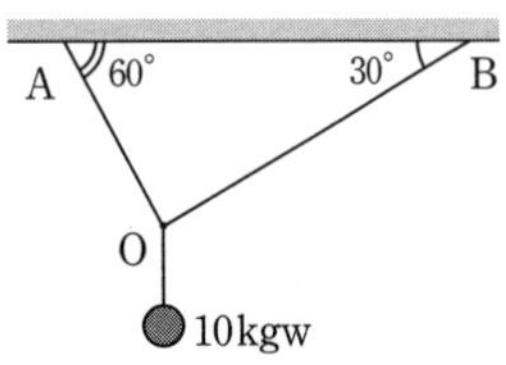

図 2.14

問題 2.4（**3 力のつり合い**）　図 2.14 のように，糸の両端を天井の 2 点 A，B に固定し，糸の途中の点 O に 10 kgw のおもりをつるしたところ，糸 OA，OB は水平線とそれぞれ角 60°，30° をなした．糸 OA，OB の張力の大きさを T_{A}，T_{B} [kgw] として，

(1) 水平方向の力のつり合いの式をかけ．

(2) 鉛直方向の力のつり合いの式をかけ．

(3) T_{A}，T_{B} はそれぞれ何 kgw か．

問題 2.5（フックの法則）　ばね定数 k が 3.0 kgw/m のばねがある．

(1) このばねに重さ 1.2 kgw のおもりをつけてぶら下げたら，ばねは何 m 伸びるか．

(2) 図 2.15 のように，傾斜角 60° の摩擦のない斜面上でこのばねの一端を固定し，他端に 1.2 kgw のおもりをつけたらばねは何 m 伸びるか．

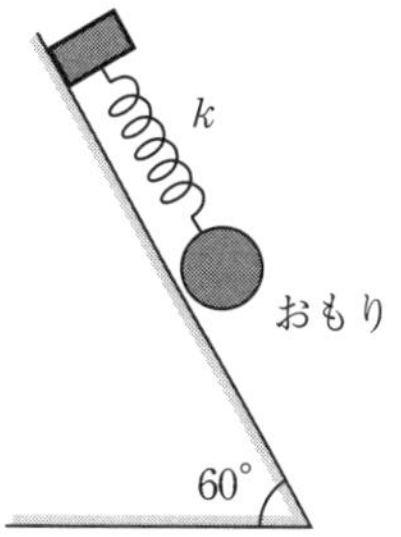

図 **2.15**

問題 2.6（糸で結ばれた斜面上の 2 物体）　水平面と角 60° をなす斜面と角 30° をなす斜面が，直角をなして接している．図 2.16 に示すように，重さ W_1 の物体 A を一方の斜面にのせて糸をつけ，軽い滑車を通して他端に重さ W_2 の物体 B をつけ他方の斜面上に置いたところ，A と B は静止した．斜面は滑らかで，糸の張力の大きさを T として，

(1) 物体 A について，斜面に平行方向の力のつり合いの式を T を使ってかけ．

(2) 物体 B について，斜面に平行方向の力のつり合いの式を T を使ってかけ．

(3) $W_1 = 10$ kgw のとき，W_2 と T はそれぞれ何 kgw か．

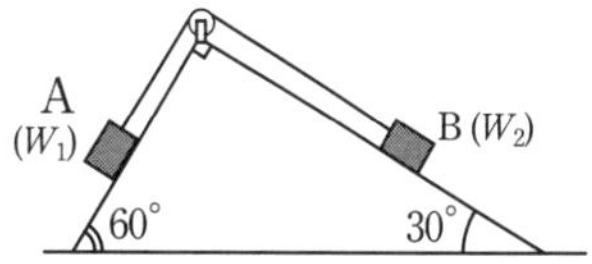

図 **2.16**

※ この問題のように，物体に接触して直接はたらく力（張力 T）を使って，各物体ごとの式を立てること．連立方程式となるから T は求まる．

―――― コーヒーブレイク ――――

静力学の基礎を築いたステビン

ステビン (1548~1620) はオランダの技術者で，数学者でもあった．図 2.17 はステビンの著書の扉絵である．ステビンは図中の滑らかな 3 角形の斜面にかけた鎖が，動き出しそうに見えるが動かないことを，「不思議にして不思議にあらず」と記した．斜面上の鎖の重さは斜面の長さに比例するが，はたらく力の合成と分解を考えて，力がつり合うことを示した．このとき力の平行四辺形の法則を発見し，静力学の基礎を築いたとされる（問題 6.14 参照）．

さらにステビンは 1589 年，2 階の窓から重さが 10 倍違う 2 つの球を落としたら同時に地面に達する音が聞こえたと記している．これは（ガリレオ・ガリレイよりも先の）記録に残っている最初の落下実験である．その他にステビンは，小数を導入した数学者としても知られる．それまで 1 より小さい数は分数で表されていたから，小数の発明は 10 進法を採用した画期的な表記法だった．

図 **2.17**　ステビンの鎖

3　運動の表し方(1)

ここでは，等速度運動・等加速度運動を中心に学習する．後半では，身近にある具体例として，落下運動・放物運動を取り上げる．等加速度運動の 3 公式を使いこなせるようになることがここでの主な目標である．

§ 3.1　等速度運動と等加速度運動

■等速度運動　一定の速度で動く運動を**等速度運動**という．物体が一定の速さ v [m/s] で運動するとき，時間 t [s] の間に進んだ距離を x [m] とすると，

$$(速さ\ v) = \frac{(移動距離\ x\ )}{(経過時間\ t\ )} \quad つまり\ x = vt \tag{3.1}$$

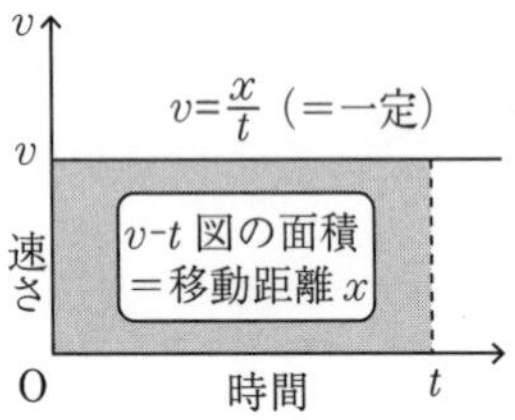

図 3.1　等速度運動

の関係が成り立つ．図 3.1 は，速さと時間の関係を示すグラフ ***v-t* 図**である．等速度運動では $v=$ 一定 であるから，v-t 図の傾きはいつでも 0 である．v-t 図で，2 本の縦線 $t=0$ と t で囲まれた面積は，その間に進んだ距離 $x\ (=vt)$ に等しい．

■等加速度運動　速度の時間変化率を**加速度**とよぶ．加速度が一定の運動を**等加速度運動**とよぶ．直線上を一定の加速度 a [m/s^2] で運動する物体の速度 v [m/s] は，時間 t [s] の**関数**として

$$v = v_0 + at \tag{3.2}$$

と表される．ここで v_0 は $t=0$ のときの速度で，**初速度**とよばれる．物体の**変位**（＝位置の変化）x を「平均の速さ $\left(\dfrac{v+v_0}{2}\right)$ × 時間 t」として $v=v_0+at$ を代入して計算すると，

$$x = v_0 t + \frac{1}{2}at^2 \tag{3.3}$$

となる．式 (3.2) と (3.3) から時刻 t を消去すると，

$$v^2 - v_0^2 = 2ax \tag{3.4}$$

が導かれる*．

* 式 (3.2) ～ (3.4) は**等加速度運動の 3 公式**とよばれ，頻繁に使われるので記憶しておくこと．

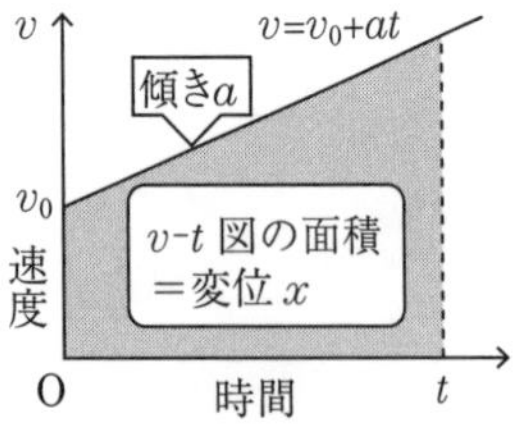

図 3.2　等加速度運動

図 3.2 に等加速度運動の v-t 図を示す．**v-t 図の傾きは加速度 a を表し，v-t 図の面積が変位 x に対応している．**

§ 3.2 等加速度運動の例——落下運動

■落下運動 空気抵抗がはたらかない場合, 物体は **鉛直下向きに加速度 $g = 9.8\,\mathrm{m/s^2}$ の等加速度運動**をする. 落下運動の問題では,

鉛直投げ下しでは下向きを正に y 座標をとり $a = g$,

鉛直投げ上げでは上向きを正に y 座標をとり $a = -g$

として, 等加速度運動の 3 公式を適用するとよい *.

* つまり初速度の向きを正の向きにとる. 初速度 $v_0 = 0$ の落下運動を**自由落下運動**とよぶ.

> **例題 3.1**（自由落下） 水面より高さ 10 m の所から, 石を自由落下させた. 石が水面に達するまでの時間と, 水面に達する直前の石の速さを求めよ. ただし, 重力加速度の大きさを $g = 9.8\,\mathrm{m/s^2}$ とし, 空気抵抗は無視する.

(解) 図 3.3 に示すように, 落下し始める点を原点として, 鉛直下向きに y 軸をとり, $v_0 = 0$, $a = g$ として等加速度運動の公式を適用すると $v = gt \cdots ①$ $y = \frac{1}{2}gt^2 \cdots ②$ $v^2 = 2gy \cdots ③$

高さにして $h = 10$ m 落下したときの時間 t は, $y = h$ とおいて,

②の $h = \frac{1}{2}gt^2$ より $t = \sqrt{\frac{2h}{g}} = \sqrt{\frac{2 \times 10}{9.8}} = \frac{10}{7} = \mathbf{1.43\ s}$

そのときの速さは①より, $v = gt = 9.8 \times \frac{10}{7} = \mathbf{14\ m/s}$

(別解) ③式 $v^2 = 2gh$ より $v = \sqrt{2gh} = \mathbf{14\ m/s}$ ■

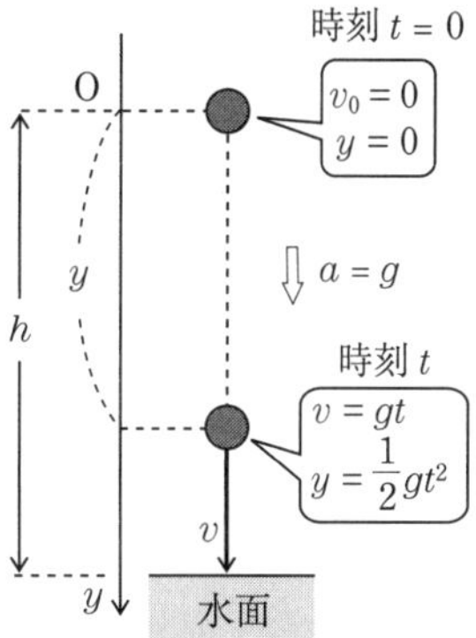

図 3.3 自由落下

> **例題 3.2**（鉛直投げ上げ運動） 地上から真上に初速度の大きさ v_0 でボールを投げた. 重力加速度の大きさを g とし, 空気抵抗は無視する. このとき,
> (1) 最高点に達するまでの時間 (t_1) はいくらか.
> (2) 地上から最高点までの高さ (h) はいくらか.
> (3) 投げてから再び地上に戻るまでの時間 (t_2) はいくらか.
> (4) 地上に戻ってきたときの速度 (v') はいくらか.

(解) 図 3.4 に示すように, 投げ出した点を原点として, 鉛直上向きに y 軸をとり, $a = -g$ として等加速度運動の公式を適用すると,

$v = v_0 - gt \cdots ①$ $y = v_0 t - \frac{1}{2}gt^2 \cdots ②$ $v^2 - v_0^2 = -2gy \cdots ③$

(1) 最高点では $v = 0$ だから, ①より $v_0 - gt_1 = 0$, $\therefore t_1 = \boldsymbol{\frac{v_0}{g}}$

(2) ②に $t = t_1$ を代入して, 最高点の高さ $h = v_0 t_1 - \frac{1}{2}gt_1^2 = \boldsymbol{\frac{v_0^2}{2g}}$

(3) 地上に戻ってきたとき (t_2) は, ②で $y = 0$ とおいて

$v_0 t_2 - \frac{1}{2}gt_2^2 = 0$. ここで $t_2 \neq 0$ だから, $t_2 = \boldsymbol{\frac{2v_0}{g}}$

(4) ①に $t = t_2 = \frac{2v_0}{g}$ を代入して $v' = v_0 - gt_2 = \boldsymbol{-v_0}$ ■

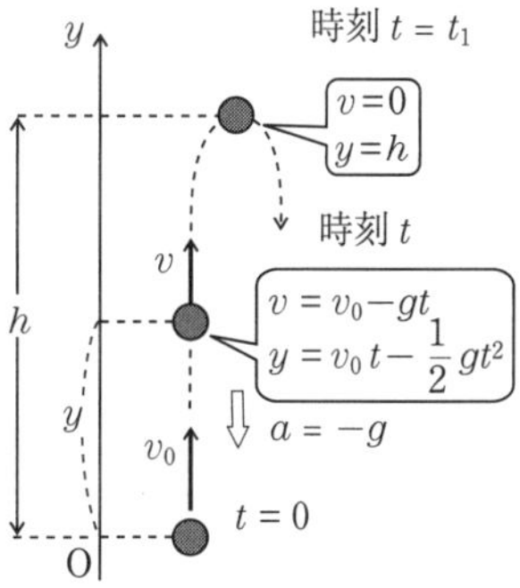

図 3.4 鉛直投げ上げ運動

§ 3.3　平面運動——放物運動

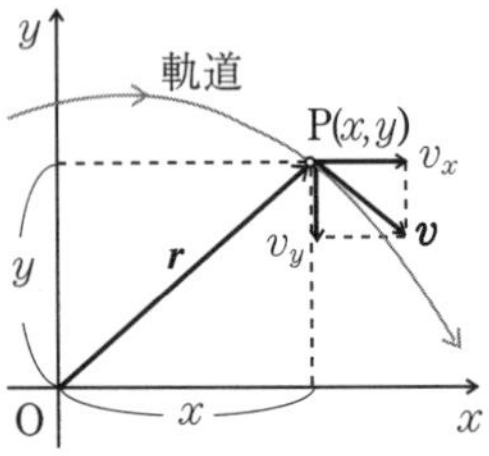

図 3.5

■平面運動と軌道（軌跡）　物体が平面上を運動する場合を**平面運動**とよぶ．平面運動を記述するには一般に 2 つの独立変数が必要である．図 3.5 に示すように直交座標をとると，物体 P の**位置ベクトル**は $\boldsymbol{r} = (x, y)$ で与えられる．ここで x，y は時刻 t の関数で，$x = x(t), y = y(t)$ で表される．**速度ベクトル** $\boldsymbol{v} = (v_x, v_y)$，**加速度ベクトル** $\boldsymbol{a} = (a_x, a_y)$ もそれぞれ，2 つの成分をもつベクトルである．平面運動で，$x = x(t)$ と $y = y(t)$ から時刻 t を消去して導かれる x と y の関係式は，物体が通過した道筋を表し**軌道の方程式**とよばれる．

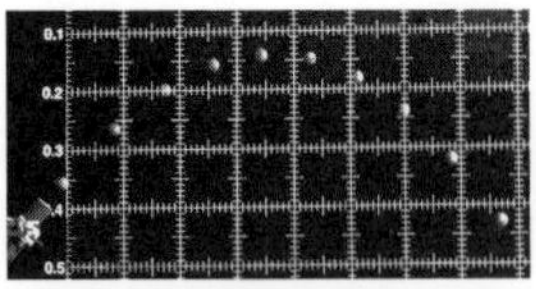

図 3.6　斜方投射のストロボ写真

■放物運動　平面運動の具体例として，放物運動を取り上げる．図 3.6 は，斜めに投げ上げられた物体のストロボ写真で，等しい時間間隔での物体の位置を写している．この写真から物体は，

水平方向には等速度で運動し，

鉛直方向には下向きに大きさ $\boldsymbol{g}$ の等加速度運動をする

ことがわかる．

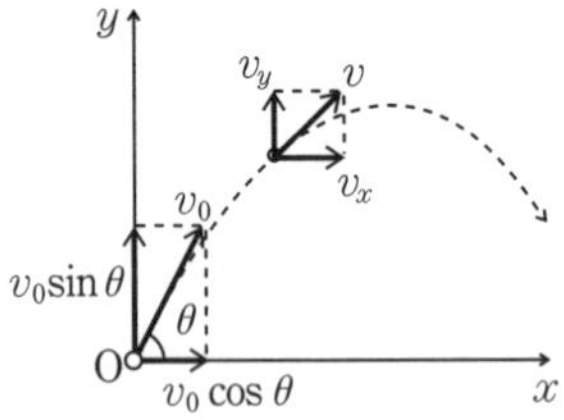

図 3.7

> **例題 3.3（放物運動）**　いま地上から水平面と角 θ をなす方向に，初速度の大きさ v_0 でボールを投げた．図 3.7 に示すように，ボールを投げた地点を O とし，水平方向に x 軸，鉛直上向きに y 軸をとり，運動は x-y 平面内で行なわれるものとする．重力加速度の大きさを g とし，空気抵抗は無視する．投げてから時間 t が過ぎたとき
>
> (1) 水平方向の速度成分 v_x，位置の x 座標を求めよ．
> (2) 鉛直方向の速度成分 v_y，位置の y 座標を求めよ．
> (3) 軌道の方程式を導き，通過した道筋が放物線になることを示せ．

（解）　(1) x 方向には初速度 $v_0 \cos\theta$ の <u>等速度運動</u> であるから，

$$v_x = \boldsymbol{v_0 \cos\theta} \cdots ①, \qquad x = \boldsymbol{v_0 \cos\theta \cdot t} \cdots ②$$

(2) y 方向には初速度 $v_0 \sin\theta$，<u>加速度 $-g$ の等加速度運動</u> だから，

$$v_y = \boldsymbol{v_0 \sin\theta - gt} \cdots ③, \qquad \boldsymbol{y = v_0 \sin\theta \cdot t - \frac{1}{2} g t^2} \cdots ④$$

(3) ②と④から時刻 t を消去すると，

$$\textbf{軌道の方程式：}\quad \boldsymbol{y = \tan\theta \cdot x - \frac{g}{2(v_0 \cos\theta)^2} x^2}$$

が得られる．これから y は x の 2 次関数（**放物線**）になることがわかる．■

まとめ（3. 運動の表し方 (1)）

整理・確認問題

問題 3.1　新幹線のぞみ号が，駅を出発してから加速度 0.25 m/s^2 で等加速度運動をした．このとき，速さ 50 m/s（時速 180 km）になるのは発車してから [①] 秒後である．発車して 60 秒（1 分）の間には [②] m 進んでいる．速さ 40 m/s（時速 144 km）になるのは，出発した駅から [③] m 離れた場所である *．

* 等加速度運動の 3 公式は記憶し使いこなせるようになること．

$$\boldsymbol{v = v_0 + at}$$
$$\boldsymbol{x = v_0 t + \frac{1}{2}at^2}$$
$$\boldsymbol{v^2 - v_0^2 = 2ax}$$

基本問題

問題 3.2（等加速度運動）

(1) 速さ 2.0 m/s で運動していた物体が，ある瞬間から加速度 3.0 m/s^2 の等加速度運動を開始した．加速度運動を開始してから，4.0 秒後の速さは何 m/s か．また，その 4.0 秒の間に何 m 進んだか．

(2) 滑らかな水平面上を初め 12 m/s で運動していた小物体が，粗い平面に入ってから 18 m 進んで停止した．粗い平面上では等加速度運動が行なわれたとして，その間の加速度はいくらか．また，粗い平面に入ってから何秒で停止したか．

(3) ある物体が，初速度 5.0 m/s，加速度 2.0 m/s^2 の等加速度運動を行った．距離 50 m 進むのは，何秒後か．またその地点での速さは何 m/s か．

問題 3.3（放物運動）　図 3.8 に示すように水平な地面上で，水平面と角度 θ をなす方向に初速度 10 m/s で小球を投げた．重力加速度を 9.8 m/s^2 とし，$\sin\theta = \dfrac{4}{5}$，$\cos\theta = \dfrac{3}{5}$ とする．

(1) 投げた直後の，小球の速度の水平成分の大きさと，鉛直成分の大きさを求めよ．

(2) 投げてから 0.5 秒後の，小球の速度の水平成分の大きさと，鉛直成分の大きさを求めよ．

(3) 投げてから 0.5 秒後の，小球の水平移動距離と，高さを求めよ．

(4) 地上に落ちるのは投げてから何秒後か．落ちた地点は投げた場所から何 m 離れているか．

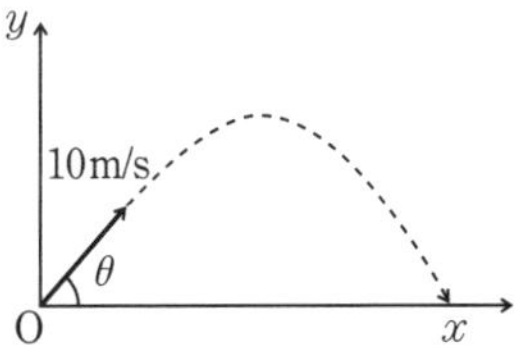

図 3.8

4　運動の表し方 (2)

前章では等加速度運動に限ったが，ここではより一般的な運動を扱う．そのためにまず微分・積分法について簡単に学習する．次に時間 t の関数としての位置・速度・加速度の概念を，微分・積分の知識を使って，もう一度定義する．

§ 4.1　微分法と積分法

■関数の極限　$x \to a$ のとき関数 $f(x)$ の限りなく近づく値を**極限値**とよび，$\lim_{x \to a} f(x)$ と記す．

■微分係数・導関数　関数 $y = f(x)$ について，変数を x から $x + \Delta x$ に微小変化 (Δx) させたときの y の変化量は，$\Delta y = f(x+\Delta x) - f(x)$ で与えられる *．このとき，**微分係数**を

$$\frac{dy}{dx} = \lim_{\Delta x \to 0} \frac{\Delta y}{\Delta x} = \lim_{\Delta x \to 0} \frac{f(x+\Delta x) - f(x)}{\Delta x} \tag{4.1}$$

で定義し，$y' = f'(x)$ とも表す．$y' = f'(x)$ を変数 x の関数であるとみなすとき，これを**導関数**とよぶ．関数 $y = f(x)$ から導関数 $y' = f'(x) = \dfrac{dy}{dx}$ を求めることを**微分する**とよぶ．

* Δx は変数 x の変化量（差：difference）を意味し，**増分**という．Δx は 1 つの量を意味し，Δ と x の積ではない．

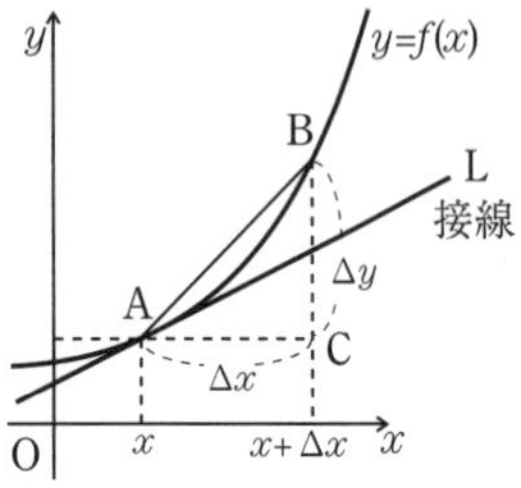

図 4.1　微分係数の意味

■ $\boldsymbol{y = x^2}$ の微分　$f(x) = x^2$ とおくと，$f(x+\Delta x) = (x+\Delta x)^2$ だから，$\Delta y = f(x+\Delta x) - f(x) = (x+\Delta x)^2 - x^2 = 2x(\Delta x) + (\Delta x)^2$

$$\therefore \frac{dy}{dx} = \lim_{\Delta x \to 0} \frac{\Delta y}{\Delta x} = \lim_{\Delta x \to 0} \{2x + (\Delta x)\} = 2x$$

■ $\boldsymbol{y = x^n}$ の微分　一般に，$y = x^n$ を微分すると，

$$\text{（公式）}\quad \frac{dy}{dx} = \frac{d}{dx} x^n = n x^{n-1} \tag{4.2}$$

となる．n は，負の数であっても分数であってもよい．

■不定積分　$\dfrac{d}{dx} F(x) = f(x)$ であるとき，$F(x)$ を $f(x)$ の不定積分とよび，$\displaystyle\int f(x)dx$ と表す．つまり**積分は微分の逆の演算**で，

$$\int f(x)dx = F(x) + C \qquad (C \text{ は積分定数}) \tag{4.3}$$

■ $\boldsymbol{y = x^n}$ の積分　一般に，$y = x^n$ を積分すると，

$$\text{（公式）}\quad \int x^n = \frac{1}{n+1} x^{n+1} + C \tag{4.4}$$

となる **．n は，負の数であっても分数であってもよい $(n \neq -1)$．

** 式 (4.4) の右辺を微分すれば x^n が得られることで確かめられる：
$\dfrac{d}{dx}\left(\dfrac{1}{n+1} x^{n+1} + C\right) = x^n$

§ 4.2 速度・加速度と微積分（一般の場合）

■**平均の速度と瞬間の速度** 図 4.2 に示すように，ある物体の時刻 t における位置が $x = x(t)$ で与えられているとする．時刻 t_1 における位置 (P) が $x_1 = x(t_1)$ で，時刻 t_2 における位置 (Q) が $x_2 = x(t_2)$ である．このとき，時間 $\Delta t = t_2 - t_1$ の間の変位が $\Delta x = x_2 - x_1$ で

$$\textbf{平均の速度}\ \overline{v} = \frac{\Delta x}{\Delta t} = \frac{x_2 - x_1}{t_2 - t_1} = \frac{x(t_1 + \Delta t) - x(t_1)}{\Delta t} \tag{4.5}$$

となる．時刻 t_1 における平均の速度は，図 4.2 では PQ の傾きで表される．ここで，t_2 をどんどん t_1 に近づけていく（いいかえれば，Δt をどんどん小さくしていく）と，直線 PQ は点 P における**接線** L に近づいていく．つまり，接線 L の傾きは，時刻 t_1 における

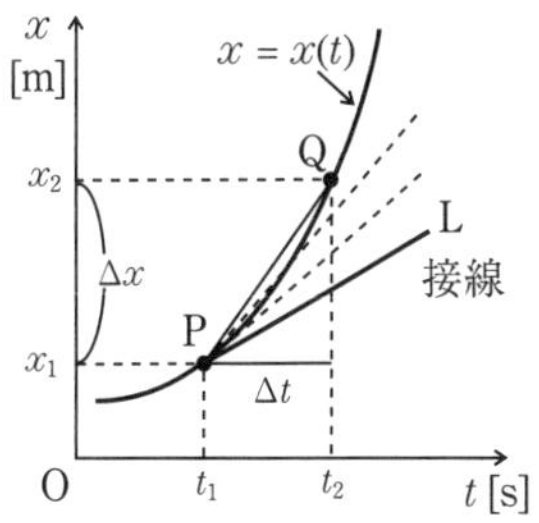

図 4.2 瞬間の速度と微分係数

$$\textbf{瞬間の速度}\ v_1 = \lim_{\Delta t \to 0} \frac{x(t_1 + \Delta t) - x(t_1)}{\Delta t} = \left.\frac{dx}{dt}\right|_{t=t_1} \tag{4.6}$$

を表している．式 (4.6) は**微分係数**を求めたことに等しい．このように，**任意の時刻 t における瞬間の速度 v は，物体の位置 $x = x(t)$ を時刻 t で微分したものに等しい．**

一方，微分の反対のプロセスは積分であるから，**物体の速度 v を時刻 t で積分すると，物体の位置 $x = x(t)$ が得られる．**

■**加速度** 加速度は速度の変化率として定義される．等加速度運動の場合には加速度もまた時々刻々変化する場合がある．この場合にも速度を求めたのと同様に**瞬間の加速度 a** を求めることができる．

■**速度・加速度と微分・積分** 以上をまとめると，
位置 x と速度 v の関係は

$$\text{速度}: v = \frac{dx}{dt} \quad \Longleftrightarrow \quad \text{位置}\ x = \int v\,dt \tag{4.7}$$

速度 v と加速度 a の関係は，

$$\text{加速度}: a = \frac{dv}{dt} \quad \Longleftrightarrow \quad \text{速度}\ v = \int a\,dt \tag{4.8}$$

式の (4.7) と (4.8) で，不定積分したことで出てくる定数は，$t = 0$ での位置 x と v を与えることで決定される．これを**初期条件**とよぶ．

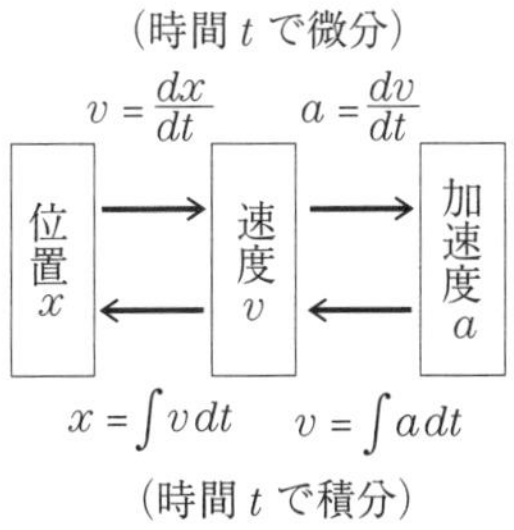

図 4.3 速度・加速度と微分・積分の関係

§ 4.3 微積分を使った運動の説明

■重力だけがはたらく運動の例

例題 4.1（投げ上げ運動） 初速度 v_0 で投げ上げてから t 秒後の物体の y 座標が

$$y = v_0 t - \frac{1}{2}gt^2$$

で与えられている．時刻 t における物体の速度と加速度を求めよ．

（解） 速度 * ：$v = \dfrac{dy}{dt} = \dfrac{d}{dt}\left(v_0 t - \dfrac{1}{2}gt^2\right) = v_0 - gt$

加速度：$a = \dfrac{dv}{dt} = \dfrac{d}{dt}(v_0 - gt) = -g$ ■

* 前章で学習した等加速度運動であるが，
「位置 y を時間 t で微分すると速度 v が得られ，v を t で微分すると加速度 a が得られること」
逆に
「a を t で積分すれば v が得られ，v を t で積分すると y が得られること」
をもう一度確認する．

■一般の運動の例

例題 4.2（x 軸上の直線運動） 時刻 t [s] における点 P の位置 x [m] が，$x = t^3 - 6t^2 + 9t$ で与えられている．

(1) 時刻 t における P の速度 v と加速度 a を求めよ．

(2) 時刻 $t = 2$ s における P の位置 x，速度 v，加速度 a の値を求めよ．

(3) 時刻 t の関数として座標 x をグラフに描き，P の運動を説明せよ．

（解） (1) 速度 $v = \dfrac{dx}{dt} = 3t^2 - 12t + 9 = 3(t-1)(t-3)$ [m/s]

加速度 $a = \dfrac{dv}{dt} = 6t - 12 = 6(t-2)$ [m/s^2]

(2) $t = 2$ s を代入して，

位置 $x = \mathbf{2\ m}$，速度 $v = \mathbf{-3\ m/s}$，加速度 $a = \mathbf{0\ m/s^2}$

(3) 下の増減表をもとに x-t 図を描けば図 4.4 になる **．

t [s]	0	⋯	1	⋯	3	⋯
v[m/s]		+	0	−	0	+
x [m]	0	↗	4	↘	0	↗

$v > 0$ ならば x 軸の正の方向に動き，$v < 0$ ならば負の方向に動くことに注意．すなわち，

- $t = 0$ [s] で原点を出発した P は $0 < t < 1$ [s] で $v > 0$ だから x 軸の正の方向に動き，$t = 1$ s で $x = 4$ m に到達する．
- $1 < t < 3$ [s] では $v < 0$ だから負の方向に動き，$t = 3$ s でまた $x = 0$ にもどる．
- その後（$t > 3$ [s] で）は正の向きに進む． ■

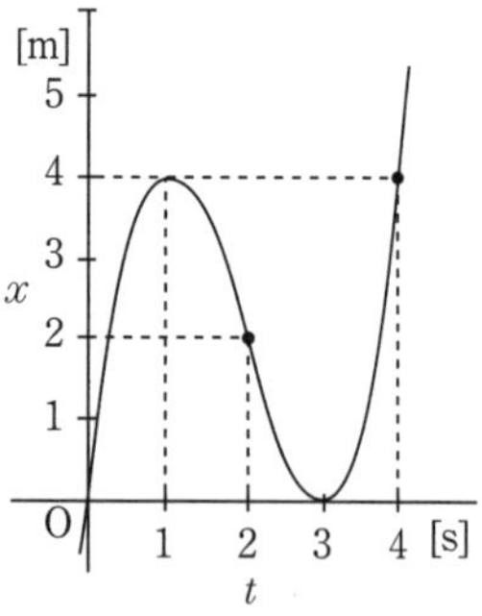

図 4.4

** x-t 曲線は $a < 0$ となる区間 ($t < 2$[s]) で上に凸で，$a > 0$ となる区間 ($t > 2$[s]) で下に凸である．

まとめ（4. 運動の表し方 (2)）

整理・確認問題

問題 4.1　次の微分計算をせよ *.

(1) $\dfrac{d}{dx}(5x^3 - 3x^2 - 2x + 7) = \boxed{①}$

(2) $\dfrac{d}{dx}\{(2x^2 - 3)(x + 5)\} = \boxed{②}$

(3) $\dfrac{d}{dx}\sqrt{x} = \boxed{③}$　　(4) $\dfrac{d}{dx}\left(\dfrac{1}{x^2}\right) = \boxed{④}$

* $\dfrac{d}{dx}x^n = nx^{n-1}$
この公式は $\sqrt{x}\ (= x^{\frac{1}{2}})$ や $\dfrac{1}{x^2}\ (= x^{-2})$ のように n が分数や負の数でも成り立つ.

問題 4.2　次の積分計算をせよ **. C は積分定数

(1) $\displaystyle\int 1\,dx = \boxed{①} + C$　　(2) $\displaystyle\int 4x^2 dx = \boxed{②} + C$

(3) $\displaystyle\int (x^2 + x)dx = \boxed{③} + C$

(4) $\displaystyle\int \sqrt{x}\,dx = \boxed{④} + C$　　(5) $\displaystyle\int \frac{1}{x^2}dx = \boxed{⑤} + C$

** $n \neq -1$ のとき
$\displaystyle\int x^n dx = \frac{1}{n+1}x^{n+1} + C$
この公式は $\sqrt{x}\ (= x^{\frac{1}{2}})$ や $\dfrac{1}{x^2}\ (= x^{-2})$ のように n が分数や負の数でも成り立つ.

問題 4.3　x 軸上を運動している点 P の座標 x [m] が，時刻 t [s] の関数として，

$$x = 2t^3 - 3t^2 + 4t - 5$$

で与えられるとき，時刻 t における速度は $v = \dfrac{dx}{dt} = \boxed{①}$ [m/s] で，加速度は $a = \dfrac{dv}{dt} = \boxed{②}$ [m/s²] と表される．$t = 2\,\mathrm{s}$ での物体の位置は $x = \boxed{③}$ m，速度は $v = \boxed{④}$ m/s，加速度は $a = \boxed{⑤}$ m/s² である．

基本問題

問題 4.4（微分）　次の関数を（　）内で示された変数で微分せよ ***. ただし，右辺では，変数以外の文字は定数とする．

(1) $s = 4.9t^2$　(t)　　(2) $S = \pi r^2$　(r)

(3) $V = \dfrac{4}{3}\pi r^3$　(r)　　(4) $V = \pi r^2 h$　(r)

*** 文字が変数 x 以外の変数であっても同じように微分する．何を何で微分したかわかるように，例えば (1) では $\dfrac{ds}{dt}$ と表す．

問題 4.5（ボールの投げ上げ運動）　地上 30 m の高さの所から速さ 25 m/s で真上に投げ上げられたボールの，t [s] 後の地上からの高さ y [m] が $y = 30 + 25t - 5t^2$ で与えられるものとする．このボールについて，

(1) $t = 1$ s および $t = 3$ s の速度を求めよ．
(2) 地上に落下するときの速度を求めよ．
(3) 最高点に達したときの高さを求めよ．
(4) 加速度を求めよ．

5　運動の法則

身の回りには，等加速度運動，単振動，円運動，…などいくつもの異なる運動がある．物体の運動形態が異なるのは，そこにはたらく力の種類と性質が異なるためである．重力だけがはたらく運動でも，初期条件が違うと自由落下になったり放物運動になったりする．どのような力がはたらくとき，どのような条件で，どのような運動が起こるのか——を統一的に理解するために，運動の法則が必要となる．

§ 5.1　運動の 3 法則

■運動の 3 法則　ニュートンは，物体にはたらく力と運動について，そこにはたらく力の種類や性質によらずに（共通に），3 つの法則が成り立つことを明らかにした．この 3 法則をもとにして組立てられた学問体系を**ニュートン力学**または**古典力学**とよぶ．

■第 1 法則（慣性の法則） *　外部から力がはたらかなければ（はたらいていてもその合力が 0 ならば），静止している物体はそのまま静止を続け，運動している物体はその方向と速さを変えずにそのまま運動（等速直線運動）を続ける．

* 第 1 法則は，外部からの力がはたらかないと物体の運動状態は変わらない，と主張している．言い換えると物体が運動状態を変える原因は「外部からの力」である．

■第 2 法則（運動の法則） **　物体に外から力がはたらくと，物体には力の方向に**加速度**を生じる．その加速度の大きさは力の大きさに比例し，物体のもつ**質量**に反比例する．

** 第 2 法則は，物体に外部から力がはたらけば，物体の運動状態がどのように変わるかを明らかにしている．

■第 3 法則（作用・反作用の法則） ***　物体 A が物体 B に力を及ぼすとき（作用），物体 B もまた物体 A に，同じ直線上にあって，大きさが等しく向きが反対の力を及ぼしている（反作用）．§2.2 既出．

*** 第 3 法則は，力が無から生じるのではなく，他の物体から及ぼされるものだ，と主張している．

■運動方程式　運動の第 2 法則によれば，質量 m の物体に力がはたらいて，加速度 $\boldsymbol{a}$ が生じるとき，

$$\textbf{運動方程式}\quad m\boldsymbol{a} = \boldsymbol{F} \tag{5.1}$$

（物体自身の運動状態の変化）＝（外部からの力）

が成立している ****．この式にでてくる質量 m は物体に所属する量であり，運動の状態によらず一定である．加速度 $\boldsymbol{a}$ は物体に生じた運動の変化を記述する．それに対して，右辺の力 $\boldsymbol{F}$ は外部から加えられるものである．言い換えると，左辺 $m\boldsymbol{a}$ は運動している物体自身に関する量で変化の結果を表し，右辺 $\boldsymbol{F}$ は外部から物体に加えられる量で変化の原因を表す．

**** 運動方程式のイコールは力のつり合いの等式とは本質的に意味が違う．力のつり合いの場合は左辺も右辺もおなじく「力」で，当然単位も左右で同じだった．次ページ参照．

■**MKS 単位系** 式 (5.1) は，質量・加速度・力という本来別々に測定されるべき（異質な）物理量間の量的な関係を示している．そのために，それぞれの単位を勝手に取ることはできない．そこで力学では通常，長さ・質量・時間 の 3 つの物理量を**基本量**として**基本単位**を定め，他の物理量はそれらを組み合わせてつくる．国際単位系（SI 系と略記）では，長さを**メートル**（記号 **m**），質量を**キログラム** (**kg**)，時間を**秒** (**s**) で表す．そのためこの単位系は，頭文字をとって MKS 単位系とよばれる．

■**力の絶対単位** MKS 単位系では，加速度の単位は $\mathrm{m/s^2}$，質量の単位は kg であるから，式 (5.1) によれば力の単位は $\mathrm{kg{\cdot}m/s^2}$ となる．この力の単位を**ニュートン**とよび，記号 **N** で表す．つまり，$\mathbf{1\,N{=}1\,kg{\cdot}\,m/s^2}$ である．

■**質量と重さ** どこにあっても物体の持つ質量は変わらないが，物体にはたらく**重力の大きさ（＝重さ＝重量）**は場所によって異なる．しかし精密な測定によって，重さ W と質量 m は比例することがわかっている．つまり，

$$\text{重力の法則}\quad W = mg \tag{5.2}$$

が成り立つ．本書では特に断りがない限り，地球上での重力加速度の大きさを $g = 9.8\ \mathrm{m/s^2}$ とする *．

* 同じ物体にはたらく場合でも，月面での重力は地上の約 1/6 である．同じ地球上でも厳密に言うと赤道付近の重力は南北の極での重力よりもわずかに小さい．
地表での重力加速度の大きさ：
北極 ：$9.825\ \mathrm{m/s^2}$
東京 ：$9.797\ \mathrm{m/s^2}$
赤道下：$9.782\ \mathrm{m/s^2}$

§ 5.2 ニュートン力学の体系

■**運動方程式と力の法則** 運動方程式 $m\boldsymbol{a} = \boldsymbol{F}$ の中の $\boldsymbol{F}$ は物体にはたらく 合力 を意味している．$\boldsymbol{F}$ に具体的に力（の和）を代入し，力の種類に応じて 力の法則 を当てはめる．

> **例題 5.1（重力のもとでの運動）** 質量 m の物体に鉛直下向きに重力 $W = mg$ がはたらくときの運動を述べよ．

（解） 物体にはたらく重力は鉛直下向きだから，加速度の向きも鉛直下向きである．そこで，その加速度の大きさを a とおくと，重力 $\boldsymbol{W} = m\boldsymbol{g}$ だから，$m\boldsymbol{a} = \boldsymbol{F}$ の $\boldsymbol{F}$ に $\boldsymbol{W}$ を代入して

運動方程式： $m\boldsymbol{a} = m\boldsymbol{g}$

これから，運動の加速度は一定値 $a = g$ をとる．

つまり，鉛直下向きの加速度 g の等加速度運動 である． ■

■**初期条件** 重力だけがはたらく場合でも，自由落下もあれば，投げ上げ運動や放物運動もある．これらはいずれも加速度が鉛直下向きで，大きさが g の運動であるが，**初期条件**つまり時刻 $t = 0$ で与えられた速度と位置が違うため，その後の運動が異なっている．

§ 5.3　運動方程式のたて方

■運動方程式のたて方　運動方程式をたてるときの手順は，

(1) 状況を図示し，はたらく力をすべて図中に書き込む．力には遠隔力（重力）と近接力（抗力・摩擦力・張力など）があるので見落とさないこと (§2.4).

(2) 運動の方向を想定し，座標軸を設定する．力・速度 v・加速度 a の成分は，座標軸の向きが正となる．

(3) 物体ごとに運動方程式をたてる．物体（質量 m）の運動方程式は，左辺に $ma=$ とかいてから，右辺にはたらいている力をすべて書き出すこと *.

(4) 運動方程式の中では MKS 単位に統一すること．特に物体の重さ（＝重力の大きさ）を $W=mg$ [N] で直すのを忘れずに．

* 力学では質量を持つものを「**物体**」とよぶ．軽い糸や軽い滑車は，力の作用点を移動させたり向きを変えたりするが，物体ではないので運動方程式をたてる必要がない．

例題 5.2（糸で引き上げられるおもりの運動）　質量 2.0 kg の小球をつるした軽い糸の上端をもって，24 N の力で引き上げた．重力加速度を 9.8 m/s² とし，上向きを正とすると，

(1) 小球にはたらく力の合力は何 N か．

(2) 小球の加速度は何 m/s² か．

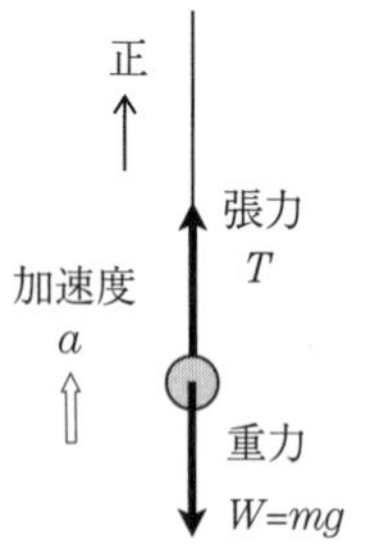

図 5.1

(解) (1) 図 5.1 のように小球には，重力 $W=mg=2\times 9.8=19.6$ N（下向き）と糸の張力 $T=24$ N（上向き）がはたらいているから，

合力 $F=T-W=\mathbf{4.4\,N}$

(2) 質量 $m=2.0$ kg の小球に合力 $F=4.4$ N がはたらいている．運動方程式 $ma=F$ に代入して，$2.0a=4.4$.

$\therefore$ 加速度 $a=\mathbf{2.2\ m/s^2}$（上向き）　■

例題 5.3（滑車を通した糸で結ばれた 2 物体の運動）　図 5.2(a) に示すように，水平な台の上に質量 m の物体 A を置き，糸をつけ水平に引き，軽い滑車を通して，糸の他端に質量 M の物体 B をつけて静かに放した．運動中の A と B の加速度 a と糸の張力 T を求めよ．ただし，重力加速度を g とし，摩擦はないものとする．

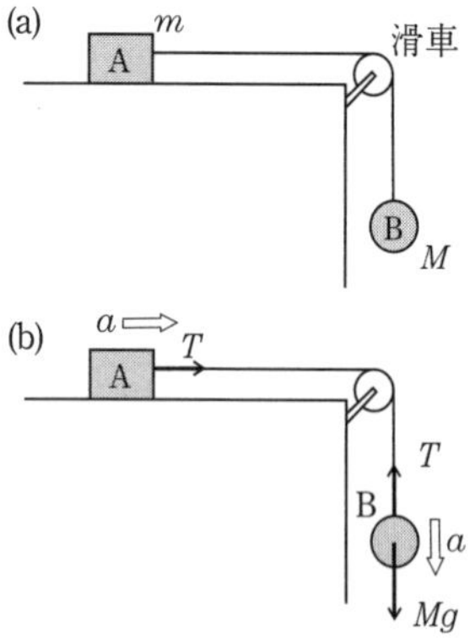

図 5.2

(解)　「軽い滑車」は力の向きを変えるだけなので，糸の両端で張力は等しい．図 (b) のように加速度 a の向きを取り，力を書き込む．運動方程式をたてると

物体 A について：$ma=T$　$\cdots$①**

物体 B について：$Ma=Mg-T\cdots$②

両式を連立して解くと

加速度 $a=\dfrac{\boldsymbol{M}}{\boldsymbol{M+m}}\boldsymbol{g}$　　張力 $T=\dfrac{\boldsymbol{Mm}}{\boldsymbol{M+m}}\boldsymbol{g}$　■

** 物体 A には鉛直方向に重力 mg と垂直抗力 N がはたらくが，$N=mg$ でつり合っているため，図中では省略してある．

§ 5.4　簡単な運動の例――動摩擦力がはたらく場合

■動摩擦力　粗い平面上で運動する物体は，面から**動摩擦力 $\boldsymbol{F'}$** を受ける．動摩擦力の向きは運動を妨げる向きで，その大きさ F' は垂直抗力 N に比例する．

$$\textbf{動摩擦力}\quad \boldsymbol{F' = \mu' N} \qquad (\mu' \text{ は動摩擦係数}) \tag{5.3}$$

表 5.1 に静止摩擦係数 μ と動摩擦係数 μ' の例を示す．摩擦係数は，同じ物体の組合せであっても，接触する表面の状態によってもかなり違う．また一般に，静止摩擦係数は動摩擦係数より大きい．

表 5.1 摩擦係数の例

接触する物体	μ	μ'
硬鋼と軟鋼	0.78	0.42
カシ材とカシ材	0.62	0.48
銅と軟鋼	0.53	0.36
銅とガラス	0.68	0.53

（注）摩擦係数に単位はない．

例題 5.4（摩擦のある斜面上の物体の運動）　水平面と角 θ をなす粗い斜面上で，物体が静かに滑り出した．重力加速度を g，動摩擦係数を μ' として，
(1) すべり下りるときの加速度はいくらか．
(2) 斜面上で距離 l だけ滑ったときの速さはいくらか．

（解）(1) 図 5.3 のように，物体の質量を m として，物体にはたらく力（重力 mg，垂直抗力 N，動摩擦力 $F' = \mu' N$）と加速度 a を図に書き込む．運動は斜面にそって起きるので，重力を「斜面に平行な成分 $(mg\sin\theta)$」と「斜面に垂直な成分 $(mg\cos\theta)$」に分解する．運動方程式は，

斜面と平行方向：$ma = mg\sin\theta - \mu' N \quad \cdots ①$

斜面と垂直方向：$m \times 0 = N - mg\cos\theta \quad \cdots ②$

②より得た $N = mg\cos\theta$ を①に代入して N を消去すると *，

加速度 $a = \boldsymbol{g(\sin\theta - \mu'\cos\theta)}$

(2) 加速度 a は一定だから，初速度 0 として等加速度運動の公式を適用する．$v^2 - 0^2 = 2al$ より，

速さ $v = \sqrt{2al} = \boldsymbol{\sqrt{2gl(\sin\theta - \mu'\cos\theta)}}$ ■

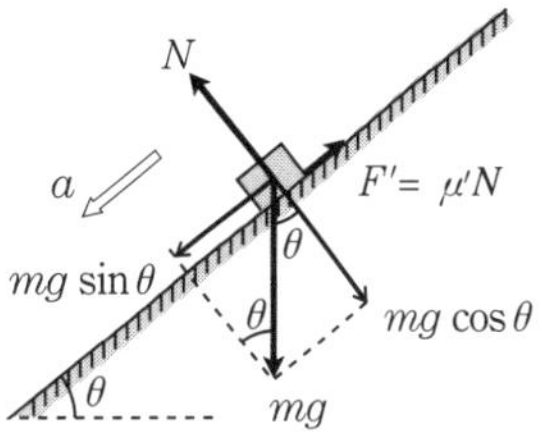

図 5.3

* 加速度を 0 とした「斜面と垂直方向の運動方程式」②は，力のつり合い $N = mg\cos\theta$ を与える．**現れる力**（束縛力）は，このように運動上の制限から決まる．

この例のように，**粗い平面上での物体の運動は等加速度運動になり，その加速度は物体の質量に無関係である．** はたらく力（重力・垂直抗力・摩擦力）がすべて物体の持つ質量に比例するからである．

問題 5.1（粗い平面上を運動する物体）　図 5.4 に示すように，物体が粗い水平面上で初速度 v_0 で滑り始めた．物体と平面との間の動摩擦係数を μ' とし，重力加速度を g とする．
(1) 物体の加速度はいくらか．ただし初速度の向きを正とする．
(2) 距離にしてどれだけ滑って止まるか．

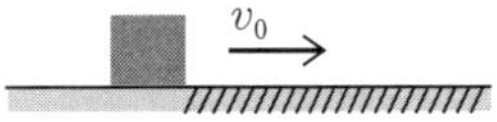

図 5.4

まとめ（5. 運動の法則）

整理・確認問題

問題 5.2　1 kgw は [①] N である．1 N を kg，m，s で表すと 1 [②] となる．ちなみに 1 l の水の入ったペットボトルにはたらく重力の大きさは，約 [③: a; 0.1 N, b; 1 N, c; 10 N] である．

問題 5.3　運動の第 1 法則は [①] の法則，第 2 法則は [②] の法則，第 3 法則は [③] の法則，とよばれる．第 2 法則によれば，物体に外部から力がはたらくと，力の方向に加速度を生じ，その加速度の大きさは，加えられた力の大きさに [④] する．同じ大きさの力を加えても，2 つの物体に生じる加速度の大きさが異なるのは，物体のもつ [⑤] が異なるからである．

問題 5.4　重力加速度の大きさを g [m/s^2] とすれば，地表にある質量 m [kg] の物体には [①] 向きに大きさ [②] [N] の重力がはたらく．重力だけがはたらく物体の運動はすべて，鉛直方向には加速度の大きさ [③] [m/s^2] の [④] 運動であるが，水平方向には力がはたらかないので [⑤] 運動である．同じ重力の影響下の運動でも，自由落下，投げ上げ運動，放物運動と運動形態が異なるのは，[⑥] 条件が異なるからである *．

* ある時刻 ($t = 0$) での位置および速度を指定する条件のこと．

問題 5.5　摩擦のない水平面上で

(1) 質量 2.0 kg の物体に 10 N の力を水平に加えると，物体に生じる加速度の大きさは [①] ［単位は [②] ］である．

(2) 質量 4.0 kg の物体を加速度 3.0 m/s^2 で動かすために必要な力の大きさは [③] ［単位は [④] ］である．

(3) 水平に 18 N の力を加えると加速度 3.0 m/s^2 で動いたとしたら，物体の質量は [⑤] ［単位は [⑥] ］である．

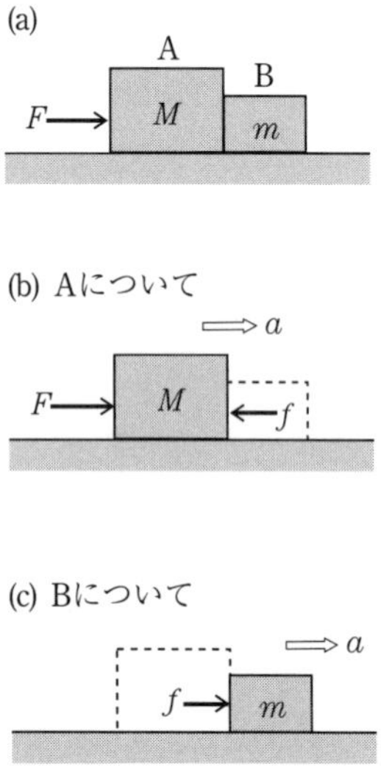

図 5.5

問題 5.6　図 5.5(a) に示すように，滑らかな水平面上に，質量 M の物体 A と質量 m の物体 B を接触させた状態で置き，大きさ F の力を A に水平右向きに加えた．このとき A が B を右向きに押す力を f とすると，[①] の法則により，B も A を大きさ f の力で左向きに押している．A と B の加速度 a の向きを水平右向きを正とし，運動方程式をたてると，

物体 A について図 (b) から：$Ma =$ [②]

物体 B について図 (c) から：$ma =$ [③]

となる．いま M，m，F が与えられているとして，上の 2 式を未知数 a と f についての連立方程式とみて解くと，$a =$ [④]，$f =$ [⑤] が得られる．

基本問題

問題 5.7（アトウッドの機械）　図 5.6 のように，質量がそれぞれ M，m の 2 つの物体 $(M > m)$ が，軽い滑車を通した軽い糸で結ばれている．重力加速度を g とする．

(1) 物体にはたらく力を図中に書け．ただし，糸の張力を T とおけ．

(2) 加速度を a として，運動方程式をそれぞれ $ma =$ □ および $Ma =$ □ の形にかけ．

(3) a と T を求めよ（m と M と g を使って表せ）．

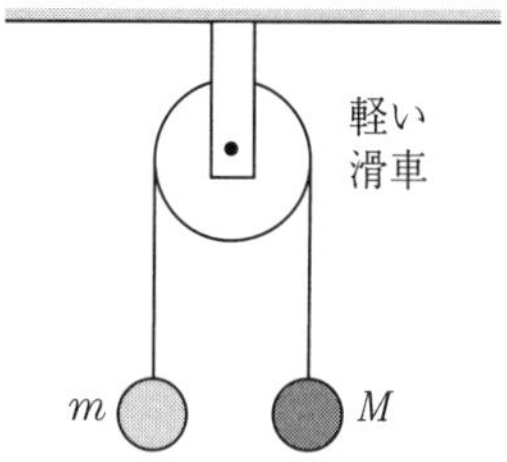

図 5.6

問題 5.8（粗い水平面上での運動）　質量 0.5 kg の物体が，初速度 14 m/s で摩擦のある水平な床の上を滑っていく．動摩擦係数を 0.4 として次の問いに答えよ *．重力加速度を 9.8 m/s^2 とする．

* まず図をかいてみること

(1) 物体にはたらく垂直抗力の大きさはいくらか．

(2) 滑っていく物体にはたらく動摩擦力の大きさはいくらか．

(3) 物体の加速度を求めよ．ただし滑る方向を正として，符号もつけて表せ．

(4) 物体は床を何 m 滑って静止するか．

コーヒーブレイク

「イコール」の意味

「イコール」が左辺と右辺が等しいことを表すことは，皆さんはよく知っている．しかしこれまで本著に出てきた等号には，大きく分けて 4 つの異なる使い方があることに気付いているだろうか．それは ① 恒等式，② 方程式，③ 定義式（説明式），④ 関係式の 4 つである．

恒等式は，例えば $(a+b)^2 = a^2 + 2ab + b^2$ のように，a と b がどのような値をとっても成立する式である．本書でも式の展開の多くはこの恒等式である．それに対して**方程式**は，$ax^2 + bx + c = 0$ の場合のように，ある特定の x の値に対してのみ成立する．つまりこのイコールは，x のとるべき値について，ある制限を与えている．$\boldsymbol{ma} = \boldsymbol{F}$ の運動方程式もその意味での方程式である **．言い換えると，質量 m の物体に外力 $\boldsymbol{F}$ が加えられたとき，未知の量である加速度 $\boldsymbol{a}$ を求めるための式である．一般に外力 $\boldsymbol{F}$ が位置 $\boldsymbol{r}$ や時刻 t に依存する場合は運動方程式は複雑な微分方程式となり ***，解法にはそれに応じた数学的な技法が必要になる．しかしどのようなときでも，初期条件さえ与えられれば，運動方程式から（加速度を得て），いつどこで物体がどのような運動をするかを決定できる．だから運動方程式は力学の基本となる式なのである．

** 方程式は $2x = 3$ のように，未知数を含む部分を左辺にかく習慣がある．運動方程式の場合は加速度 a が未知数なので，「$ma =$」を左側にかく．

*** 位置ベクトル $\boldsymbol{r}$ の時間 t に関する 2 階の微分方程式である．

第 3 番目は，**定義式（説明式）**である．例えば，重力 $W = mg$ やフックの法則 $F = ks$ は，左辺に出てくる重力 W や弾性力 F の性質を右辺で定義（説明）している ****．定義式の特徴は左辺と右辺を入れ替えて $mg = W$ や $ks = F$ とすると，意味不明となることである．最後の**関係式**は異なる概念の間の関係を示すもので，円の半径 r，弧の長さ l，弧度 θ の間の関係式 $l = r\theta$ はそれに相当する．

**** 定義式を強調するときには $\equiv$ を使う．例えば $a \equiv \dfrac{dv}{dt}$ のように．

読者の皆さんには，これから出てくる数式のイコールが，上のどの意味の等号かを意識的に判断しながら読み進めていただくことを希望する．

6 問題演習（力と運動）

「実際に使えるようでないと，分ってないのと同じこと」(R.P. ファインマン)．だからこそ，物理学では演習を重視する．力学の問題では特に，「図が正しくかければ 8 割方解けたのと同じ」とも言われる．まず図を描き，図中に力や加速度など必要な条件を書き入れ，「何が条件でどの法則を適用すればよいか」を考えながら，計算を進めていって欲しい．

A. 基本問題

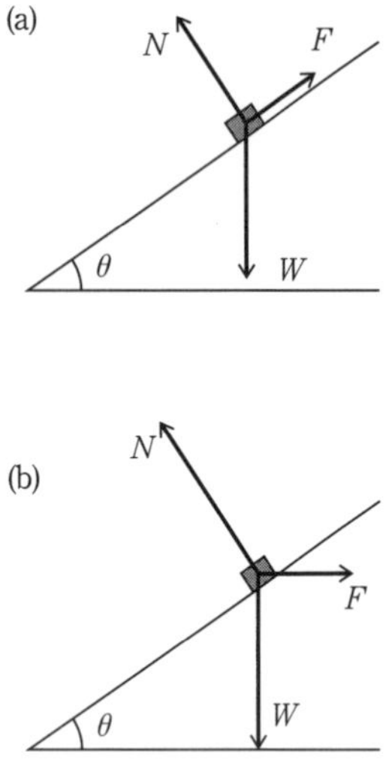

図 6.1

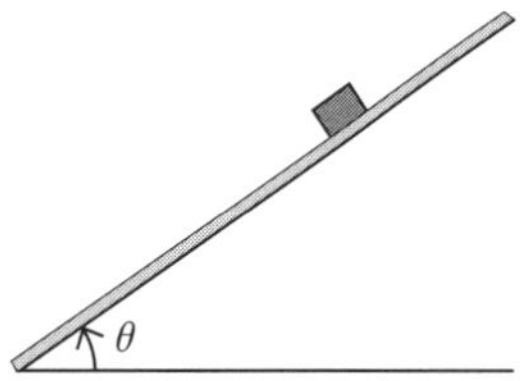

図 6.2

問題 6.1（斜面上の物体にはたらく力） 水平面と角 θ をなす滑らかな平面板の上に置いた重さ W の小物体に，外力 F を加えて静止させたい．次の各場合について，加えるべき力の大きさ F と，そのときの垂直抗力の大きさ N を求めよ．

(1) 図 6.1(a) に示すように，F を斜面に沿って上向きに加えた場合

(2) 図 (b) に示すように，F を水平方向に加えた場合

ヒント：(1) は W を斜面に平行方向と垂直方向に分解してつり合いを考える．(2) は N を水平方向と鉛直方向に分解して，力のつり合いを考える．

問題 6.2（摩擦角） 図 6.2 に示すように，粗い平面板の上に質量 m の小物体を置き，板を水平の位置からゆっくり傾けていった．重力加速度を g とする．

(1) 板が水平となす角が θ のとき，物体にはたらく重力，垂直抗力，静止摩擦力の大きさはそれぞれいくらか．

(2) 板が水平となす角 (θ) が角度 θ_1 を越えたとき，物体はすべり始めた．静止摩擦係数 μ を，角 θ_1 を使って表せ．

問題 6.3（速度・加速度） x 軸上を運動する物体の位置座標 x [m] が時刻 t [s] の関数として，$x = t^3 - 3t^2 - 9t + 10$ で与えられている．時刻 $t = 2$ [s] での速度，加速度を求めよ．

問題 6.4（等加速度運動） *

(1) 自動車が，発車してから一定の割合で加速して，5 秒後に速さ 20 m/s になった．加速度はいくらか．その間に何 m 進んだか．

(2) はじめ速さ 10 m/s の自動車が，一定の割合で加速して 100 m 進んだ後には 20 m/s になった．その間の加速度はいくらか．

(3) はじめ速さ 15 m/s の自動車が，一定の割合で減速して 75 m 進んで停止した．停止まで何秒かかったか．加速度はいくらか．

* 等加速度運動の公式

$$v = v_0 + at$$
$$s = v_0 t + \frac{1}{2}at^2$$
$$v^2 - v_0^2 = 2as$$

に出てくる t，a，v_0，v，s のうち，

① 何が与えられているか，

② 何を求めるのか，

③ どの公式を適用したらよいのか，

を考える．

問題 6.5（自由落下） 橋の上から小石を自由落下させたところ，3 秒後に水面に達した．水面から橋までの距離（高さ）と，水面に達したときの小石の速さを求めよ．重力加速度を $9.8\,\mathrm{m/s^2}$ として，空気抵抗は考えないものとする．

問題 6.6（水平投射） 図 6.3 に示すように，水面上 10 m の橋の上から，水平方向に 14 m/s の速さで小石を投げた．重力加速度を $9.8\,\mathrm{m/s^2}$ とし，空気抵抗は考えない．

(1) 小石が水面に着くまでに何秒かかるか．

(2) 投げた場所から着水点までの水平距離 x はいくらか．

(3) 小石が着水するときの速さ v と，水平となす角度 θ を求めよ．

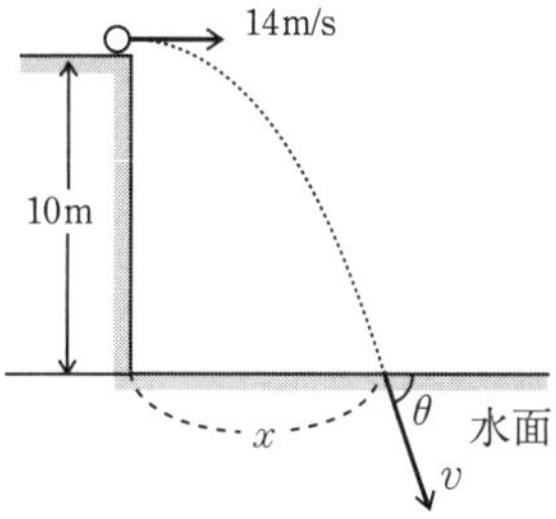

図 6.3

問題 6.7（斜方投射） 図 6.4 に示すように，水面上 29.4 m の橋の上の点 O から，仰角 30°，初速度 $v_0 = 9.8\,\mathrm{m/s}$ で小石を投げた．重力加速度を $9.8\,\mathrm{m/s^2}$ とし，空気抵抗は考えない．

(1) 初速度の水平方向成分 v_{0x} と鉛直方向成分 v_{0y} をそれぞれ求めよ．

(2) 小石が最高の高さに達するのは，投げてから何秒後か．

(3) 小石が水面に着くのは投げてから何秒後か．

(4) 投げた場所から着水点までの水平距離 x はいくらか．

(5) 着水する直前の小石の速さ v はいくらか．

ヒント：点 O を原点とし，鉛直上向きに y 軸をとると，水面は $y = -29.4\,\mathrm{m}$ になる．

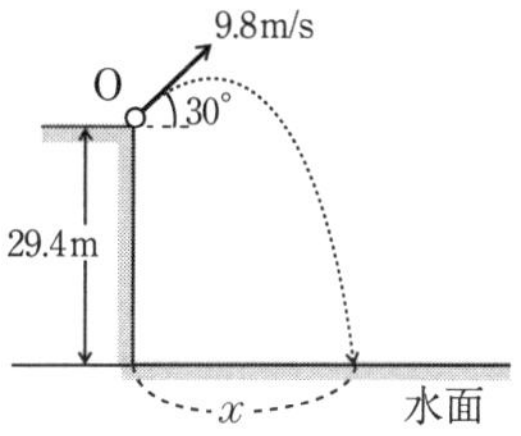

図 6.4

問題 6.8（放物運動） 図 6.5 に示すように，地上の点 O から初速 v_0 で水平方向と角 θ をなす方向に小物体 P を投げ上げると，投げてから t 秒後の小物体の位置は，

$$x = (v_0 \cos\theta)t \cdots ① \qquad y = -\frac{1}{2}gt^2 + (v_0 \sin\theta)t \cdots ②$$

で与えられる．

(1) 式①と②から時刻 t を消去し，y を x で表せ（軌道の方程式を導け）．

(2) 投げてから最高点に達するまでの時間を求めよ．

(3) 最高点の高さを求めよ．

(4) 水平方向には等速運動，鉛直方向には等加速度運動であることを示せ．

(5) 投げた地点から再び地上に到達する地点までの距離はいくらか．

(6) 角 θ を変えて投げるとき，最も遠くまで達する角 θ の値とそのときの最大飛距離を求めよ．

ヒント：$2\sin\theta\cos\theta = \sin 2\theta$

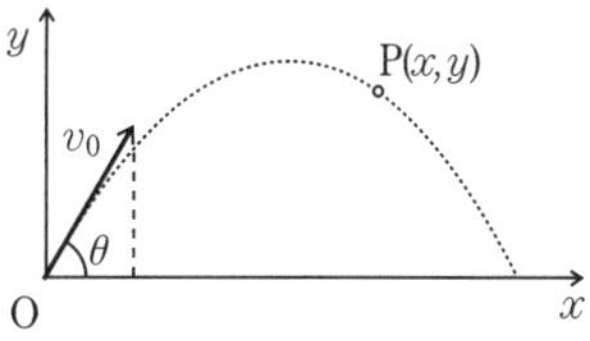

図 6.5

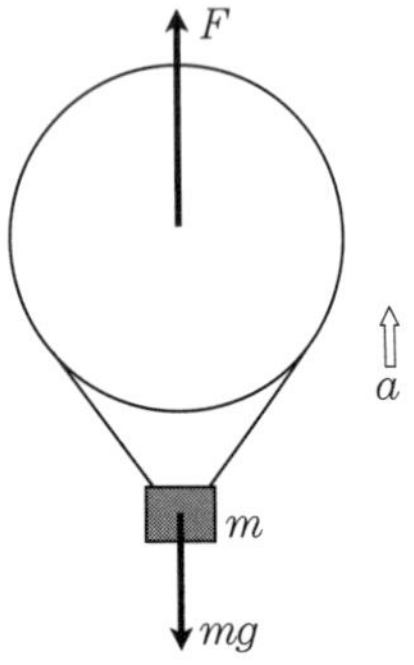

図 6.6

問題 6.9（**気球の運動**） 図 6.6 に示すように，全質量 $m = 420\,\mathrm{kg}$ の観測気球が加速度 $a = 0.20\,\mathrm{m/s^2}$ で上昇している．気球には重力のほかに，一定の浮力 F [N] がはたらいているものとし，風や空気抵抗の影響は考えない．重力加速度を $g = 9.8\,\mathrm{m/s^2}$ とする．

(1)「文字 F, m, g」を使って，この気球の運動方程式を $ma = \boxed{}$ の形に書け．

(2) 浮力 F の大きさは何 N か．また何 kgw か．

(3) 急上昇をさせるため，気球に積んであった 20 kg の砂袋を分離投下した．分離後の気球本体の加速度はいくらか．

ヒント：運動方程式は「$ma =$（物体にはたらく力の合力）」．
単位の換算：1 kgw=9.8 N ↔ 1 N=1/9.8 kgw を確実に．

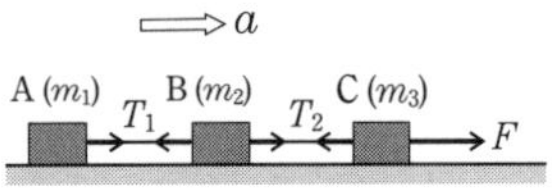

図 6.7

* 図 6.7 のように，A には T_1 だけが，B には T_2 と T_1 が，C には F と T_2 がそれぞれはたらく．力の向きに注意．

問題 6.10（**滑らかな水平面上で運動する糸でつながれた 3 物体**） 図 6.7 に示すように，滑らかな水平面上で，糸でつながれた 3 つの物体 A，B，C を，力 F [N] で右の方に引っ張ったら加速度 a [m/s²] で運動した．A，B，C の質量をそれぞれ m_1，m_2，m_3 [kg] と，AB，BC 間の糸の張力の大きさを T_1，T_2 [N] とする．

(1)「文字 $m_1, m_2, m_3, a, T_1, T_2, F$」を使って，それぞれの運動方程式を

物体 A： $m_1 a = \boxed{}$
物体 B： $m_2 a = \boxed{}$
物体 C： $m_3 a = \boxed{}$

の形で書け *．

(2) 力 $F = 36$ [N] で，質量がそれぞれ $m_1 = 10\,\mathrm{kg}$，$m_2 = 15\,\mathrm{kg}$，$m_3 = 20\,\mathrm{kg}$ のとき，加速度 a は何 m/s² か．また T_1，T_2 はそれぞれ何 N か．

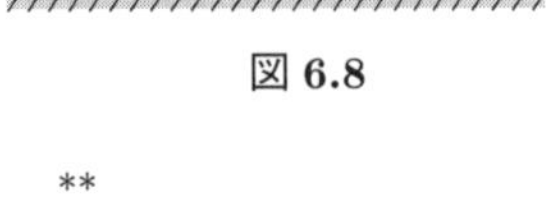

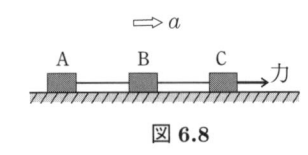

図 6.8

**
「滑らかな面」→「摩擦のない面」
「粗い面」→「摩擦のある 面」
これはいわば，物理のギョーカイ（業界）用語．

問題 6.11（**粗い平面上で運動する糸でつながれた 3 物体**） 図 6.8 に示すように，同じ質量 m をもつ物体 A，B，C を軽い糸でつないで，粗い水平面上に一直線上に置き，C の右端に水平右向きに力を加えて，全体を加速度 a で運動させた **．A，B，C と水平面との動摩擦係数を μ'，重力加速度の大きさを g とする．

(1) A にはたらく動摩擦力の大きさと向きを求めよ．

(2) AB 間の糸の張力を T_1，BC 間の糸の張力を T_2，C の右端に加えた力の大きさを F として，A，B，C についての運動方程式（個別の 3 つの式）をそれぞれ $ma = \boxed{}$ の形にかけ．

(3)（T_1 と T_2 を使わないで）F を m，μ'，a，g だけで表せ．

(4) 動摩擦係数 $\mu' = 0.5$，加速度 $a = \dfrac{g}{2}$ のとき，F，T_1，T_2 をそれぞれ求めよ．

問題 6.12（**滑らかな斜面上での物体の運動**） 図 6.9 に示すように，傾きの角 30° の滑らかな斜面上の点 A に小物体を置き，静かに放した．重力加速度を $g = 9.8\,\mathrm{m/s^2}$ とする．

(1) 小物体の質量を m [kg]，加速度を a [m/s²] とし，重力加速度を g [m/s²] として，斜面に平行方向の運動の方程式をかけ．
(2) すべり下りていくときの加速度の大きさ a は何 m/s² か．
(3) 斜面にそって 1.8 m 下った B 点での速さと，B 点まで下るのに要した時間を求めよ．

ヒント： 小物体にはたらく重力を斜面に平行な成分と，垂直な成分に分けて考える．

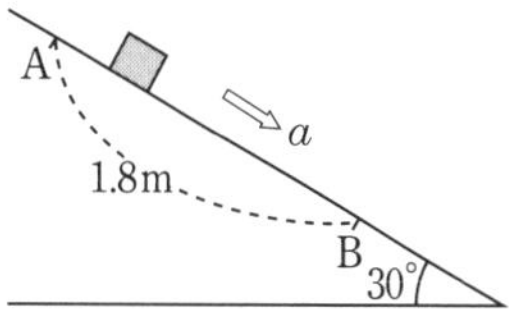

図 6.9

問題 6.13（**摩擦のある斜面上での物体の運動**） 図 6.10 に示すように，傾きの角 θ の斜面の点 A に 5.0 kg の小物体を置き，静かに放したら斜面にそってすべり始めた．$\sin\theta = 0.60$，$\cos\theta = 0.80$ とし，物体と斜面との間の動摩擦係数を 0.25，重力加速度を $9.8\,\mathrm{m/s^2}$ とする．

(1) 運動中に物体にはたらく重力と垂直抗力，動摩擦力はそれぞれ何 N か．
(2) すべり下りていくときの加速度はいくらか．
(3) 斜面にそって 0.36 m 下った点 B を通過する速さと，それまでに要した時間を求めよ．

ヒント： 計算の筋道をすっきりさせるために，質量を m とおき途中式は文字を使って整理する．

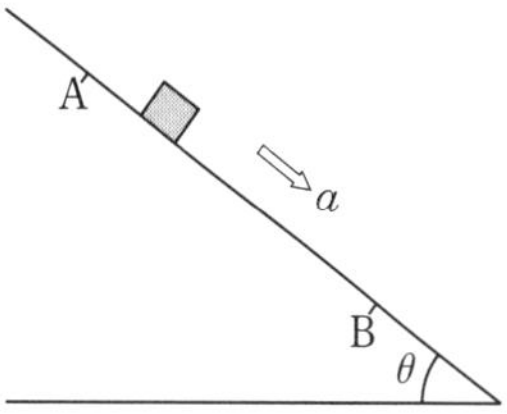

図 6.10

コーヒーブレイク

ガリレオと落下運動

アリストテレス (B.C.384〜322) は，哲学・政治学・文学・倫理学・論理学・自然科学など多方面にわたって研究を行い，古代ギリシャにおける最大の学者といわれる．そのアリストテレスは「重い物体は軽い物体よりも早く落下する」と説き，長い間多くの人々もこれを信じた．

ガリレオ・ガリレイ (1564〜1642) はこの考え方が間違いであることに気づき，「アリストテレスによれば，重いものは速さが大きく，軽いものは速さが小さい．しからば，重いものと軽いものを結びつけた物は，両者の中間の速さをとるだろう．ところが，両者を結びつけた物は，重い物より重いのであるから，大きいほうの速さよりさらに大きな速さをもたなければならない．これは矛盾である．この矛盾は，落下の加速度がすべての物体について等しいとすれば解消する」と述べている．

ガリレオは実験によって，自然界を支配する法則を発見すべきこと，およびその自然法則は観測した量と量との数学的関係で表現されなければならないことを説き，自然科学の研究方法を確立した．また彼は，**加速度の概念**を物理学に導入し，動力学の創始者となった．

図 6.11 ガリレオ・ガリレイ（イタリア）

B. 標準問題

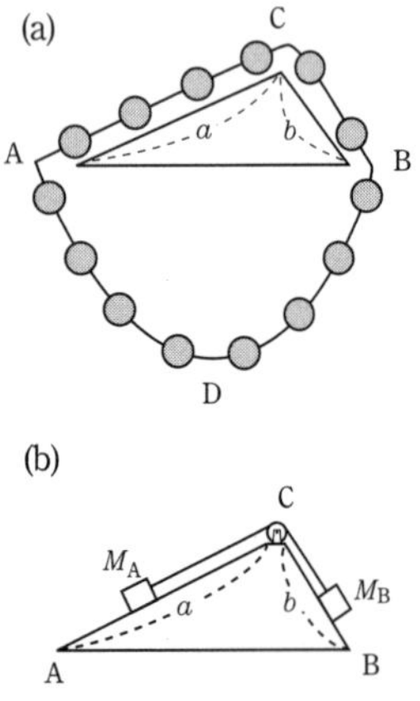

図 6.12

問題 6.14（ステビンの鎖）　図 6.12(a) に示すステビンの鎖において，鎖は頂点 A，B で下に垂れ下がり，ADB で左右対称である．そこで「鎖のつりあいの問題」を図 (b) のように，質量 M_{A} と M_{B} の物体がそれぞれ長さ a と b の斜面上に置かれ，軽い滑車を通して糸で結ばれた問題に置き換えて考えることができる．図 (b) でつり合うのは，$M_{\mathrm{A}} : M_{\mathrm{B}} = a : b$ のときであることを示せ．辺 AB は水平とし，摩擦は無視する．

ヒント：各辺の上に置かれた鎖の質量は辺の長さに比例するから，これはステビンの証明と同等である．

問題 6.15（移動距離と変位）　図 6.13 は x 軸上を運動する物体 P の速度 v を原点 O を出発してからの時間 t の関数として表したグラフである．

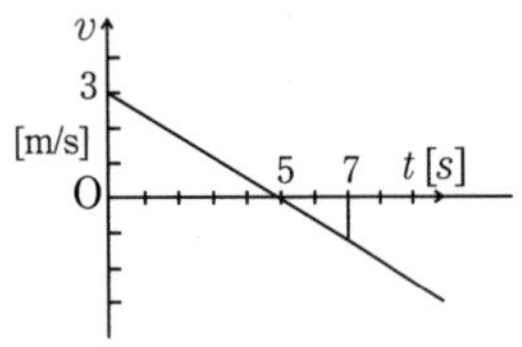

図 6.13

(1) 速度 v [m/s] を時刻 t [s] の関数形で表せ．

(2) 物体 P が向きを変える時刻はいつか．それまでに P はどれだけ移動したか．

(3) 時間 $0 \leqq t \leqq 7$ [s] の「変位」（初めの位置から見た時刻 $t = 7$ [s] での位置）はいくらか．

(4) 時間 $0 \leqq t \leqq 7$ [s] の「移動距離」（移動した全行程の道のり）はいくらか．

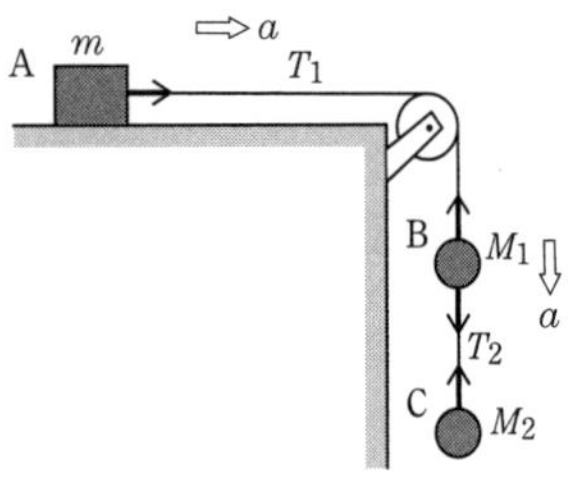

図 6.14

問題 6.16（糸でつながれて水平運動する 3 物体の運動）　図 6.14 に示すように，水平な台の上に置いた質量 m の物体 A を，軽い滑車を通した糸で質量 M_1，M_2 のおもり B，C と結んで放したら，等加速度運動をした．重力加速度の大きさを g とし，摩擦や空気抵抗は考えない．

(1) AB，BC 間の糸の張力を T_1，T_2 とし，加速度の大きさを a として，物体 A，B，C のそれぞれについて運動方程式を書け．

(2) 加速度 a と張力 T_1，T_2 を求めよ．

問題 6.17（糸で結ばれた 2 物体の斜面上での運動）　図 6.15 のように，水平と 30° および 60° をなす斜面をもつ固定された台の上に相等しい質量 m をもつ物体 A，B を置き，軽い滑車を通して糸で結び，静止している状態から手を放したら加速度 a で動き始めた．摩擦はないものとし，重力加速度の大きさを g とする．

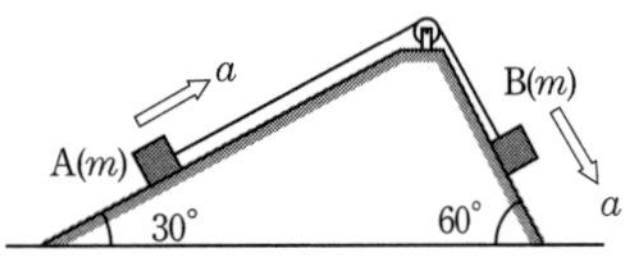

図 6.15

(1) 糸の張力を T とし，A，B について運動方程式をそれぞれかけ．

(2) 加速度 a を求めよ．ただし $\sqrt{3}$ などの無理数はそのままでよい．

(3) 距離 l だけ移動したときの物体 A の速さはいくらか．

問題 6.18（**放物運動**） 図 6.16(a) のように，初速 v_0 で小石を地上から真上に投げると高さ h に達する．重力加速度の大きさを g とし，空気抵抗は考えない．

(1) v_0 を g と h を使って表せ．

(2) (b) のように，初速 v_0，仰角 θ で投げたら，水平到達距離が h だった．このとき θ の値はいくらか．

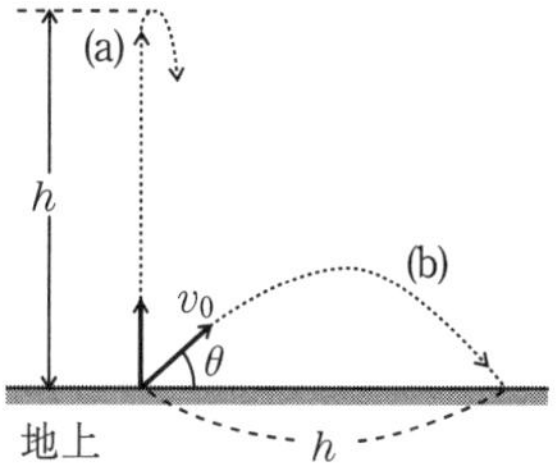

図 6.16

問題 6.19（**弦にそってすべる運動**） 図 6.17 のように，半径 R の円が鉛直面内に置かれている．重力加速度を g とし，摩擦力および空気抵抗は無視する．必要ならば，物体の質量を m とおけ．

(1) 物体が頂点 A から自由落下して最下点 B に着くまでの時間はいくらか．

(2) AB と角 ϕ をなす弦 AC の長さはいくらか．

(3) なめらかな斜面 AC 上をすべる物体の加速度はいくらか．

(4) 初速 0 で点 A を動き始めた小物体が，弦 AC を斜面としてすべり，円の他方の点 C に達するまでの時間は，角 ϕ によらず一定であることを示し，その一定値を求めよ．

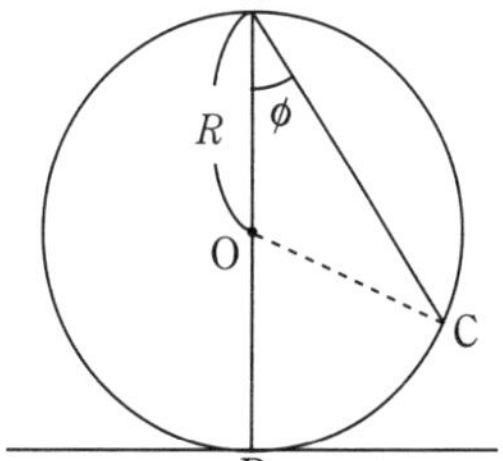

図 6.17

コーヒーブレイク

物理学で使われる記号例

物理学で使われる記号は，通常何かの意味を持っている．その多くは英語，またはドイツ語の頭文字に由来するが，意味不明なまま使われているものもある．参考までに．

F, f	： 力 (**f**orce)	K	： 力（**K**raft, ドイツ語）
T	： 張力 (**t**ension)	S	： 糸の張力（応力 **s**tress）
N	： 垂直抗力（垂直成分 **n**ormal component）		
k	： ばね定数 (**K**onstante, ドイツ語)		
v	： 速度 (**v**elocity)	a	： 加速度 (**a**cceleration)
g	： 重力加速度 (**g**ravitational acceleration)		
h	： 高さ (**h**eight)	S	： 面積（面 **s**urface）
V	： 体積 (**v**olume)	m	： 質量 (**m**ass)
W	： 仕事 (**w**ork)	P	： 仕事率 (**p**ower)
E	： エネルギー (**e**nergy)		
K	： 運動エネルギー (**k**inetic energy)		
U	： 位置エネルギー（電圧 V からの類推？）		
ω	： 角速度（ω は o のギリシャ文字，形が回転している感じ？）		

第Ⅱ部

エネルギーと運動量

7 仕 事

日常でも「仕事」という言葉を使うが，力学の用語としての「仕事」は少し意味が違うかもしれない．力学では「力×移動距離」という意味で使われ，エネルギーと密接に結びついた概念なのである．

§ 7.1　仕事の概念

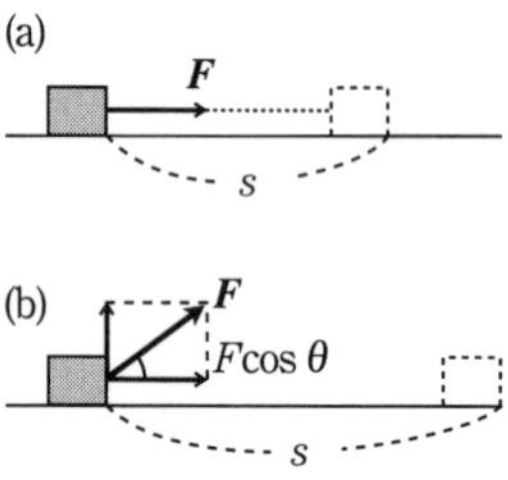

図 7.1　仕事をするのは移動方向成分の力 $(\boldsymbol{F}\cos\boldsymbol{\theta})$

■**仕事**　図 7.1(a) に示すように，物体に大きさ F [N] の力がはたらき，その力の方向に距離 s [m] だけ物体が移動したとき，力 F は仕事をした（物体は仕事をされた）といい，その仕事の大きさ W を

$$W = Fs \qquad (\text{仕事＝力×移動距離})$$

で表す．仕事の単位を**ジュール**とよび記号 J で表す．$1\,\mathrm{J} = 1\,\mathrm{N}\cdot\mathrm{m}$ である．図 (b) のように，力の向きと移動方向が角 θ をなすときは，力 $\boldsymbol{F}$ を分解すると，力の移動方向の成分 $F\cos\theta$ だけが仕事に寄与している．そこで

$$\text{仕事＝力の移動方向の成分×距離：}\quad W = Fs\cos\theta \qquad (7.1)$$

と定義する．式 (7.1) で，$\theta = 90°$ のときは $W = 0$ である（力は仕事をしない）．$\theta > 90°$ のときは $W < 0$（負の仕事）となる．

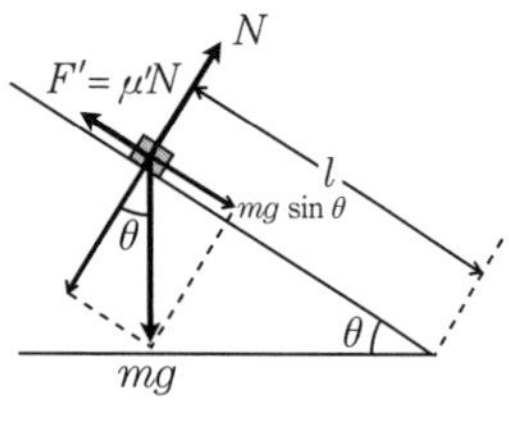

図 7.2　仕事の計算

例題 7.1（仕事の計算）　図 7.2 に示すように，水平面と角度 θ をなす粗い斜面上で，質量 m の物体が距離 l だけ滑り降りた．重力加速度を g，動摩擦係数を μ' とする．このとき，

(1) 重力のした仕事 W_1　　(2) 垂直抗力のした仕事 W_2

(3) 摩擦力のした仕事 W_3

をそれぞれ求めよ．

（解）(1) 重力の斜面方向成分 $mg\sin\theta$ が仕事をするのだから，

$W_1 = mg\sin\theta\cdot l = \boldsymbol{mgl\sin\theta}$

(2) 垂直抗力 $N = mg\cos\theta$ は，移動方向と 90° をなすから *，

$W_2 = N\cos 90°\cdot l = \boldsymbol{0}$

(3) 動摩擦力 $F' = \mu' N = \mu' mg\cos\theta$ が移動方向と反対向きにはたらき **，$W_3 = F'\cos 180°\cdot l = \boldsymbol{-\mu' mgl\cos\theta}$ ■

* 垂直抗力は仕事をしない．

** 摩擦力のする仕事はいつも**負の仕事**である．

■**仕事率**　単位時間あたりの仕事を**仕事率**とよび，その単位には**ワット**（記号 W）を用いる．$1\,\mathrm{W} = 1\,\mathrm{J/s}$ である．

§ 7.2 積分を使った仕事の表現

■仕事（力が位置 x に依存する場合） 物体に力 $F(x)$ を加えて距離 Δx だけ力の方向に移動させるとき，力のした仕事は $F(x)\Delta x$ である．点 A から点 B へ移動させる間に力のした仕事は，図 7.3(b) に示すようにこの区間を N 等分し，N 等分された区間 Δx での仕事の総和で近似できる．この総和は図 (a) の各棒状部分の面積に相当し，$N \to \infty$ では次の積分形で与えられる．

$$\text{仕事：}\quad W_{\mathrm{AB}} = \lim_{N\to\infty}\sum_{i=1}^{N} F(x_i)\Delta x = \int_{x_{\mathrm{A}}}^{x_{\mathrm{B}}} F(x)dx \tag{7.2}$$

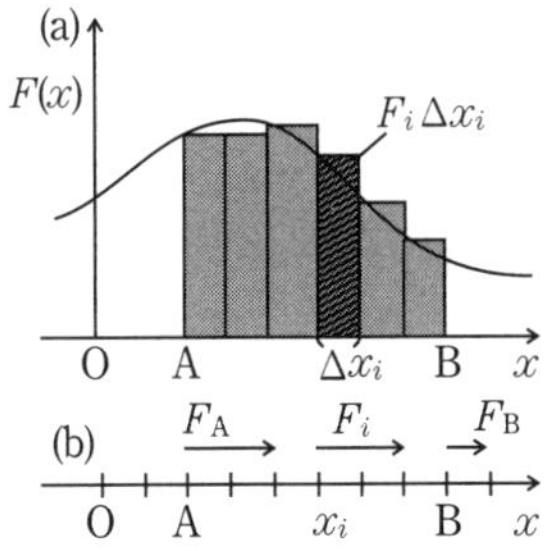

図 7.3 仕事は $\boldsymbol{F}$-$\boldsymbol{x}$ 図の面積（斜線部）に相当

> **例題 7.2（ばねを引き伸ばすのに要する仕事）** 図 7.4(a) に示すように，一端を固定したつる巻きばね（ばね定数 k）がある．（自然長の位置 O からの）ばねの伸びを x_{A} から x_{B} の状態まで引き伸ばすのに必要な仕事 W_{AB} を求めよ．

（解） ばねの伸びが x のとき，ばねの復元力（**弾性力**）$f = -kx$ がはたらく．この f に抗してさらに伸ばすために外から加えなければならない力は $F(x) = kx$ である．したがって，伸び x_{A} から伸び x_{B} の状態までばねを伸ばすために必要な仕事 W_{AB} は

$$W_{\mathrm{AB}} = \int_{x_{\mathrm{A}}}^{x_{\mathrm{B}}} F(x)dx = \int_{x_{\mathrm{A}}}^{x_{\mathrm{B}}} kx\,dx = \boldsymbol{\frac{1}{2}kx_{\mathrm{B}}^2 - \frac{1}{2}kx_{\mathrm{A}}^2} \quad ■$$

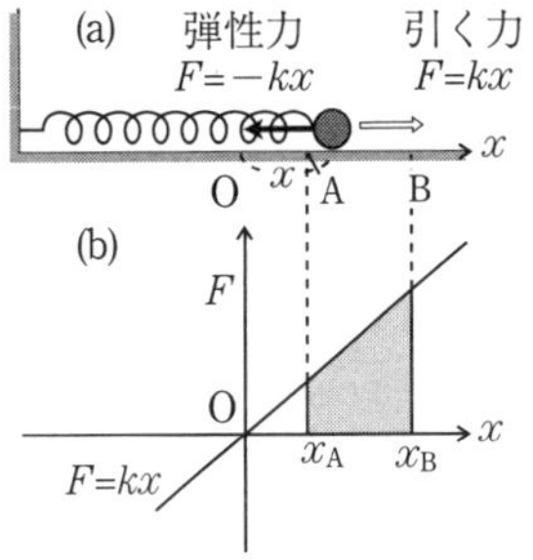

図 7.4 ばねを伸ばす仕事

■ベクトルの内積（数学的準備） 図 7.5 に示すように，2 つのベクトル $\boldsymbol{a}$ と $\boldsymbol{b}$ が角 θ をなすとき，$\boldsymbol{a}$ と $\boldsymbol{b}$ の**内積（スカラー積）**を

$$\textbf{内積（スカラー積）：}\ \boldsymbol{a}\cdot\boldsymbol{b} = ab\cos\theta \tag{7.3}$$

で定義する．ベクトルの内積についてはふつうの数の掛け算と同様に

$$\textbf{交換の法則:}\ \boldsymbol{a}\cdot\boldsymbol{b} = \boldsymbol{b}\cdot\boldsymbol{a} \tag{7.4}$$

$$\textbf{分配の法則:}\ \boldsymbol{a}\cdot(\boldsymbol{b}+\boldsymbol{c}) = \boldsymbol{a}\cdot\boldsymbol{b} + \boldsymbol{a}\cdot\boldsymbol{c} \tag{7.5}$$

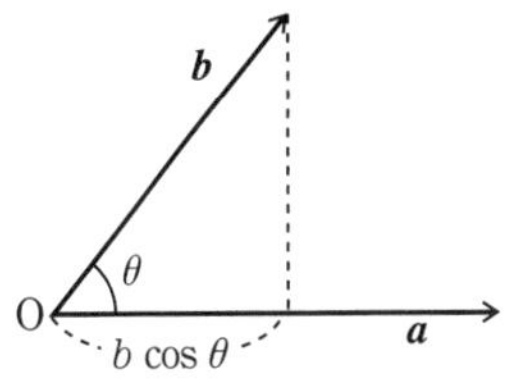

図 7.5 ベクトルの内積（スカラー積）

が成り立つ．図 7.6 に示すように，**基本ベクトル** $\boldsymbol{i}$，$\boldsymbol{j}$，$\boldsymbol{k}$ を定義すると，基本ベクトルは大きさが 1 だから $\boldsymbol{i}\cdot\boldsymbol{i} = \boldsymbol{j}\cdot\boldsymbol{j} = \boldsymbol{k}\cdot\boldsymbol{k} = 1$，互いに直交するから $\boldsymbol{i}\cdot\boldsymbol{j} = \boldsymbol{j}\cdot\boldsymbol{k} = \boldsymbol{k}\cdot\boldsymbol{i} = 0$ の関係が成り立つ．2 つのベクトル $\boldsymbol{a} = (a_x, a_y, a_z)$ と $\boldsymbol{b} = (b_x, b_y, b_z)$ を成分を用いて

$$\boldsymbol{a} = a_x\boldsymbol{i} + a_y\boldsymbol{j} + a_z\boldsymbol{k}, \qquad \boldsymbol{b} = b_x\boldsymbol{i} + b_y\boldsymbol{j} + b_z\boldsymbol{k}$$

と表わし，上の基本ベクトル間の関係式を使えば，

$$\textbf{内積（スカラー積）：}\ \boldsymbol{a}\cdot\boldsymbol{b} = a_xb_x + a_yb_y + a_zb_z \tag{7.6}$$

を得る．特に，$\boldsymbol{a}\cdot\boldsymbol{a} = a_x^2 + a_y^2 + a_z^2 = a^2$（大きさの 2 乗）．

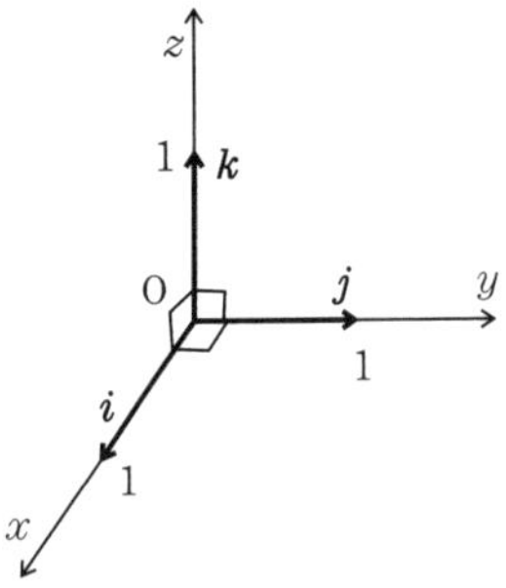

図 7.6 基本ベクトル

§ 7.3　ベクトルの内積と積分を使った仕事の表現

■ベクトルの内積と積分を使った仕事の表現　短い変位 $d\boldsymbol{r} = (dx, dy, dz)$ の間に力 $\boldsymbol{F} = (F_x, F_y, F_z)$ がする仕事は

$$dW = Fdr\cos\theta = F_x dx + F_y dy + F_z dz$$

である．したがって図 7.7 に示すように，物体が点 A から点 B へと移動する間に力 $\boldsymbol{F}(\boldsymbol{r})$ がした仕事は，次式で与えられる *．

$$W_{\mathrm{AB}} = \int_{\boldsymbol{r}_{\mathrm{A}}}^{\boldsymbol{r}_{\mathrm{B}}} \boldsymbol{F}\cdot d\boldsymbol{r} = \int_{\boldsymbol{r}_{\mathrm{A}}}^{\boldsymbol{r}_{\mathrm{B}}} F\cos\theta\, dr \qquad (7.7\mathrm{a})$$

$$= \int_{\mathrm{A}}^{\mathrm{B}} (F_x dx + F_y dy + F_z dz) \qquad (7.7\mathrm{b})$$

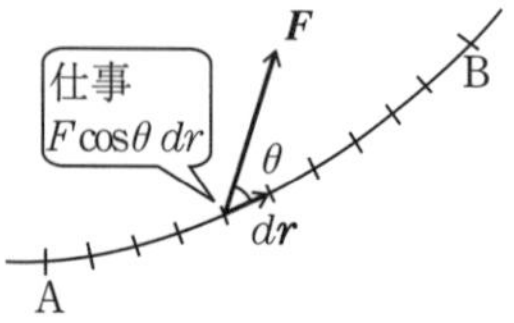

図 7.7　仕事

* 式 (7.7) のように，ある曲線に沿って和をとる積分を**線積分**という．積分範囲の A, B はその点での積分変数値を示す．

> **例題 7.3（重力のする仕事）**　物体にはたらく重力 mg のする仕事 W は，（途中の経路に関係なく）始点と終点の高度差 h で決まり $W = mgh$ となることを示せ．

(解)　図 7.8 のように鉛直上向きに y 軸をもつ x-y 座標系を取り，点 A（高さ $y = y_{\mathrm{A}}$）から点 B ($y = y_{\mathrm{B}}$) まで移動したとする．重力は $\boldsymbol{F} = (F_x, F_y, F_z) = (0, -mg, 0)$ であるから，重力のする仕事は

$$W = \int_{\mathrm{A}}^{\mathrm{B}} \boldsymbol{F}\cdot d\boldsymbol{r} = \int_{\mathrm{A}}^{\mathrm{B}} (F_x dx + F_y dy + F_z dz)$$

$$= \int_{y_{\mathrm{A}}}^{y_{\mathrm{B}}} (-mg)dy = mg(y_{\mathrm{A}} - y_{\mathrm{B}}) = mgh$$

となる．■

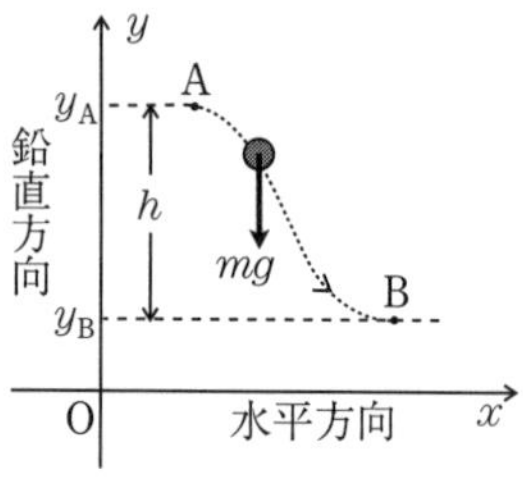

図 7.8　重力のする仕事

コーヒーブレイク

仕事の原理

なぜ「仕事＝力×距離」と定義するのか？　一見日常生活の「仕事」の概念とは異なった感じを受けるかもしれないが，そこには力仕事を正しく評価するための知恵が隠されている．

物体を高さ h だけ引き上げる仕事を，図 7.9 の A 君のように滑らかな斜面を使う場合と，B 君のように直接引き上げる場合で比較してみよう．A 君が要する力 $mg\sin\theta$ は，B 君が要する力 mg より明らかに小さい．これだけ見ると A 君は楽をしているように思える．しかし，高さ h まで物体を持ち上げるという点で A 君も B 君も「同じ仕事」をしているはずである．そこでもう一度図を見てみると，A 君が引き上げるときに引っ張る距離 l は，h より長いことに気がつく．実際，$h = l\sin\theta$ であるから，「仕事＝力×距離」の定義で A 君の仕事 W_{A} を計算すると，

$$W_{\mathrm{A}} = \text{力}\ (mg\sin\theta) \times \text{距離}\ (l) = mgl\sin\theta = mgh$$

となっていて，B 君の仕事 $W_{\mathrm{B}} = mg \times h$ に等しく，仕事の定義が合理的であることがわかる．

同様のことは，てこや動滑車を使った場合にも示すことができる．すなわち，道具を用いれば，加える力を小さくすることが出来るが，仕事の量は変わらない．これを**仕事の原理**という．

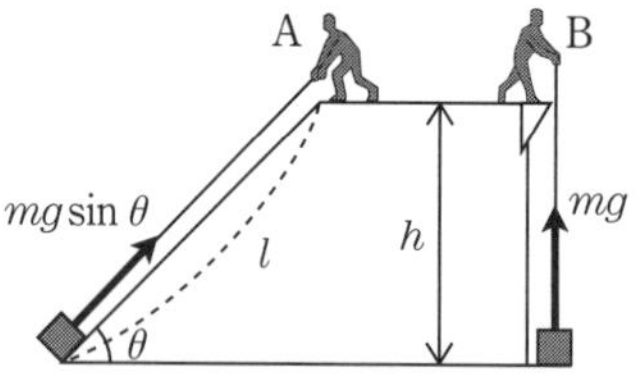

図 7.9　仕事の原理

まとめ（7. 仕事）

整理・確認問題

問題 7.1 物体に一定の力 F [N] を作用させて，力の向きに s [m] だけ動かしたとき，力 F のした仕事は $W =$ [①] [単位 [②]] である．物体に一定の力 F [N] を作用させて，力の方向と角 θ の向きに s [m] だけ動かしたとき，力 F のした仕事は $W =$ [③] [単位②] である *.

* 新しく導入された物理量や法則（関係式）に伴って，新しい単位が導入される．単位はその定義または法則と一緒に覚えること．

問題 7.2 図 7.10 に示すように，粗い水平面上で水平と角 θ の方向に 10 N の力を加え続けたら，物体は一定の速さで移動し，2.0 m 移動するのに 5.0 秒かかった．$\tan\theta = \dfrac{3}{4}$ とする．このとき加えた力のした仕事は $W =$ [①] J で，その仕事率は $P =$ [②] [単位 [③]] である．

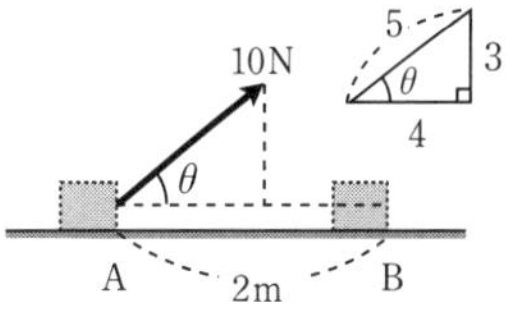

図 7.10

問題 7.3 ばね定数 $k = 800\,\mathrm{N/m}$ のばねがある．自然の長さから 0.30 m 伸ばすのに加えられた仕事は [①] J である．このばねをさらに伸ばして伸びを 0.50 m にするには，外部から [②] J の仕事を追加する必要がある．

基本問題

問題 7.4（ベクトルの内積の計算） 図 7.11 に示すように，3 つのベクトル $\boldsymbol{a} = (3, 0)$，$\boldsymbol{b} = (1, \sqrt{3})$，$\boldsymbol{c} = (-\sqrt{2}, \sqrt{2})$ がある．ベクトルの内積 ① $\boldsymbol{a}\cdot\boldsymbol{b}$，② $\boldsymbol{a}\cdot\boldsymbol{c}$，③ $\boldsymbol{b}\cdot\boldsymbol{c}$ を計算せよ．

ヒント：$\boldsymbol{a}\cdot\boldsymbol{b} = ab\cos\theta$ でも成分を使った方法でも正解が得られる．$\cos 75^\circ = \cos(30^\circ + 45^\circ) = \cos 30^\circ \cos 45^\circ - \sin 30^\circ \sin 45^\circ = (\sqrt{6} - \sqrt{2})/4$

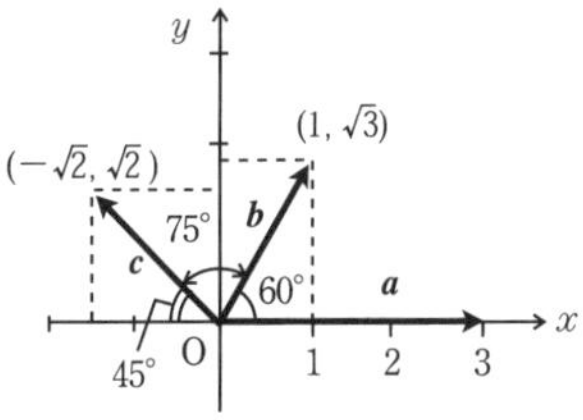

図 7.11

問題 7.5（力の向きと仕事） 図 7.12 に示すように，質量 5.0 kg の物体を傾斜角 30° のなめらかな斜面にそって 4.0 m だけゆっくりと引き上げた．重力加速度の大きさを $9.8\,\mathrm{m/s^2}$ として，

(1) 引く力 F の大きさはいくらか．

(2) 引く力 F がした仕事はいくらか．

(3) このとき，重力が物体にした仕事はいくらか．

(4) このとき，垂直抗力が物体にした仕事はいくらか．

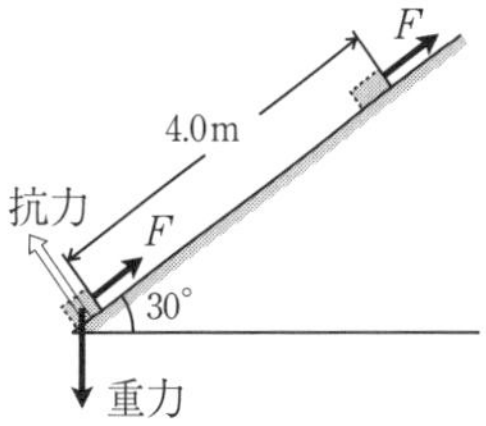

図 7.12

8 仕事とエネルギー

運動エネルギー $\left(\frac{1}{2}mv^2\right)$ にはなぜ係数 $\frac{1}{2}$ がつくのだろう．それには運動方程式から導かれる「仕事と運動エネルギーの関係式」が関連している．力のする仕事が位置エネルギー差で表される保存力（重力・弾性力など）と表せない非保存力（摩擦力など）の違いも学習しよう．

§ 8.1 仕事と運動エネルギーの関係

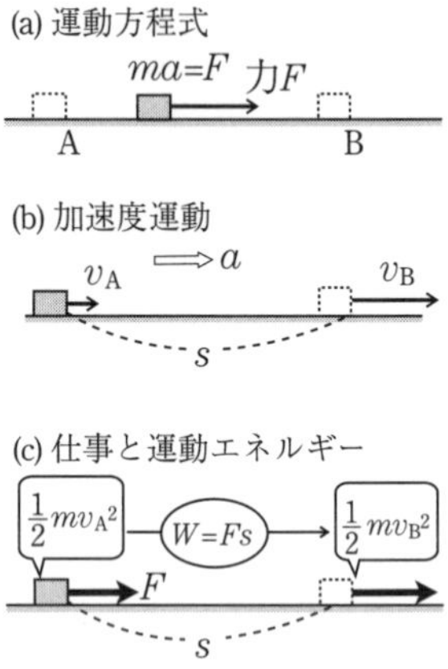

図 8.1 仕事と運動エネルギーの関係

■等加速度運動の場合の導出　図 8.1(a) に示すように，質量 m の物体に一定の大きさ F の力が加わり，加速度 a の運動をしたとき

$$\text{運動方程式：}\quad ma = F \tag{8.1}$$

が成り立っている．この結果，図 (b) に示すように，距離 s だけ離れた AB 間で，物体が等加速度運動をして，速さが v_A から v_B に変化したとすると，

$$\text{等加速度運動の公式から}\quad v_B^2 - v_A^2 = 2as$$

が成り立つ．これら 2 式から

$$\frac{1}{2}mv_B^2 - \frac{1}{2}mv_A^2 = mas = Fs \tag{8.2}$$

が導かれる．

■運動エネルギーと仕事の関係　質量 m の物体が速さ v で運動しているとき，

$$\textbf{運動エネルギー：}\ K = \frac{1}{2}mv^2 \tag{8.3}$$

をもっているという．一方，物体に大きさ F の力を加えて，力の方向に距離 s だけ移動させたときの仕事 W は，

$$W = Fs \quad \textbf{仕事＝力×距離} \tag{8.4}$$

で定義される（§7.1 参照）．すると式 (8.2) は，

$$\frac{1}{2}mv_B^2 - \frac{1}{2}mv_A^2 = W \tag{8.5}$$

となって，**運動エネルギーの変化高は外部から加えられた仕事に等しい**ことを意味する（図 (c)）．これを**エネルギーの原理**とよぶ．

ここでは等加速度運動の公式から導いたが，式 (8.5) つまりエネルギーの原理は，等加速度運動でなくても**広く一般に成り立つ**ことが証明できる．

■自由落下運動　図 8.2 に示すように，質量 m の物体が初速度 0 で高さ h から落下し，地面に達する直前の速さが v であったとする．このとき，運動エネルギーは 0 から $\frac{1}{2}mv^2$ へと増加している．一方この間に重力がした仕事は mgh（＝重力 mg ×距離 h）である．このとき，「仕事と運動エネルギーの関係式」(8.5) によれば，

$$\frac{1}{2}mv^2 = mgh \quad \text{（運動エネルギーの変化高＝重力のした仕事）}$$

が成り立つ．これから $v = \sqrt{2gh}$ が得られる（例題 3.1 の別解参照）．

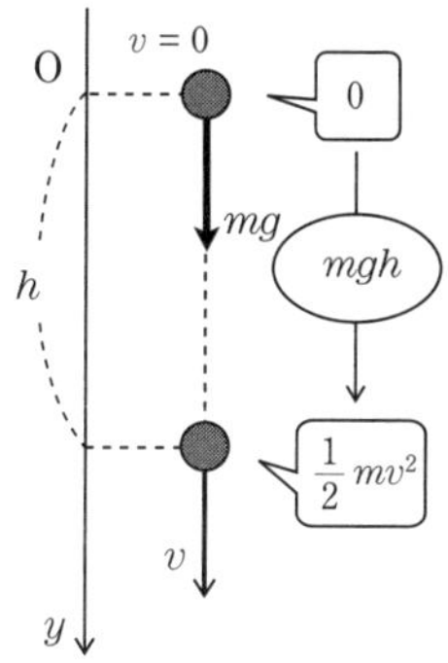

図 8.2　自由落下運動

■動摩擦力のする仕事　図 8.3(a) に示すように，速さ v_A で A 点を通過した物体が，粗い面上を距離 s だけすべり，点 B で停止した ($v_B = 0$)．この間に，運動エネルギーは $\frac{1}{2}mv_A^2$ から 0 へと 減少 した．このとき，式 (8.5) によれば，加えられた仕事は**負の仕事**である．それは図 (b) に示すように，動摩擦力が進行方向と反対向きにはたらき，加速度が負になるためである．実際，動摩擦力の大きさを F' とすれば，運動方程式 $ma = -F'$ より $a = -\frac{F'}{m}$ となる．そこで式 (8.2) にならって運動エネルギーの変化を求めてみると，

$$\frac{1}{2}mv_B^2 - \frac{1}{2}mv_A^2 = mas = -F's$$

となっている．前章で定義したように，動摩擦力のする仕事は $W = F's\cos 180° = -F's$ であるから，エネルギーの原理 (8.5) 式が成立していることがわかる．

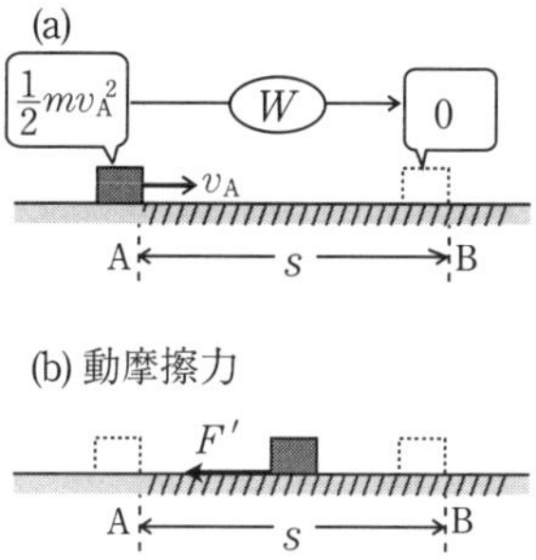

図 8.3　動摩擦力のする仕事

> **例題 8.1（エネルギーの原理）**　水平面上を質量 3.0 kg の小物体が速さ 2.0 m/s で運動している．
> (1) この物体の運動エネルギーはいくらか．
> (2) 図 8.4(a) に示すように，進行方向に力を加え，+18 J の仕事を与えると，物体の速さはいくらになるか．
> (3) 図 8.4(b) に示すように，この物体が粗い面に 0.50 m 進んで停止したとしたら，動摩擦係数はいくらか．エネルギーの原理を使って求めよ．重力加速度 g を 9.8 m/s^2 とする．

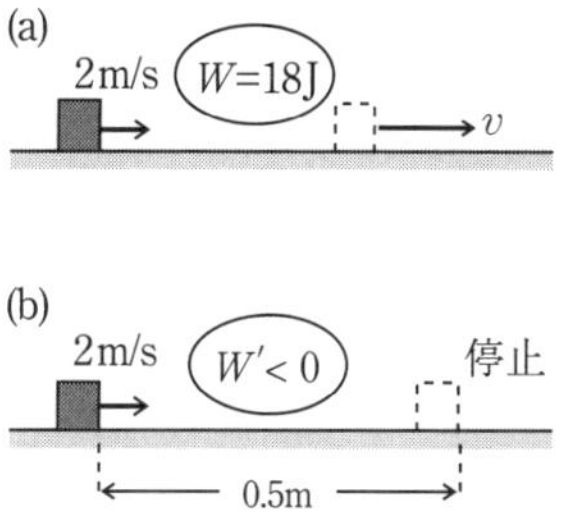

図 8.4

（解）(1) $m = 3\,\text{kg}$，$v_0 = 2\,\text{m/s}$ として，

運動エネルギー $K_0 = \frac{1}{2}mv_0^2 = \mathbf{6.0\,J}$

(2) エネルギーの原理 $\frac{1}{2}mv^2 - \frac{1}{2}mv_0^2 = W$ に，(1) の結果と加えられた仕事 $W = 18\,\text{J}$ を代入して　$\frac{1}{2}mv^2 - 6 = 18\,\text{J}$.

よって $\frac{1}{2}mv^2 = 24\,\text{J}$　$\therefore v = \mathbf{4.0\ m/s}$

(3) 距離 $s = 0.5\,\text{m}$ 進む間に動摩擦力 $F' = \mu' N = \mu' mg$ がした仕事は $W' = -F's = -\mu' mgs$．エネルギーの原理より，

$$0 - \frac{1}{2}mv_0^2 = W' = -\mu' mgs \quad \text{これから}\ \mu' = \frac{v_0^2}{2gs} = \mathbf{0.408}$$ ■

§ 8.2　保存力と位置エネルギー

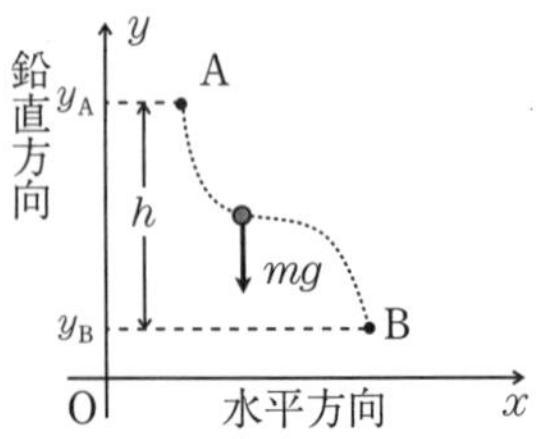

図 8.5　重力の位置エネルギー

■重力の位置エネルギー　重力のする仕事は（途中の経路に関係なく）始点と終点の高度差 h だけで決まる（例題 7.3 参照）．そこで

$$\textbf{重力の位置エネルギー：}\ U = mgy \tag{8.6}$$

を定義すると，重力のする仕事 W は，始点と終点の位置エネルギーの差で表される．すなわち

重力による仕事は　$W = U_A - U_B = mgy_A - mgy_B = mgh$

■弾性力の位置エネルギー　ばねの伸び（縮み）が x のとき

$$\textbf{弾性エネルギー：}\ U = \frac{1}{2}kx^2 \tag{8.7}$$

を定義すると *，ばねの弾性力のする仕事 W も，始点と終点の位置エネルギーの差で表される．すなわち（例題 7.2 参照）

弾性力のする仕事は　$W = U_A - U_B = \dfrac{1}{2}kx_A^2 - \dfrac{1}{2}kx_B^2$

* 弾性力の位置エネルギーを**弾性エネルギー**とよぶ．弾性エネルギーでは通常ばねの伸び $x = 0$ を原点とする．

■保存力とエネルギー　重力や弾性力のように，力のした仕事 W が始点の位置エネルギー U_A と終点の位置エネルギー U_B の差 $(W = U_A - U_B)$ で与えられるとき，このような力を**保存力**とよぶ．**保存力ではエネルギーを位置エネルギーという形で蓄えている**と考えることができる．例えば，物体を持ち上げるためには，外から力を加えて仕事をする必要がある．このとき「外力による仕事」によって与えられたエネルギーは，「位置エネルギー」という形で保存されている．物体が落下する過程で，この位置エネルギーは「重力による仕事」となり，エネルギーの原理（仕事とエネルギーの関係）を通じて「運動エネルギー」に変換される **．

** 例えれば，外力のする仕事は「親が口座に振り込む金額」で，位置エネルギーは「学生の預金残高」に相当する．親が仕送りしてくれるおかげで預金が増え，それが学生の「運動エネルギー」に変換される．

■保存力と非保存力　摩擦力や（空気抵抗などの）抵抗力のする仕事は始点と終点が同じであっても途中経路によって異なる．例えば図 8.6 に示すように，物体を粗い水平面で動かす場合には動摩擦力 F'（＝一定）がはたらく．この摩擦力のする仕事を計算すると，経路 A → O → C では $-F' \times \sqrt{2}l$ で，経路 A → B → C では $-F' \times 2l$ となる．つまり同じく AC 間を移動させる間の仕事であるが，**どちらの経路をとるかによって摩擦力のする仕事は異なる**．そのため，摩擦力に関する仕事は保存できない．このような力を**非保存力**とよぶ．非保存力では，位置エネルギーが定義できない．

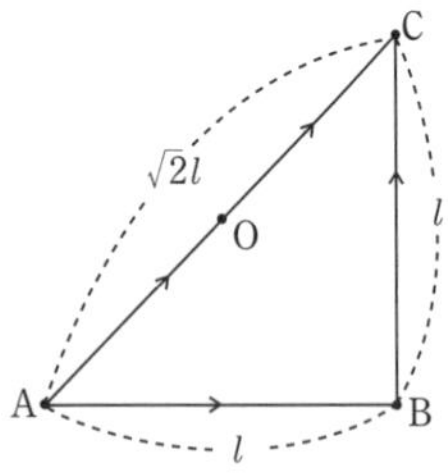

図 8.6　摩擦力のする仕事

まとめ（8. 仕事とエネルギー）

整理・確認問題

問題 8.1　質量 m の物体に一定の力がはたらき，直線上で加速度 a の等加速度運動をしている場合について，「仕事と運動エネルギー」の関係式を導く＊．時刻が 0 から t までの間に，速度が v_0 から v へと変化し，距離が x だけ進んだとすれば，等加速度運動の公式 $v^2-v_0^2=$ [①] が成り立つ．これを書き直せば，$\frac{1}{2}mv^2-\frac{1}{2}mv_0^2=$ [②] となるが，この式の左辺は [③] の変化量を表している．一方，物体にはたらく力を F とすると，運動方程式から $a=$ [④] が導かれる．④を②に代入して（a を消去すると），[⑤] となり，「力 × 距離」つまり「物体が力からされた仕事」となっていることがわかる．

＊ エネルギーの原理とは，（運動エネルギーの変化高）＝（外力のした仕事）

問題 8.2　速さ 4.0 m/s で運動している質量 2.0 kg の物体は [①] J の運動エネルギーを持っている．この状態にさらに外部から 9.0 J の正の仕事を加えると，物体のもつ運動エネルギーは [②] J になり，物体の速さは [③] m/s になる＊＊．

＊＊ エネルギーは「預金残高」として保存される．このとき，外力のする仕事は金額の「出し入れ」に相当する．
正の仕事 → 預入（エネルギー増）
負の仕事 → 引出（エネルギー減）

基本問題

問題 8.3（摩擦力のした仕事）　粗い水平面上で，質量 2.0 kg の物体を初速度 5.0 m/s ですべらせたところ，4.0 m すべって停止した．重力加速度を 9.8 m/s^2 とする．

(1) はじめ物体は何 J のエネルギーを持っていたか．
(2) 動摩擦力のした仕事は何 J か．
(3) 動摩擦力の大きさは何 N か．
(4) 物体と面との間の動摩擦係数はいくらか．
(5) 初速度を 2 倍にすると，すべる距離は何倍になるか．

問題 8.4（仕事と運動エネルギー）　図 8.7 のように，水平面上を右向きに速さ 4.0 m/s で運動している質量 8.0 kg の物体に，右向きで水平と 60° をなす方向に，6.0 N の力を加え続けた．物体が距離にして 12 m 移動する間，この力を加えていたとして，次の問いに答えよ．

(1) 物体がはじめ持っていた運動エネルギーはいくらか．
(2) 物体が 12 m 移動する間に，加えた力のした仕事はいくらか．
(3) 12 m 移動した後の物体のもつ運動エネルギーはいくらか．
(4) 12 m 移動した後の物体の速さはいくらか．

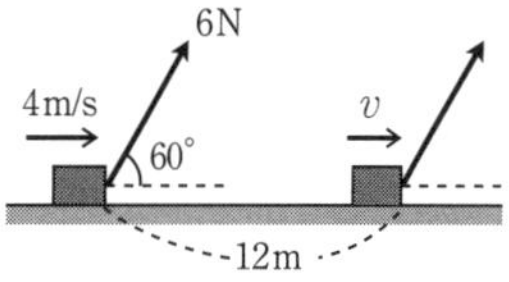

図 8.7

9　力学的エネルギー保存の法則

運動方程式は位置ベクトルの時間微分の形で表されているので，力が複雑な場合には解法がかなり面倒になる．そのような場合でも，スカラー量で記述される「力学的エネルギー保存の法則」は物体の運動状態についての有効な情報を与えてくれる．力が非保存力（摩擦力・抵抗力）の場合には力学的エネルギー保存の法則が成り立たないことも理解しよう．

§ 9.1　力学的エネルギー保存の法則

■エネルギーの原理　前章で学んだことをまとめておこう．「仕事と運動エネルギーの関係式」（エネルギーの原理）によれば，運動エネルギーの変化高は，その間に外力が物体にした仕事 W_{AB} に等しい．

$$\text{エネルギーの原理：}\quad \frac{1}{2}mv_{\mathrm{B}}^2 - \frac{1}{2}mv_{\mathrm{A}}^2 = W_{\mathrm{AB}} \tag{9.1}$$

■保存力と位置エネルギー　重力や弾性力のような**保存力**では，力のする仕事は途中の過程や道筋によらない．このような場合には**位置エネルギー** $U(\boldsymbol{r})$ が定義できて，力 $\boldsymbol{F}$ のする仕事が始点 A と終点 B の位置エネルギー差で表される．

$$\text{保存力のする仕事：}\quad W_{\mathrm{AB}} = \int_{\mathrm{A}}^{\mathrm{B}} \boldsymbol{F}\cdot d\boldsymbol{r} = U(\boldsymbol{r}_{\mathrm{A}}) - U(\boldsymbol{r}_{\mathrm{B}}) \tag{9.2}$$

■力学的エネルギー保存の法則　力が保存力の場合には，式 (9.1) と (9.2) を結びつけることができて *，次の**力学的エネルギー保存の法則**が導かれる．

* 式 (9.1) は普遍的に成り立つが，式 (9.2) は力が保存力の場合にのみ成り立つことを確認しておこう

$$\frac{1}{2}mv_{\mathrm{A}}^2 + U(\boldsymbol{r}_{\mathrm{A}}) = \frac{1}{2}mv_{\mathrm{B}}^2 + U(\boldsymbol{r}_{\mathrm{B}}) \tag{9.3}$$

他の物体に仕事をする能力という点では，物体のもつ運動エネルギーも位置エネルギーも同等で，その総和が全能力である．そこで運動エネルギーと位置エネルギーの和を

$$\textbf{力学的エネルギー：}\quad E = \frac{1}{2}mv^2 + U(\boldsymbol{r}) \tag{9.4}$$

として定義すれば，式 (9.3) の力学的エネルギー保存の法則は

（点 A での力学的エネルギー）＝（点 B での力学的エネルギー）

を意味する．つまり，物体が保存力を受けて運動する場合には，運動の間，つねに全力学的エネルギーは一定に保たれる．

§ 9.2 重力がはたらく場合の例

■自由落下運動についての 3 つの考え方 図 9.1 に示すように，高さ h から自由落下する物体の速さ v を，今まで学んだ 3 通りの考え方で求めて比較してみよう．

(1) 運動方程式を解く方法

運動方程式 $ma = mg$ より，この運動は加速度 $a = g$ の等加速度運動．等加速度運動の公式 $v^2 - v_0^2 = 2ax$ に代入して

$$v^2 - 0^2 = 2gh \qquad \therefore \quad v = \sqrt{2gh}.$$

(2) 運動エネルギーと仕事の関係式を使う方法

運動エネルギーの変化高＝重力が物体にした仕事

$\frac{1}{2}mv^2 - 0 = mg \times h$ より，$v = \sqrt{2gh}$.

(3) 力学的エネルギー保存則を使う方法

点 A での力学的エネルギー＝点 B での力学的エネルギー

$\frac{1}{2}mv^2 + 0 = 0 + mgh$ より，$v = \sqrt{2gh}$.

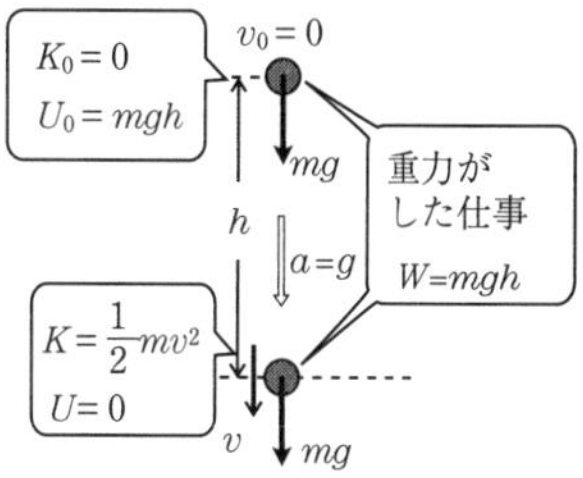

図 9.1 自由落下運動に関する 3 つの考え方

■垂直抗力のする仕事・振り子の糸の張力のする仕事 図 9.2 に示すように，滑らかな斜面の運動での垂直抗力 N（図 (a)）と，振り子の糸の張力 T（図 (b)）は，仕事をしない．これは力が運動方向につねに垂直だからである．このとき，力学的エネルギーは保存される．

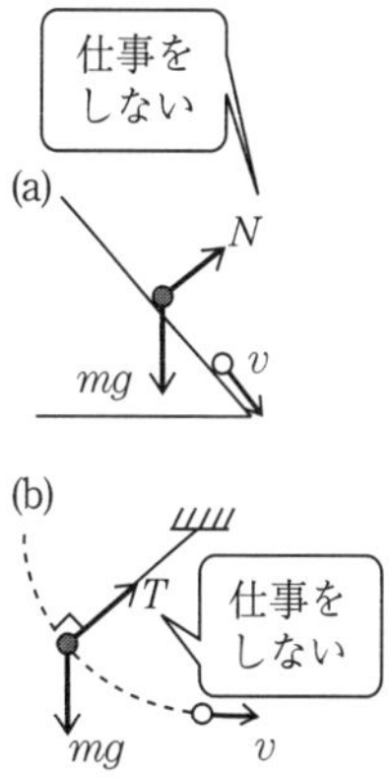

図 9.2 垂直抗力 N と振り子の張力 T は仕事をしない

> **例題 9.1（重力と力学的エネルギー保存の法則）** 図 9.3 のように，天井の支点 O に長さ l の糸をつけ，他端に質量 m のおもりをつけて，点 O と同じ高さの位置 A から静かにはなしたら，最下点 B にきたとき糸が切れ，おもりは床の上の点 C に落ちた．点 B は床から高さ $l/2$ の位置にあり，重力加速度を g とする．
>
> (1) 点 B におけるおもりの速さ v_B を求めよ．
>
> (2) 点 C に達する直前のおもりの速さ v_C を求めよ．

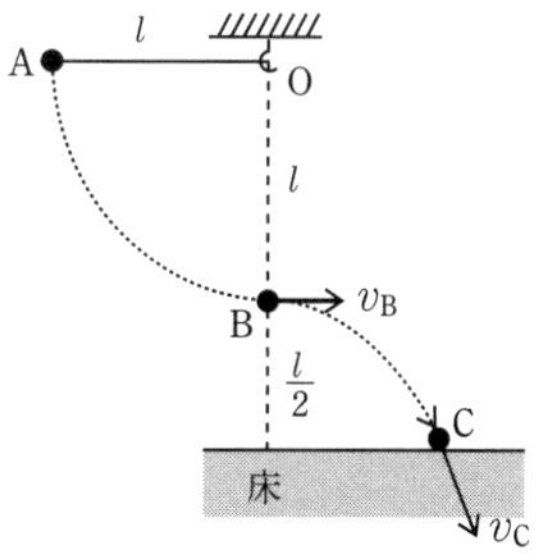

図 9.3

(解) 点 B を位置エネルギーの基準点にとって，力学的エネルギー保存の法則を適用する *．位置エネルギーは，

点 A：mgl,　　点 B：0,　　点 C：$-\frac{1}{2}mgl$

(1) $K_B + U_B = K_A + U_A$ の式をたてると，$\frac{1}{2}mv_B^2 + 0 = 0 + mgl$

これから $v_B = \boldsymbol{\sqrt{2gl}}$.

(2) $K_C + U_C = K_A + U_A$ の式をたてると，$\frac{1}{2}mv_C^2 - \frac{1}{2}mgl = 0 + mgl$

これから $v_C = \boldsymbol{\sqrt{3gl}}$. ■

* この例では点 B を位置エネルギーの基準にとったが，実際はどこを基準にとっても結果の v_B と v_C は同じになる．

§ 9.3　弾性力がはたらく場合の例

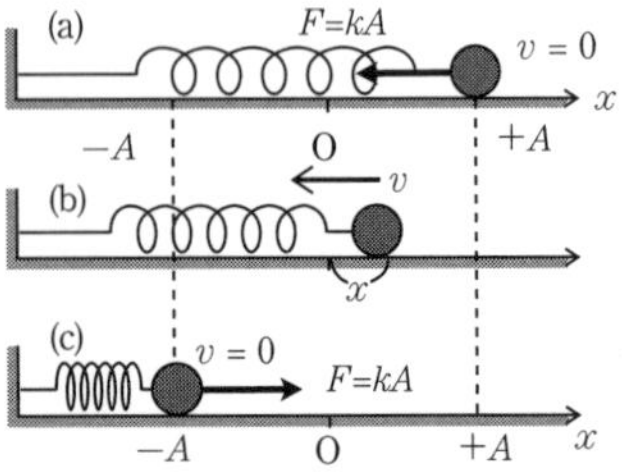

図 9.4　単振動

■**弾性エネルギーと力学的エネルギー**　図 9.4 に示すように，滑らかな床の上で一端を固定したばね（ばね定数 k）に質量 m の物体をつけ，距離 A だけ引いてから放すと，物体はばねの復元力（弾性力）により $-A \leqq x \leqq +A$ の範囲で，伸びたり縮んだりの反復運動をする．これを**単振動**とよぶ．§8.2 で示したように，自然長から長さ x だけ伸びた（縮んだ）ばねは弾性エネルギー $U(x) = \dfrac{1}{2}kx^2$ を持っている（例題 7.2 および式 (8.7)）．弾性力は保存力である．したがって，ばねにつけられた物体が速さ v で運動しているときには，

$$\textbf{力学的エネルギー保存の法則：}\quad \boldsymbol{E = \frac{1}{2}mv^2 + \frac{1}{2}kx^2}\ （=一定）\tag{9.5}$$

が成り立っている．

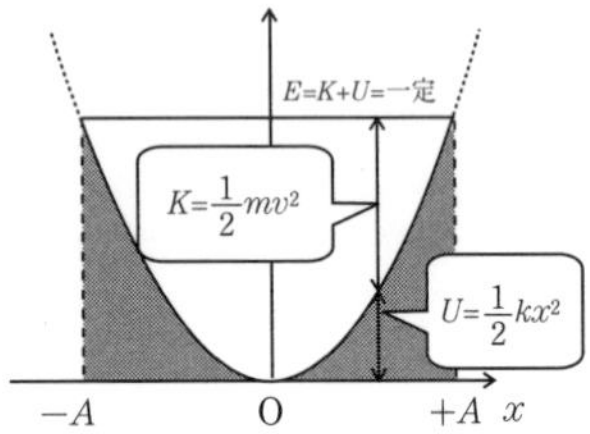

図 9.5　エネルギー図

■**エネルギー図**　図 9.5 のように，横軸に変位 x，縦軸にエネルギーを書いた図を**エネルギー図**とよぶ．位置エネルギー $U(x) = \dfrac{1}{2}kx^2$ を書き込み，力学的エネルギー E は（一定であるから）横線で書き込めば，エネルギー差 $(E - U)$ が運動エネルギー K である．この図からわかるように，$x = \pm A$ のとき $v = 0$（停止）となり，位置エネルギー U が最大になる．$x = 0$ で速さ v が最大，つまり運動エネルギー K が最大になる．いわば力学的エネルギー $E(= K + U)$ を一定に保ちながら，往復運動の過程で，運動エネルギー K と位置エネルギー U でエネルギーのキャッチボールをしていると考えてよい．

例題 9.2（**弾性エネルギーと力学的エネルギー保存の法則**）
滑らかな水平面上で，ばね定数 50 N/m のばねの一端を固定し，他端に質量 2.0 kg の小物体をつけた．
(1) ばねを 0.10 m 押し縮めると，ばねが蓄えるエネルギーはいくらか．
(2) (1) の状態で手を放すと，ばねが自然の長さになったときの物体の速さはいくらか．

（解）　ばね定数 $k = 50\,\mathrm{N/m}$，物体の質量 $m = 2.0\,\mathrm{kg}$ とする．
(1) ばねを $s = 0.10\,\mathrm{m}$ 押し縮めたときのばねが蓄える弾性エネルギーは，$U_\mathrm{A} = \dfrac{1}{2}ks^2 = \mathbf{0.25\ J}$
(2) ばねが自然の長さ $(x = 0)$ になったときの物体の速さを v として，力学的エネルギー保存の法則を適用すると，
$K_\mathrm{A} + U_\mathrm{A} = K_\mathrm{B} + U_\mathrm{B}$ より　　$0 + \dfrac{1}{2}ks^2 = \dfrac{1}{2}mv^2 + 0$

$$\therefore\ v = s\sqrt{\frac{k}{m}} = \mathbf{0.50\ m/s}$$

■

§ 9.4 力学的エネルギー保存の法則が成り立たない場合

■非保存力と力学的エネルギー §9.2 で示した3通りの考え方の中，(1) 運動方程式を解く方法と (2) 運動エネルギーと仕事の関係式を使う方法は，摩擦力などの非保存力の場合にもそのまま適用できる．しかし非保存力のした仕事の分だけ力学的エネルギーは減少するので，(3) の力学的エネルギー保存則を使う方法は，そのままでは成り立たない．そこで力のする仕事を，保存力による仕事 $W_{AB} = U(\boldsymbol{r}_A) - U(\boldsymbol{r}_B)$ と非保存力による仕事 W'_{AB} に分けて運動エネルギーと仕事の関係式を適用すると，$\frac{1}{2}mv_B^2 - \frac{1}{2}mv_A^2 = W_{AB} + W'_{AB} = U(\boldsymbol{r}_A) - U(\boldsymbol{r}_B) + W'_{AB}$

$$\therefore \quad \left\{\frac{1}{2}mv_B^2 + U(\boldsymbol{r}_B)\right\} - \left\{\frac{1}{2}mv_A^2 + U(\boldsymbol{r}_A)\right\} = W'_{AB} \quad (9.6)$$

力学的エネルギーの変化高は，非保存力のした仕事 W'_{AB} に等しい．

> **例題 9.3（摩擦のある斜面上での物体のエネルギー）** 図 9.6 に示すように，水平面と角 θ をなす粗い斜面上に，質量 m の物体を置き，静かに放した．斜面にそって距離 l だけ滑り下りたときの物体の速さを求めよ．動摩擦係数を μ'，重力加速度を g とする．

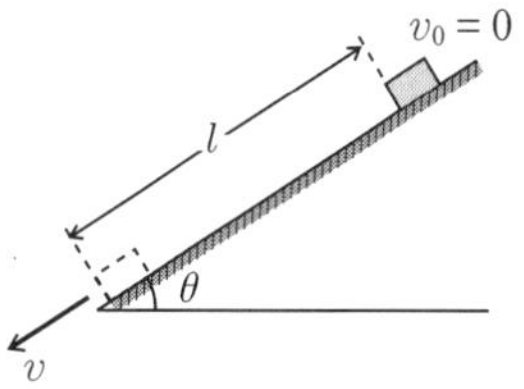

図 9.6

(解) 「力学的エネルギーの変化高＝非保存力のした仕事 W'」つまり $(K+U) - (K_0 + U_0) = W'$ を適用する．垂直抗力 $N = mg\cos\theta$ より摩擦力のした仕事 $W' = -\mu' Nl = -\mu' mgl\cos\theta$ である．

よって $\left(\frac{1}{2}mv^2 + 0\right) - (0 + mgl\sin\theta) = -\mu' Nl$

ゆえに物体の速さは* $v = \sqrt{2gl(\sin\theta - \mu'\cos\theta)}$ ■

* 例題 5.4 参照

> **例題 9.4（動摩擦力と弾性エネルギー）** 図 9.7 に示すように，粗い水平面上で，ばねの一端を固定し他端には質量 m の物体をとりつけた．ばねの自然の長さの位置から距離 s だけ引いて放すと，物体はちょうどばねの自然長の位置まで移動して止まった．距離 s を，動摩擦係数 μ'，重力加速度 g，ばね定数 k および物体の質量 m を使って表せ．

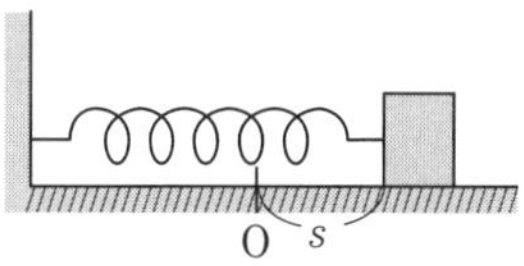

図 9.7

(解) $(K+U) - (K_0 + U_0) = W'$ を適用する．

垂直抗力 $N = mg$ より摩擦力のした仕事 $W' = -\mu' Ns = -\mu' mgs$ である．初期状態：$K_0 = 0$，$U_0 = \frac{1}{2}ks^2$，停止状態：$K = 0$，$U = 0$．

よって

$$(0+0) - \left(0 + \frac{1}{2}ks^2\right) = -\mu' mgs \quad これから\ s = \frac{2\mu' mg}{k}. \quad ■$$

まとめ（9. 力学的エネルギー保存の法則）

整理・確認問題

問題 9.1 ［ ① ］エネルギーと［ ② ］エネルギーの和を，力学的エネルギーとよぶ（①と②は順不同）．物体にはたらく力が重力や弾性力などの［ ③ ］力だけの場合は，運動中での力学的エネルギーは一定に保たれる．これを力学的エネルギー保存の法則とよぶ．いま地表を位置エネルギーの基準にとり、重力加速度を g とすると，地上 h の高さの点 A にある質量 m の物体がもつ位置エネルギーは［ ④ ］である．この物体が自由落下し，地表の点 B に到達したときの速さを v とすると、点 B での運動エネルギーは［ ⑤ ］である．力学的エネルギー保存則より，④と⑤は等しいから，$v =$［ ⑥ ］である．

基本問題

問題 9.2（重力と力学的エネルギー） 質量 0.20 kg の小物体を，地上から鉛直上向きに 14 m/s の速さで投げた．重力加速度を 9.8 m/s^2 とし，力学的エネルギー保存の法則を使って，次の問いに答えよ．

(1) 投げた瞬間，物体の持っていた運動エネルギーは何 J か．
(2) 物体は地上から最高何 m まで上がるか．
(3) 速さが 7.0 m/s になるのは地上から何 m のところか．
(4) 地上からの高さ 6.4 m の場所での物体の速さはいくらか．

ヒント：できるだけ文字を使って数式を整理せよ．(2)∼(4) は質量に関係しない．平方根ははずれる．

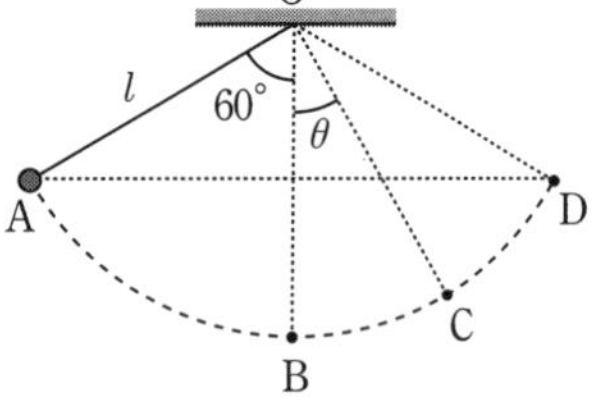

図 9.8

＊点 A と点 D は同じ高さ

問題 9.3（振り子のエネルギー） 図 9.8 に示すように，天井の 1 点 O に結びつけられた長さ l の糸に，質量 m のおもりをつけて，糸が鉛直線と角 60° をなす点 A から静かに放した．点 O の真下の点 B を位置エネルギーの基準にとり，重力加速度を g とする．

(1) 点 A でのおもりの位置エネルギーと運動エネルギーはいくらか．
(2) 点 B でのおもりの位置エネルギーと運動エネルギーはいくらか．
(3) おもりが A から B に移動する間に，重力のした仕事はいくらか．また糸の張力がした仕事はいくらか．
(4) 点 B でのおもりの速さはいくらか．
(5) 糸が鉛直線と角 θ をなす点 C での速さはいくらか ($\theta < 60°$).
(6) おもりはその後どのような運動を続けるか．力学的エネルギー保存則と関連付けて簡単に述べよ．空気抵抗はないものとする．

問題 9.4（**弾性力と力学的エネルギー**）　図 9.9 に示すように，水平面 AB と斜面 BC がなだらかに接続されている．A にばね定数 49 N/m のつる巻きばねをつけ，その他端に質量 0.010 kg の小球を置き，0.020 m 縮めて放した．重力加速度を 9.8 m/s^2 とし，摩擦や空気抵抗は無視する．

(1) 縮められた状態で，ばねに蓄えられたエネルギーは何 J か．
(2) 点 B を通過するときの小球の速さは何 m/s か．
(3) 点 B を通過した後，小球は AB より何 m の高さまで上がるか．
(4) AB 面より 0.40 m 高い点 C にまで上げるためには，ばねを何 m 押し縮める必要があるか．

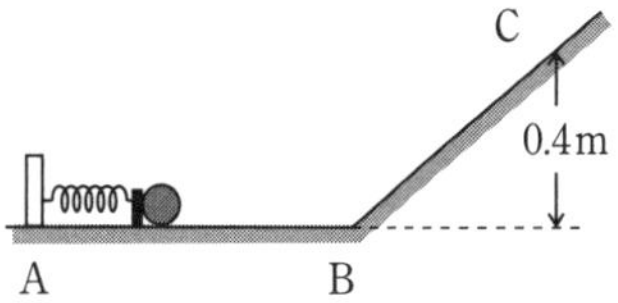

図 9.9

問題 9.5（**糸で結ばれた 2 物体の力学的エネルギー**）　図 9.10 に示すように，滑らかな水平面上に置かれた質量 m の物体が，軽い滑車を通した糸で，質量 M のおもりと結ばれている．最初の位置を位置エネルギーの基準にとり，重力加速度を g として，摩擦力は無視する．M が距離 h だけ落下したとき，

(1) 両物体の位置エネルギーの和はいくらか．
(2) 両物体の速さはいくらか．

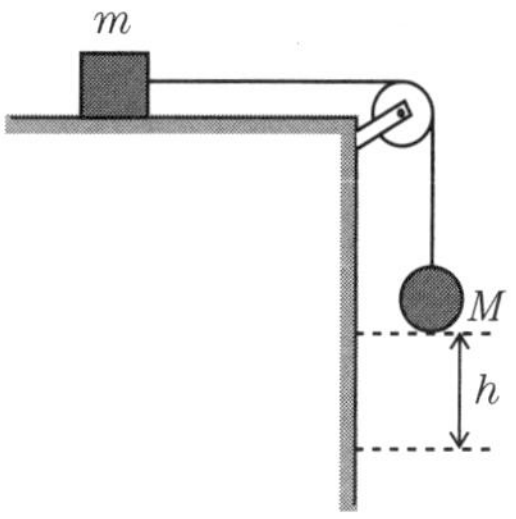

図 9.10

コーヒーブレイク

エネルギー概念の形成

エネルギーという概念は，衝突問題の研究から次第に形成されていった．運動物体が他の物体に衝突すると，運動を変えたり変形させたりする．デカルト (1596〜1650) はこの作用を「動力」とよび，質量 m と速さ v の積 mv で与えられると考えた．一方，ライプニッツ (1646〜1716) はこれを「活力」と称し，mv^2 で与えられなければならないと主張した．「動力」と「活力」のどちらが重要かをめぐる奇妙な論争は 100 年以上続いた．すぐわかるように，デカルトの「動力」は「運動量」を，ライプニッツの「活力」は「運動エネルギー」に対応している．

活力の概念はしだいに，位置エネルギーをも含むようになった．この活力のかわりに「エネルギー」という言葉を最初に用いたのはヤング (1773〜1829) である．運動エネルギーを $\frac{1}{2}mv^2$ と表し，「仕事」を「力×距離」と定義したのは，コリオリ (1792〜1843) である．ライプニッツは力学的エネルギー保存の法則と同じ内容を，1695 年にすでに発見していたという．やがて，摩擦によって熱を生じることから，熱もまたエネルギーの 1 つの形態であると考えられるようになった．ジュール (1818〜1889) は「どれだけの熱がどれだけの仕事，つまりエネルギーに相当するか」を 40 年にわたって研究した．

図 9.11　ライプニッツ（ドイツ）

10　運動量保存の法則(1)

運動方程式を位置（場所）で積分したのがエネルギーの原理だとすれば，時間で積分したのが「力積の法則」である．作用・反作用の法則と力積の法則から，2物体の衝突に関する「運動量保存の法則」が導かれる．反発係数（はねかえり係数）は衝突問題におけるもう1つの主役である．本章では演習として、主に直線上での衝突問題を扱う．

§ 10.1　運動量と力積

■運動量の概念　質量 m の物体が速度 $\boldsymbol{v}$ で運動しているとき，物体のもつ「運動の勢い」を表す量として，運動量 $\boldsymbol{p}$ を

$$\boldsymbol{p} = m\boldsymbol{v} \qquad \text{運動量＝質量×速度} \tag{10.1}$$

で定義する *．運動量の単位は kg·m/s である．

* 運動量はベクトル量として定義されていることに注意．

■力積の法則（等加速度運動）　等加速度運動では，$\boldsymbol{v} = \boldsymbol{v_0} + \boldsymbol{a}t$ だから，$m\boldsymbol{v} - m\boldsymbol{v_0} = m\boldsymbol{a}t = \boldsymbol{F} \times t$ が成立している．これから一定の力 $\overline{\boldsymbol{F}}$ が時間 Δt だけはたらいたとすると **

$$m\boldsymbol{v} - m\boldsymbol{v_0} = \overline{\boldsymbol{F}}\Delta t \qquad \text{運動量の変化＝力積} \tag{10.2}$$

が得られる．式 (10.2) の右辺 $\overline{\boldsymbol{F}}\Delta t$ は力と時間の積なので**力積**とよばれ，図 10.1(a) に示す F-t 図ではその面積で表される．

** 力がはたらかなければ速度は変化しない．つまり，力がはたらく前の運動量が $m\boldsymbol{v_0}$，はたらいた後の運動量は $m\boldsymbol{v}$ である．

■力積の法則（一般の場合）　一般の衝突では，図 10.1(b) に示すように，極めて短時間の間に複雑な力（**撃力**）がはたらく．このとき力積は F-t 図の面積に相当するので，積分形で表すことができ，

$$\text{力積の法則：}\quad \boldsymbol{p}(t_2) - \boldsymbol{p}(t_1) = m\boldsymbol{v_2} - m\boldsymbol{v_1} = \int_{t_1}^{t_2} \boldsymbol{F}(t)dt \tag{10.3}$$

が成り立つ．力積の単位は N·s である．式 (10.3) は，**物体の運動量の変化はその物体に作用した力の力積に等しいことを示している．**

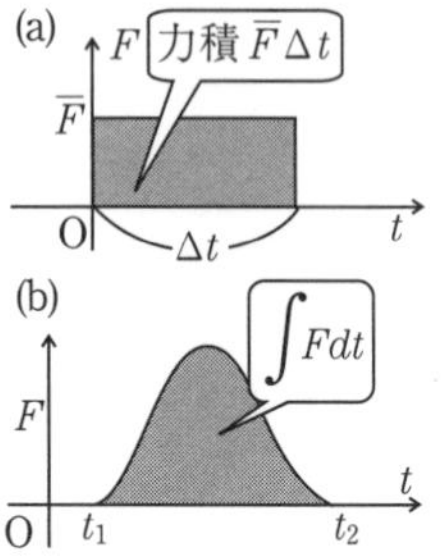

図 10.1　***F*-*t* 図と力積**

> **例題 10.1（力積の法則）**　図 10.2 に示すように，速さ 20 m/s で飛んできた質量 0.14 kg のボールをバットで打ち返すと，ボールは反対の向きに速さ 30 m/s で飛んだ．
> (1) バットがボールに与えた力積の大きさはいくらか．
> (2) バットとボールの接触時間は 0.020 秒だったとすると，バットがボールに与えた力の大きさ（平均値）はいくらか．

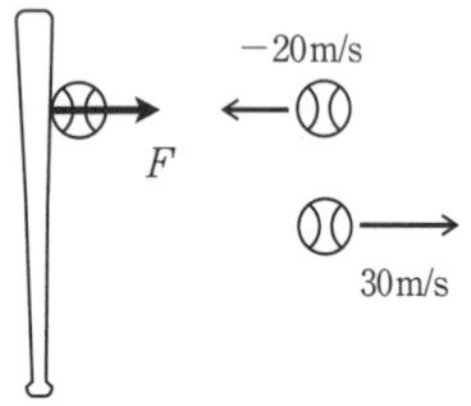

図 10.2

（解）(1) 運動量の変化 $\Delta p = 0.14 \times 30 - 0.14 \times (-20) = 7.0$ kg·m/s

「力積＝運動量の変化」だから，力積 $\overline{F}\Delta t = \mathbf{7.0\ N{\cdot}s}$

(2) $\Delta t = 0.020$ [s] だから，平均の力 $\overline{F} = \dfrac{(\overline{F}\Delta t)}{\Delta t} = \dfrac{7.0}{0.02} = \mathbf{350\ N}$ ■

§ 10.2　運動量保存の法則と反発係数

■**運動量保存の法則**　図 10.3 に示すように，滑らかな水平面上で，2 つの小球 A（質量 m_A）と B（質量 m_B）が衝突する問題を考えよう．2 球が接触し，A が B を力 $\boldsymbol{F}$ で押しているとき，B も A を力 $-\boldsymbol{F}$ で押している（作用・反作用の法則）．そこで，衝突前 $(t=t_1)$ での A，B の速度を $\boldsymbol{v}_\mathrm{A}$，$\boldsymbol{v}_\mathrm{B}$，衝突後 $(t=t_2)$ での速度を $\boldsymbol{v}'_\mathrm{A}$，$\boldsymbol{v}'_\mathrm{B}$ として，力積の法則を適用すれば，

$$\text{小球 A:}\quad m_\mathrm{A}\boldsymbol{v}'_\mathrm{A}-m_\mathrm{A}\boldsymbol{v}_\mathrm{A}=-\int_{t_1}^{t_2}\boldsymbol{F}dt \quad \cdots ①$$

$$\text{小球 B:}\quad m_\mathrm{B}\boldsymbol{v}'_\mathrm{B}-m_\mathrm{B}\boldsymbol{v}_\mathrm{B}=+\int_{t_1}^{t_2}\boldsymbol{F}dt \quad \cdots ②$$

を得る．①と②の両辺をそれぞれ加えて整理すると，

$$m_\mathrm{A}\boldsymbol{v}_\mathrm{A}+m_\mathrm{B}\boldsymbol{v}_\mathrm{B}=m_\mathrm{A}\boldsymbol{v}'_\mathrm{A}+m_\mathrm{B}\boldsymbol{v}'_\mathrm{B} \tag{10.4}$$

（衝突前の運動量の和）＝（衝突後の運動量の和）

を得る．式 (10.4) は，衝突の前後で 2 物体の運動量の和は変わらないことを意味し，**運動量保存の法則**とよばれる．

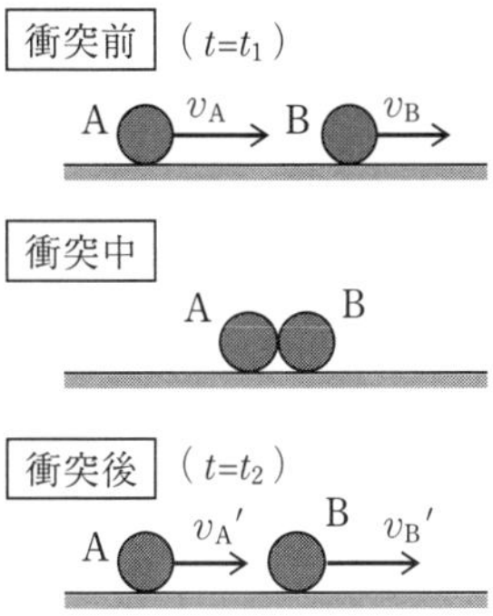

図 10.3

> **例題 10.2（直線上での衝突）**　図 10.4 のように，右向きに速さ 2.0 m/s で進んできた質量 1.0 kg の台車 A が，静止していた質量 5.0 kg の台車 B に衝突した．衝突後の B が右向きに速さ 0.50 m/s で動いたとしたら，衝突後の A はどうなったか．運動はすべて同一直線上で行なわれ，摩擦は無視できる．

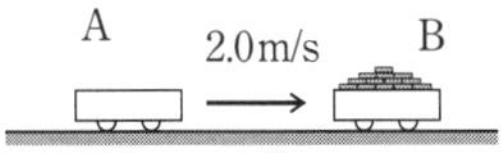

図 10.4

(解)　右向きを正とし，衝突後の A の速度を v'_A [m/s] とすると，

運動量保存の法則：　$m_\mathrm{A}v_\mathrm{A}+m_\mathrm{B}v_\mathrm{B}=m_\mathrm{A}v'_\mathrm{A}+m_\mathrm{B}v'_\mathrm{B}$

から，$1.0\times 2.0+0=1.0\times v'_\mathrm{A}+5.0\times 0.50$

$\therefore\quad v'_\mathrm{A}=-0.50$ m/s　（答）**左向きに速さ 0.50 m/s で動く**　■

■**反発係数（はねかえり係数）**　図 10.5 に示すように，小球を高さ h から自由落下させ床に衝突させるとき，高い場所から放すと高くはね返る．このとき色々条件を変えて実験してみても，同じ球ならば床に衝突する直前の速さ v と直後の速さ v' の**比は一定**である．これを**反発の法則（はねかえりの法則）**とよぶ．そこで，

$$\textbf{反発係数}\text{（はねかえり係数）}：e=\frac{\text{（衝突後の遠ざかる速さ）}}{\text{（衝突前の近づく速さ）}} \tag{10.5}$$

を定義すれば，e は衝突するものどうし（球と床，球と球など）の材質で決まる定数である．

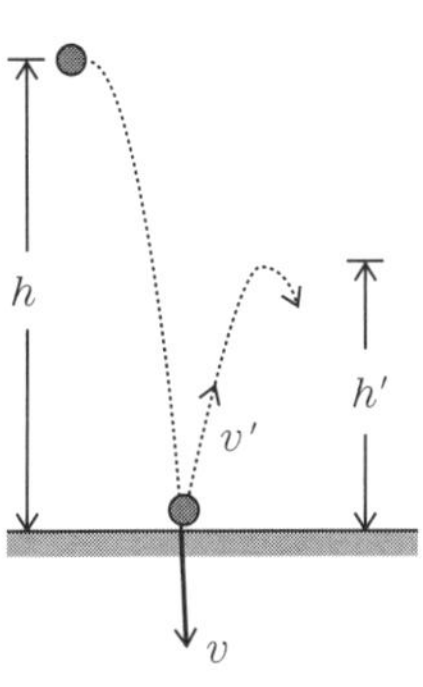

図 10.5

§ 10.3　直線上での衝突問題

■床との衝突　床（地面）は動かないから，「近づく速さ」，「遠ざかる速さ」はそのまま衝突直前の速さ，衝突直後の速さである．

> **例題 10.3（自由落下と反発係数）**　高さ h から自由落下させたボールが床に衝突しはね返り，高さ h' まで上がった．反発係数はいくらか．

（解）　球の質量を m，重力加速度を g とすれば，力学的エネルギー保存の法則 $\frac{1}{2}mv^2 = mgh$ より，衝突直前の速さ $v = \sqrt{2gh}$．同様に，衝突直後の速さ $v' = \sqrt{2gh'}$．

ゆえに 反発係数 $e = \dfrac{v'}{v} = \dfrac{\sqrt{2gh'}}{\sqrt{2gh}} = \sqrt{\dfrac{\boldsymbol{h'}}{\boldsymbol{h}}}$　■

■小球どうしの衝突　小球どうしの衝突では，「近づく速さ」，「遠ざかる速さ」は衝突直前と衝突直後の「相対速度」を意味する．速度の向きと符号に注意．

> **例題 10.4（直線上の衝突と反発係数）**　図 10.6(a) のように，右向きに速さ 8.0 m/s で進む小球 A（質量 5.0 kg）と，左向きに速さ 4.0 m/s で進む小球 B（質量 10 kg）とが衝突した．反発係数 e を 0.6 として，衝突後の A，B の速度を求めよ．

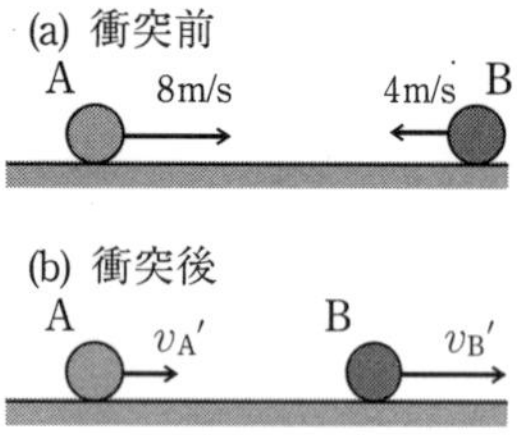

図 10.6

（解）　右向きを正として，衝突前の A，B の速度を $v_A = 8\,\text{m/s}$，$v_B = -4\,\text{m/s}$ とおき，衝突後の速度 v'_A，v'_B を求める．球の質量を $m_A = 5\,\text{kg}$，$m_B = 10\,\text{kg}$ として，運動量保存の法則より，

$$m_A v_A + m_B v_B = m_A v'_A + m_B v'_B$$

$$\therefore 5 \times 8 + 10 \times (-4) = 5v'_A + 10v'_B \cdots ①$$

反発係数 e の定義：$e = \dfrac{\text{(衝突後の遠ざかる速さ)}}{\text{(衝突前の近づく速さ)}}$ より

$$0.6 = \frac{v'_B - v'_A}{8 - (-4)} \cdots ②$$

①，②より，$v'_A = -4.8\,\text{m/s}$，$v'_B = +2.4\,\text{m/s}$

（答）A：左向きに 4.8 m/s，B：右向きに 2.4 m/s　■

ま　と　め（10. 運動量保存の法則 (1)）

整理・確認問題

問題 10.1　質量 m [kg] のボールが速さ v [m/s] で運動しているとき，このボールのもっている運動量の大きさは［①］［単位［②］］である．このボールを壁に垂直に衝突させたら，ボールは同じ速さではねかえった．このとき，壁がボールにおよぼした力積の大きさは［③］［単位［④］］である．ただし，単位④は N と s を使って表している．

問題 10.2　水平な直線上で，速さ 2.0 m/s の小球 A（質量 4.0 kg）が静止していた小球 B（質量 5.0 kg）に衝突した．衝突後，A は静止したが B は速さ［①］m/s で運動を続けた．このとき 2 球の反発係数は［②］である．

問題 10.3　ボールと床の間の反発係数を e とする．このボールを床に垂直に速さ v で衝突させると，はね返った直後の速さは［①］である．重力加速度を g とする．このボールを高さ h から自由落下させたとき，床に衝突する直前の速さは［②］であるから，はね返った直後の速さは［③］となり，結局 1 回目の床との衝突の後最高［④］の高さまではね上がる．

基本問題

問題 10.4（衝突問題と力積）　質量 0.15 kg のボールを壁に垂直に速さ 40 m/s で衝突させたところ，ボールは壁から図 10.7 に示すような力を受けた．このとき，

(1) ボールが壁から受けた力積の大きさはいくらか．
(2) はね返った直後のボールの速さはいくらか．
(3) ボールと壁の間の反発係数はいくらか．
(4) ボールを 10 m/s で壁に衝突させたら，はね返った直後のボールの速さはいくらになるか．

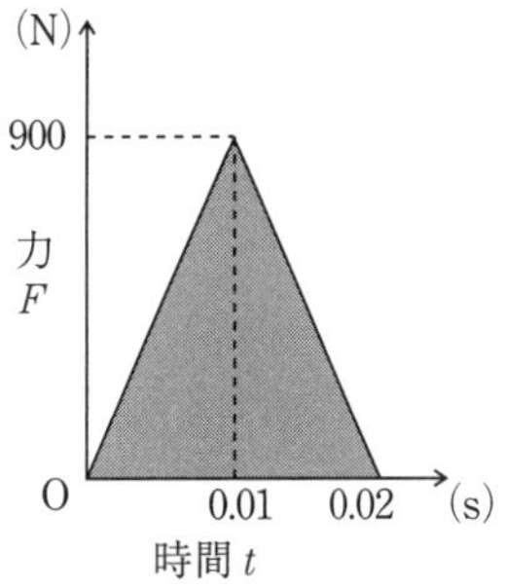

図 10.7

問題 10.5（直線上での 2 球の衝突）　滑らかな水平面上で図 10.8 のように，左から速さ 4.0 m/s で進んできた小球 A（質量 3.0 kg）が右から速さ 2.0 m/s で進んできた小球 B（質量 5.0 kg）と衝突し，衝突後 A は逆向き 1.0 m/s になった．衝突は一直線上で起きたものとして，

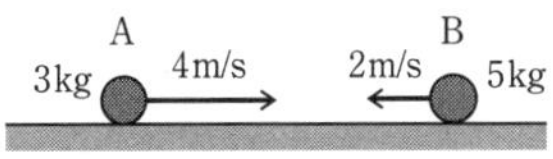

図 10.8

(1) 衝突で A が B から受けた力積の大きさは何 N·s か．
(2) 衝突後の B の速さと向きを求めよ．
(3) この 2 球の反発係数はいくらか．

11 運動量保存の法則 (2)

前章では「力積と運動量の法則」「運動量保存の法則」を学び，直線上での衝突問題を反発係数を使って解いた．ここでは平面運動，衝突とエネルギー，重心の考え方などを学ぶ．

§ 11.1 運動量保存の法則——平面内での衝突

■平面との斜め衝突 滑らかな面との衝突では，面に平行方向の運動量は保存され，反発係数は垂直方向の速さの比で定義される．

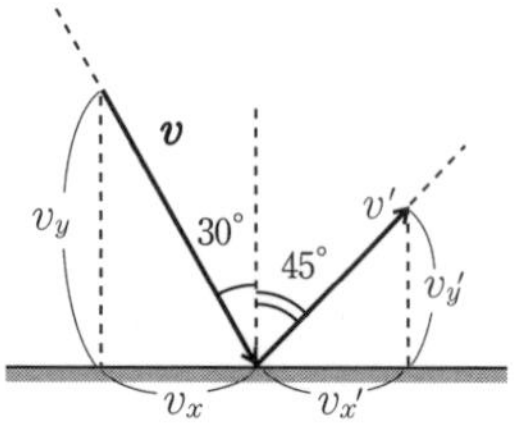

図 11.1

例題 11.1（滑らかな面と小球との衝突） 図 11.1 に示すように，なめらかな水平面上で速さ v の小球（質量 m）が入射角 30° で衝突し，反射角 45° ではね返った．はね返った後の小球の速さ v' と反発係数 e を求めよ．

(解) 滑らかな面との衝突では，衝突時に運動量の「面に平行成分」は保存される．したがって

$mv\sin 30° = mv'\sin 45°$（図で $v_x = v_x'$）より $v' = \dfrac{1}{\sqrt{2}}\boldsymbol{v} = \dfrac{\sqrt{2}}{2}\boldsymbol{v}$

反発係数は $e = \dfrac{v_y'}{v_y} = \dfrac{v'\cos 45°}{v\cos 30°} = \dfrac{1}{\sqrt{3}} = \dfrac{\sqrt{3}}{3}$ ■

■平面内の 2 球の衝突 運動量保存の法則はベクトルの保存則である（$m_A\boldsymbol{v}_A + m_B\boldsymbol{v}_B = m_A\boldsymbol{v}'_A + m_B\boldsymbol{v}'_B$）．だから，平面内の 2 球の衝突では，各成分ごとに分けて運動量の保存則を考える．

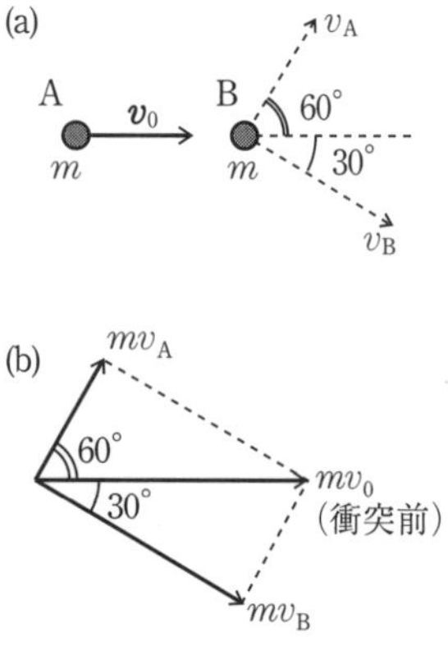

図 11.2

例題 11.2（平面内の 2 球の衝突） 図 11.2(a) に示すように，なめらかな水平面上を速さ v_0 で進む小球 A が，静止している小球 B に衝突した．衝突後，A は進行方向に対し 60° の方向に進み，B は 30° の方向に進んだ．両方の球の質量は等しいとして，衝突後の A と B の速さを求めよ．

(解) 球の質量を m，衝突後の A，B の速さを v_A，v_B とする．図 (b) に示すように，衝突後の A と B の運動量の和（ベクトル和）は衝突前の運動量 (mv_0) に等しい．各運動量を A の最初の進行方向に平行な方向と垂直方向とに分けて，運動量保存の法則を適用すると，

平行方向：$mv_0 = mv_A\cos 60° + mv_B\cos 30° \cdots$ ①

垂直方向：$0 = mv_A\sin 60° - mv_B\sin 30° \cdots$ ②

①と②から $v_A = \dfrac{1}{2}\boldsymbol{v_0}$，　$v_B = \dfrac{\sqrt{3}}{2}\boldsymbol{v_0}$ ■

§ 11.2 衝突とエネルギー

■**衝突とエネルギー** 反発係数 e は $0 \leqq e \leqq 1$ の範囲の値である．$\boldsymbol{e = 1}$ の場合は力学的エネルギーが保存され、**弾性衝突**とよばれる．$\boldsymbol{e < 1}$ の場合は**力学的エネルギーは保存されず***，**非弾性衝突**とよばれる．非弾性衝突では熱や光・音などのエネルギーに変換される．

* $e > 1$ の場合は起きない（エネルギーの総和の保存の大原則に反する）．

> **例題 11.3**（衝突とエネルギー） 図 11.3 に示すように，静止していた小球 B に，他の小球 A が速さ v で衝突した．A と B の質量をともに m，反発係数を e とする．運動はすべて水平な同一直線上で行なわれたとする．このとき，
> (1) 衝突後の A，B の速さ v_{A}，v_{B} を求めよ．
> (2) 衝突の前後での力学的エネルギーの変化を求めよ．

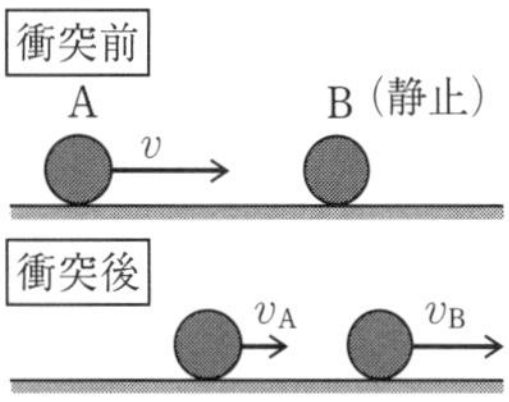

図 11.3

（解） (1) 運動量保存の法則より $mv = mv_{\mathrm{A}} + mv_{\mathrm{B}} \cdots$ ①

反発係数の定義 $\left(= \dfrac{\text{遠ざかる相対的速さ}}{\text{近づく相対的速さ}}\right)$ より $e = \dfrac{(v_{\mathrm{B}} - v_{\mathrm{A}})}{v} \cdots$ ②

①と②より，$\quad v_{\mathrm{A}} = \boldsymbol{\dfrac{(1-e)}{2}v}, \qquad v_{\mathrm{B}} = \boldsymbol{\dfrac{(1+e)}{2}v}$

(2) 力学的エネルギーの変化は

$$\Delta E = \frac{1}{2}mv_{\mathrm{A}}^2 + \frac{1}{2}mv_{\mathrm{B}}^2 - \frac{1}{2}mv^2 = \boldsymbol{-\frac{1}{2}mv^2\frac{(1-e^2)}{2}}$$

$\Delta E < 0$ は力学的エネルギーの減少を意味する． ■

コーヒーブレイク

デカルト

デカルトというと「近代哲学の父」のイメージが強く，「我思う，ゆえに我あり」はあまりに有名であるが，数学や物理学にも確かな足跡を残している．

平面上の点などを座標によって表すという方法は，デカルトによって発明されたもので，『方法序説』の中で述べられた．そのためこの座標はデカルト座標と呼ばれる．この座標の導入により，点と数，曲線と式が対応し，幾何学の問題を代数的に取り扱うことが可能になった．

物理学の分野では，運動量の概念の導入の他に，光と虹についての研究も行なっている．しかし何よりも，自然法則という概念を確立し，全宇宙をとらえる合理的な力学体系を築こうとした点で際立っている．この点ガリレオの考察は散発的だった．デカルトは評す，「ガリレオはたえず脱線して枝葉にわたり…順序立てて検討していない」と．残念ながらデカルトの理論には誤りがあったが，力学を 3 つの法則に分けて体系立てようとし，ニュートンに大きな影響を与えた．「慣性の法則」はニュートンのオリジナルではなく，デカルトの第 1 法則と第 2 法則の焼き直しである．ちなみに慣性の法則はガリレオが最初に発見したので，「ガリレオの慣性の法則」とも呼ばれる．

図 11.4 デカルト（フランス）

§ 11.3　重心（質量中心）

■内力と外力　いま複数の物体を 1 つの集合として考え，これを**系**とよぶ．考えている系の外側からはたらく力を**外力**，系内の物体間ではたらく力を**内力**と称する *．図 11.5 に示した質量 m_1，m_2 の 2 つの物体からなる系では，m_1 には外力 $\boldsymbol{F_1}$ の他に m_2 から加わる内力 $\boldsymbol{F_{12}}$ も加わっている．同様に，m_2 にも外力 $\boldsymbol{F_2}$ と m_1 から加わる内力 $\boldsymbol{F_{21}}$ が加わる．そこで，速度ベクトルを $\boldsymbol{v_1}$，$\boldsymbol{v_2}$ とすれば，それぞれの運動方程式は

$$m_1\frac{d\boldsymbol{v_1}}{dt} = \boldsymbol{F_1} + \boldsymbol{F_{12}} \cdots ①\qquad m_2\frac{d\boldsymbol{v_2}}{dt} = \boldsymbol{F_2} + \boldsymbol{F_{21}} \cdots ②$$

と表される．このとき，この系の**全運動量**は $\boldsymbol{P} = m_1\boldsymbol{v_1} + m_2\boldsymbol{v_2}$，**外力の和**は $\boldsymbol{F} = \boldsymbol{F_1} + \boldsymbol{F_2}$ である．①と②の両辺を加えると，作用・反作用の法則により $\boldsymbol{F_{12}} + \boldsymbol{F_{21}} = \boldsymbol{0}$ だから **

$$\frac{d}{dt}(m_1\boldsymbol{v_1} + m_2\boldsymbol{v_2}) = \boldsymbol{F_1} + \boldsymbol{F_2} \quad つまり \quad \frac{d}{dt}\boldsymbol{P} = \boldsymbol{F} \tag{11.1}$$

を得る．式 (11.1) から $\boldsymbol{F} = \boldsymbol{0}$ ならば $\boldsymbol{P}$ = 一定，つまり**外力がはたらかなければ全運動量は保存される（運動量保存則）**ことがわかる．

* 「外力」「内力」といっても特別な力があるのではない．

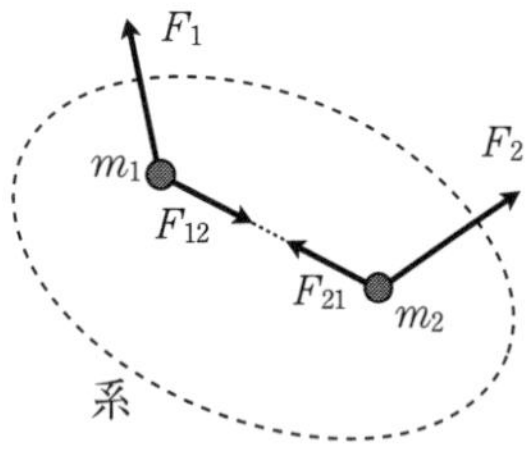

図 11.5　内力と外力

** 作用・反作用の法則から，内力どうしで打ち消しあう
$\boldsymbol{F}_{12} + \boldsymbol{F}_{21} = \boldsymbol{0}$

■重心（質量中心）　図 11.5 の系の全質量は $M = m_1 + m_2$ である．そこで，2 物体の位置ベクトルを $\boldsymbol{r_1}$，$\boldsymbol{r_2}$ として，

$$\textbf{重心（質量中心）：}\quad \boldsymbol{R} = \frac{1}{M}(m_1\boldsymbol{r_1} + m_2\boldsymbol{r_2}) \tag{11.2}$$

を定義すると，$\boldsymbol{P} = M\boldsymbol{V} = M\dfrac{d\boldsymbol{R}}{dt}$ だから，

$$\textbf{重心（質量中心）の運動方程式：}\quad M\frac{d^2\boldsymbol{R}}{dt^2} = \boldsymbol{F} \tag{11.3}$$

が導かれる．つまり**重心の運動は外力だけできまる**．一方，内力は物体間の相対的な運動を決定する ***．

*** 物体系の運動は，重心の運動と，物体間の相対的運動に分離できる．

> **例題 11.4（板の上を歩く人）**　図 11.6 に示すように，滑らかな水平面上に置かれた質量 M，長さ L の板の上で，質量 m の人が板の一端から他端まで歩いた．最初，人も板も静止していたとして，板が移動した距離 x を求めよ．

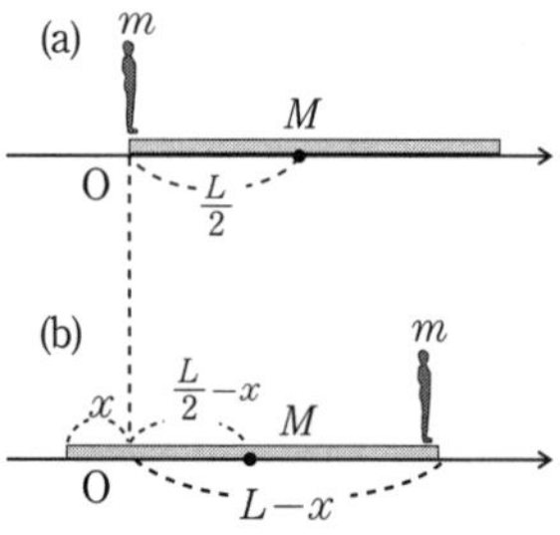

図 11.6

（解）　外力がはたらいていないから，「板＋人」の重心は移動の前後で変わらない．図 11.6(a) のように，最初人がいた点を原点 O にとり，板の質量 M は板の中心に集中するとして，

移動前の重心の位置は $x_{\mathrm{G}} = \dfrac{m \times 0 + M \times (L/2)}{m+M} = \dfrac{ML}{2(m+M)} \cdots ①$

移動後の重心の位置は $x'_{\mathrm{G}} = \dfrac{m \times (L-x) + M \times (L/2 - x)}{m+M} \cdots ②$

である．①と②は等しいとして，板の移動距離 $x = \boldsymbol{\dfrac{mL}{(m+M)}}$ ■

まとめ（11. 運動量保存の法則 (2)）

整理・確認問題

問題 11.1　2 物体が衝突する際の反発係数 e は，$0 \leqq e \leqq 1$ の範囲の値をとる．$e = 1$ の場合は [①] 衝突とよばれ，衝突の前後で力学的エネルギーが [②]．$e < 1$ の場合は [③] 衝突とよばれ，衝突の際に熱や光・音などのエネルギーが発生するため力学的エネルギーは [④]．$e = 0$ の場合は，衝突後 2 つの物体は [⑤]．

基本問題

問題 11.2（**固定された滑らかな面との衝突**）　図 11.7 に示すように，質量 0.60 kg の小球が速さ 4.0 m/s，入射角 45° で滑らかな平面に衝突し，速さ V [m/s]，反射角 θ ではね返った．小球と面との間の反発係数を $e = \sqrt{3}/3$ とする．

(1) 小球がはじめもっていた運動量の大きさは何 kg·m/s か．
(2) 小球がはじめもっていた運動エネルギーの大きさは何 J か．
(3) 平面と平行方向の（衝突後の）速度成分 $V \sin\theta$ の値を求めよ．
(4) 平面と垂直方向の（衝突後の）速度成分 $V \cos\theta$ の値を求めよ．
(5) 速さ V [m/s] と角 θ を求めよ．
(6) 衝突の前後で失われた力学的エネルギーは何 J か．

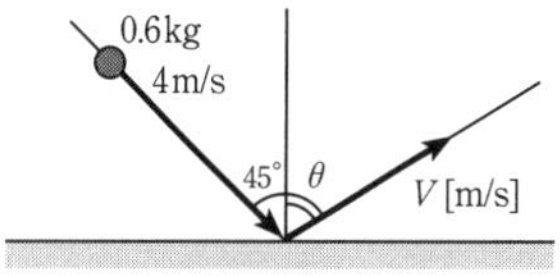

図 11.7

問題 11.3（**水平面上での 2 球の衝突**）　滑らかな水平面上で，図 11.8(a) のように最初速さ 3.0 m/s と 6.0 m/s で進んできた小球 A と B が正面衝突し，図 (b) のように進んできた方向とそれぞれ 30°, 60° をなす方向にはね返された．衝突前の A の運動方向を x 軸にとり，それに垂直に y 軸をとる．A と B の質量をそれぞれ 4.0 kg，3.0 kg とする．

(1) x 方向成分について，運動量保存の法則を適用した式をかけ．
(2) y 方向成分について，運動量保存の法則を適用した式をかけ．
(3) 衝突後の A と B の速さ v_A，v_B を求めよ．

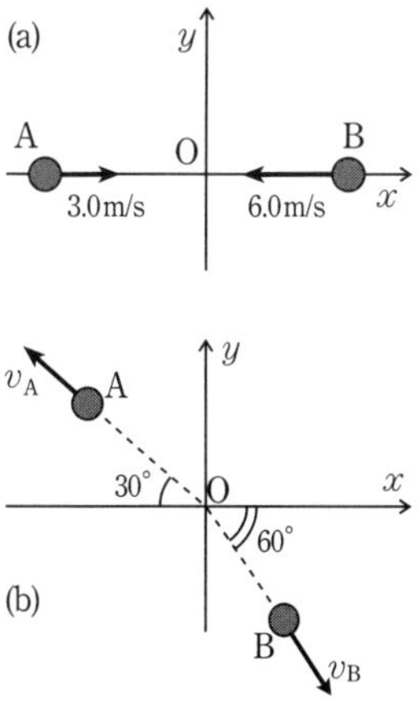

図 11.8

問題 11.4（**ロケットと噴射**）　速さ V [m/s] で飛んでいた全質量 M [kg]（燃料を含む）のロケットが，質量 m [kg] の燃料ガスを瞬間的に後方に噴射した．噴射した後のロケットから見た燃料ガスの速さが（後ろ向きに）v [m/s] であったとすると，ガス噴出後のロケット本体の速さはいくらか．

ヒント：ロケット本体の質量は $M - m$．ロケットからみた速さとはロケット本体の速さ V' に対する相対速度．

12　問題演習（エネルギーと運動量）

エネルギーや運動量の保存の法則を適用するメリットは，運動方程式を解かなくても前後の運動を記述する物理量の関係が得られることである．要点さえわかれば，面白いように問題が解ける．

基本問題

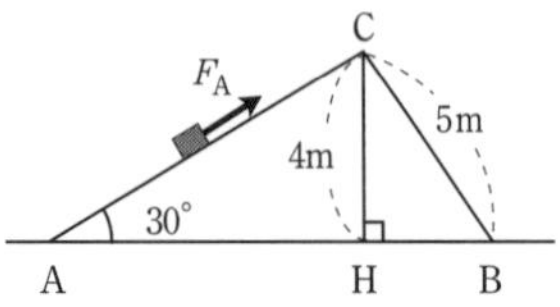

図 12.1

問題 12.1（仕事の原理）　図 12.1 に示すように，高さ 4.0 m の点 C に向かって，2 つの斜面 AC，BC がつくられている．斜面 AC は水平な地面と 30° をなし，斜面 BC の長さは 5.0 m である．いま地面上の点 A から斜面 A→ C に沿って頂点 C へと 20 kg の物体を引き上げる．重力加速度の大きさを 9.8 m/s^2 とし，摩擦力は考えない．

(1) 物体を引き上げるとき，必要な力の大きさ $F_{\rm A}$ は何 N か．

(2) 距離 AC$(= l_{\rm A})$ は何 m か．力 $F_{\rm A}$ のする仕事 $(= F_{\rm A} \times l_{\rm A})$ は何 J か．

(3) 引き上げるのに 160 秒かかったとすれば，力 $F_{\rm A}$ のした仕事率は何 W か．

(4) 斜面 B→ C に沿ってこの物体を引き上げたとすれば，必要な力の大きさ $F_{\rm B}$ は何 N か．またこのとき，力 $F_{\rm B}$ のした仕事を $F_{\rm B} \times \overline{\rm BC}$ で計算せよ．

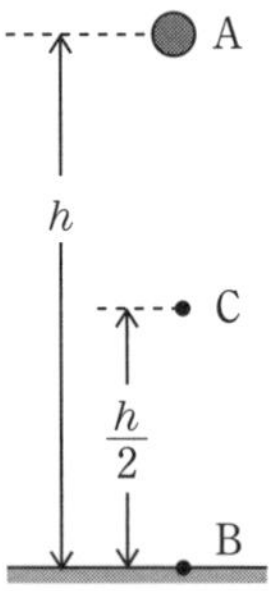

図 12.2

問題 12.2（自由落下運動と力学的エネルギー）　図 12.2 に示すように，地面からの高さ h の点 A から質量 m の小球を静かに放したら，地面上の点 B に落下した．重力加速度を g とし，摩擦や空気抵抗はないものとする．このとき，

(1) 点 A，B および高さ $h/2$ の点 C での小球の位置エネルギー $U_{\rm A}$，$U_{\rm B}$，$U_{\rm C}$，運動エネルギー $K_{\rm A}$，$K_{\rm B}$，$K_{\rm C}$ をそれぞれ求めよ．ただし地面 B を位置エネルギーの原点にとる．

(2) 力学的エネルギー保存の法則を使って，点 A，B，C 各点での小球の速さ $v_{\rm A}$，$v_{\rm B}$，$v_{\rm C}$ をそれぞれ求めよ．

問題 12.3（**滑らかな斜面上での運動と力学的エネルギー**） 図 12.3 に示すように，水平面と角 θ をなす斜面上の点 A で質量 m の小球を静かに放した．斜面にそって A から l だけ離れた点を B とする．重力加速度を g とし，摩擦や空気抵抗はないものとする．このとき，

(1) 点 A と B の高度差はいくらか．

(2) 点 B での小球の速さはいくらか．力学的エネルギー保存の法則を使って求めよ．

(3) (2) で求めた速さと等加速度運動の公式を使って，運動の加速度 a と点 A から B までの時間 t を求めよ．

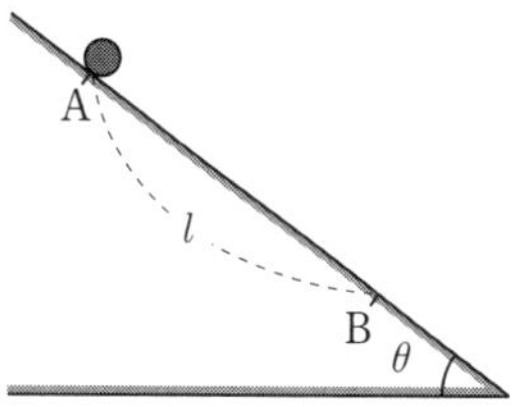

図 12.3

問題 12.4（**水平投射とエネルギー保存**） 図 12.4 に示すように，斜面上の点 A に小球をおいて静かに放したら，なだらかにつながった水平面の端 B から水平に飛び出して，h_2 だけ下の水平面上の点 D に落ちた．点 A と B の高度差を h_1，重力加速度を g とし，摩擦と空気抵抗はないものとする．

(1) 点 B を飛び出すときの速さはいくらか．

(2) 点 B を飛び出してから点 D に落下するまでの時間はいくらか．

(3) 点 B の真下の点 C から落下点 D までの水平距離 CD を求めよ．

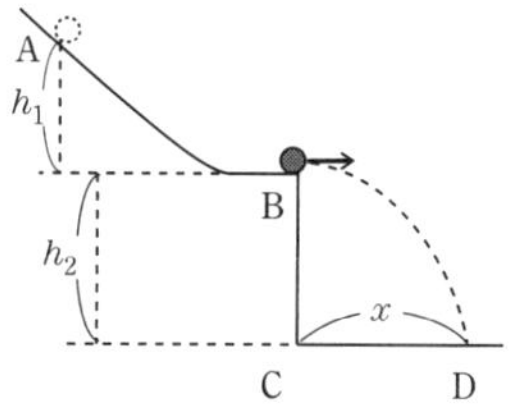

図 12.4

問題 12.5（**重力とエネルギー保存**） 図 12.5 に示すように，2 つの斜面と水平面がなだらかにつながっている．斜面上の点 A で静かに小球を放したら，小球は斜面を滑り降り，点 B を通り，斜面をさらに上って点 C を速さ 4.2 m/s で通過した．点 A は点 B を含む水平面より 2.5 m 高い．重力加速度の大きさを 9.8 m/s^2 とし，摩擦と空気抵抗はないものとする．

(1) 点 B での小球の速さは何 m/s か．

(2) 点 C は点 B を含む水平面より何 m 高いか．

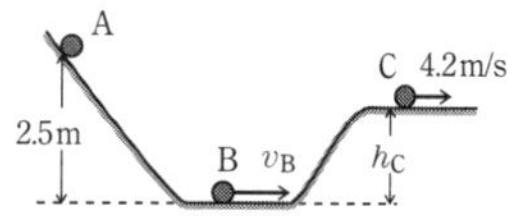

図 12.5

問題 12.6（**弾性エネルギーと運動エネルギー**） 図 12.6 に示すように，水平な床の上につる巻きばねを置き，一端を壁に固定し他端に質量 0.50 kg の小球をつけた．図 (a) のように，ばねを自然の長さから 0.10 m 押し縮めて，この状態から静かに放すと小球は動き始め，ばねの自然の長さ（伸び 0）の点 O を過ぎて更に伸びて，その後再び縮んで点 O を過ぎて，これ以後振動運動を繰り返した．ばね定数を 800 N/m とし，摩擦や空気抵抗は考えない．

(1) ばねが 0.10 m 押し縮められた状態で，小球がばねから受ける力は何 N か．また，ばねに蓄えられた弾性エネルギーは何 J か．

(2) 図 (b) のように，ばねの伸びが 0 のとき，小球の速さ v_0 は何 m/s か．

(3) 図 (c) のように，ばねの伸びが 0.08 m のとき，小球の速さ v は何 m/s か．

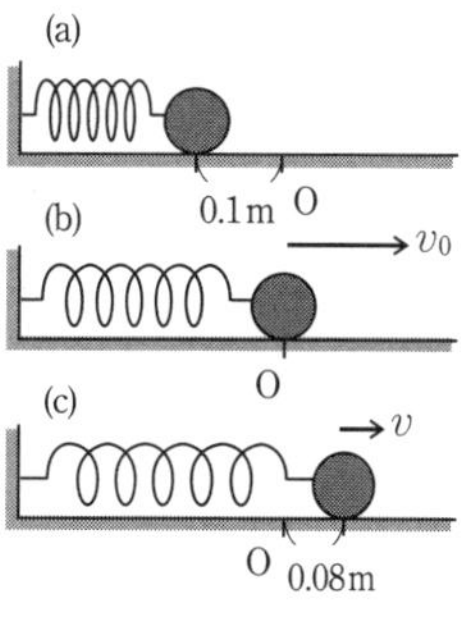

図 12.6

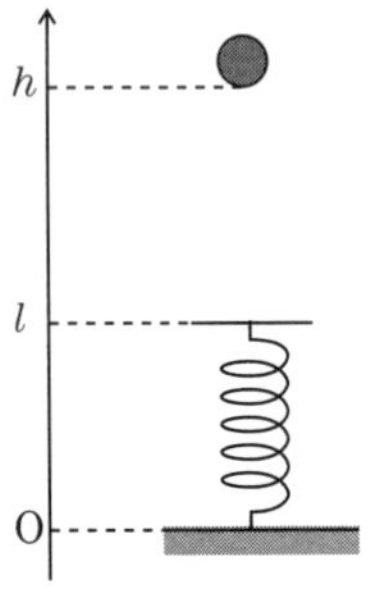

図 12.7

問題 12.7（**弾性エネルギーと重力の位置エネルギー**） 図 12.7 に示すように，自然の長さが l，ばね定数が k の軽いばねが地面上に鉛直に立てられている．ばねは鉛直方向にのみ伸び縮みする．ばねの真上 h の高さから質量 m の小球を静かに落下させると，小球はばねと接触して下がった後，再びはね返った． 重力加速度を g として

(1) ばねの縮みが x（小球は地上からの高さ $l-x$）のとき，小球の速さを v として，力学的エネルギーの保存を表す式をかけ．

(2) ばねは自然長から最大いくら縮んだか．

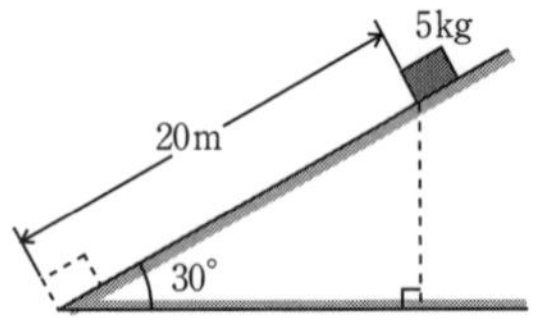

図 12.8

問題 12.8（**粗い斜面上での物体の運動と失われた力学的エネルギー**） 図 12.8 に示すように，傾き 30° の粗い斜面上に，質量 5.0 kg の物体を静かに置いたら，初速度 0 で滑り降り，20 m 滑り降りたときの速さは 6.0 m/s であった．重力加速度の大きさを 9.8 m/s^2 とする．

(1) もしも摩擦がなければ，滑り降りた物体の速さは何 m/s であったはずか．

(2) 傾き 30° の斜面上で物体が静止できないという条件より，静止摩擦係数 μ の値はいくらより小さいといえるか．

(3) 摩擦のある斜面を 20 m 滑り降りることで，力学的エネルギーは何 J 変化したか．

(4) 摩擦力の大きさは何 N か．また動摩擦係数 μ' の値はいくらか．

問題 12.9（**運動量と力積**） 質量 0.14 kg の野球用ボールがある *．ピッチャーがこのボールを時速 90 km の速さで投げたとしたら，何 N·s の力積を与えたことになるか．またこのボールをキャッチャーが 0.05 秒で受け止めたとしたら，その手が受ける平均の力は何 N か．

* 公式野球のボールは質量が 141.7 ～ 148.8 g，周囲が 22.9 ～ 23.5 cm，検査用の鉄板にぶつけたときの反発係数が 0.41 ～ 0.44 の範囲と決められている．

問題 12.10（**運動エネルギーと運動量**） 質量 0.20 kg のボールが，速さ 4.0 m/s で壁に垂直にぶつかって，速さ 3.0 m/s ではねかえった．

(1) ボールがはじめもっていた運動エネルギーはいくらか．衝突の前後で失った力学的エネルギーはいくらか．

(2) ボールがはじめもっていた運動量の大きさはいくらか．衝突の際に加えられた力積の大きさはいくらか．

(3) ボールと壁との反発係数はいくらか．もしボールが 2.0 m/s でぶつかったら，はねかえった直後のボールの速さはいくらか．

問題 12.11（**直線上での 2 球の衝突**） 一直線上で質量 0.90 kg の小球 A が速さ 0.80 m/s で右向きに進んできて，左向きに 1.6 m/s で進む小球 B と正面衝突した．衝突後，小球 A は左向きに 0.64 m/s の速さで進み，小球 B は右向きに 0.56 m/s で進んだ．このとき，

(1) 反発係数はいくらか．

(2) 小球 B の質量はいくらか．

問題 12.12（**直線上での 2 球の衝突**）　図 12.9 に示すように，静止していた質量 M の小球 B に，速さ v_0 で進んできた質量 m の小球 A が衝突した．反発係数を e とし，2 球の運動はすべて水平な一直線上で行なわれたものとする．

(1) 衝突後の A，B の速さを v_A，v_B として（ただし，はじめ A が進んできた向きを速度の正の向きとする）

　① 運動量保存の法則の式をたてよ．

　② 反発係数 e を v_0，v_A，v_B で表せ．

(2) v_A と v_B を m，M，v_0，e を使って表せ．

(3) 小球 A が衝突後，はじめ進んできた方向と反対向きに進む条件は何か．

(4) 衝突の前後で失った力学的エネルギーはいくらか．

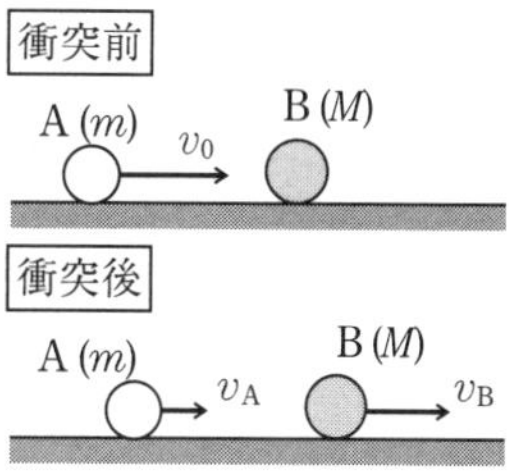

図 12.9

問題 12.13（**水平面上での 2 球の合体**）　図 12.10 に示すように，水平面上で東向きに 2 m/s の速さで進む球（質量 2 kg）と北向きに 1 m/s の速さで進む球（質量 3 kg）とが衝突し，衝突後 2 球は一体となって運動した．

(1) 衝突後，合体した 2 球の速さは何 m/s か．またどの向きに進むか．向きは，東向きとなす角を θ として $\tan\theta$ の値で示せ．

(2) 衝突によって失われた力学的エネルギーは何 J か．

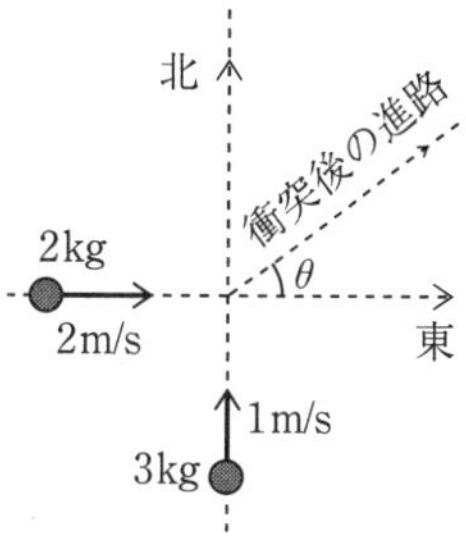

図 12.10

―――― コーヒーブレイク ――――

ニュートン力学の意味するもの

歴史的に見ても，力学は物理学のみならず，あらゆる科学の規範とされてきた．ニュートン力学の意味するところは明瞭である．ある時刻における物体の位置と速度が指定されると，それ以降の物体系のすべての運動が決まる．1864 年の海王星の発見はまさにニュートン力学の正しさを強く印象づけるものだった．ニュートン理論に基づいて予言した位置に，それまで知られていなかった惑星（海王星）が発見されたからである．ニュートン力学の成功は，**「宇宙のあらゆる現象は科学的法則で説明できる」という『思想』**を強く人々の心に植えつけ，生物進化論や社会科学といった異なる分野の研究者にも大きな影響を与えた．

ところで，私たちが住む現実の世界は，惑星の運動以上に多くの物体系が複雑に力が及ぼしあっていて，簡単に「予言」などできそうにないが，原理的には同様だと考えることもできる．この立場に立つと，すべての現象や変化はすでに「決定」されているということになる．つまり，今日この時点で（否，もっと以前に）あなたの一生はすでに決まってしまっていて，その運命はいまさら何をどう努力しても変えられない…．あなたは，そのような世界観を受け入れられますか？

B. 標準問題

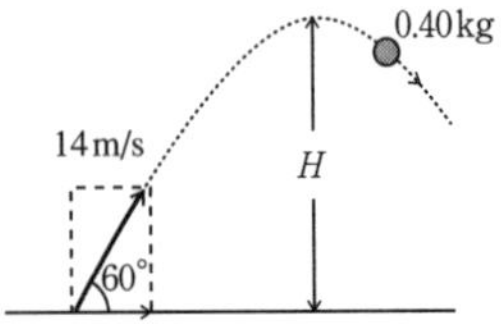

図 12.11

問題 12.14（放物運動とエネルギー） 図 12.11 に示すように，水平より上向き 60° の方向に，初速度 14 m/s で質量 0.40 kg の小物体を投げた．投げた地点を位置エネルギーの基準にとり，重力加速度を $9.8\,\mathrm{m/s^2}$ とする．

(1) 投げた直後の物体の力学的エネルギーはいくらか．

(2) 初速度の水平方向の成分 (v_x) と鉛直方向の成分 (v_y) はそれぞれ何 m/s か．

(3) 最高点での物体の運動エネルギーはいくらか．

(4) 力学的エネルギー保存の法則を使って，最高点での位置エネルギーを求めよ．

(5) 最高点の高さ H を求めよ．

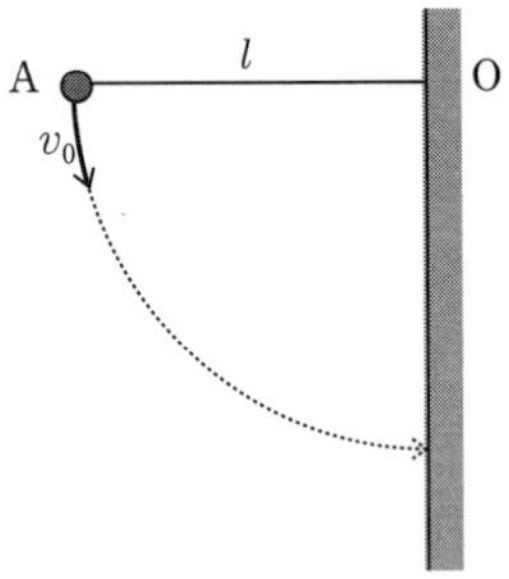

図 12.12

問題 12.15（振り子運動と壁への衝突） 図 12.12 に示すように，長さ l の糸の先に質量 m の小さなおもり P をつけ，他端を鉛直な壁の上の点 O に固定した．いま P を点 O と同じ高さの点 A にまで引き上げ，真下に初速 v_0 で投げたら，P は壁に当たってはね返り，再び点 A まで到達した後，落下した．糸はたわまないものとする．重力加速度を g とし，空気抵抗は無視する．

(1) 衝突する直前の P の速さはいくらか．

(2) P と壁との反発係数はいくらか．

(3) 衝突の前後で失われた力学的エネルギーはいくらか．

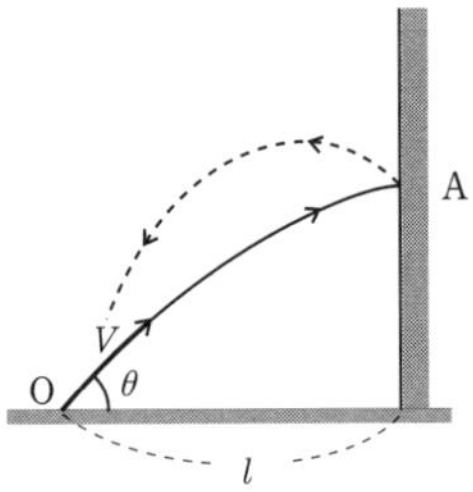

図 12.13

問題 12.16（滑らかな鉛直壁と衝突してはね返るボール） 図 12.13 に示すように，水平面上の点 O から距離 l のところに鉛直な壁が立っている．点 O から初速度 V，仰角 θ でボールを投げたら，ボールは壁の上の一点 A に衝突してはねかえり，水平面に落下した．ボールが壁に衝突する際，ボールの壁に平行な速度成分は変化せず，壁に垂直な方向の速度成分が反発係数 e $(0 < e < 1)$ で変化する．また重力加速度の大きさを g とし，空気抵抗は考えない．

(1) 衝突前のボールの速度の水平方向成分の大きさはいくらか．また衝突後のボールの速度の水平方向成分の大きさはいくらか．

(2) 投げてから，ボールが壁に衝突するまでの時間 t_1 はいくらか．

(3) 投げてから，再び水平面に落下するまでの時間 t はいくらか．

(4) 再び点 O に落下するときの条件を $V^2 \sin 2\theta$ の値で示せ．

問題 12.17（粗い斜面上での 2 物体のつり合い） 図 12.14 に示すように，粗い面をもつ台の上に，質量 m_1 と m_2 の小物体 A と B が糸でつながれて置かれている．台をしだいに傾けていたときすべり落ちようとする傾斜角を θ とするとき，$\tan\theta$ の値を求めよ．ただし，静止摩擦係数をそれぞれ μ_1，μ_2 とし，$\mu_1 > \mu_2$ とする．

ヒント：下の方の物体がまず限界に達するが，上の物体が限界に達するまでつり合いを保っている．糸の張力を T として，2 物体についてのつり合いの式をそれぞれ書いてみる．

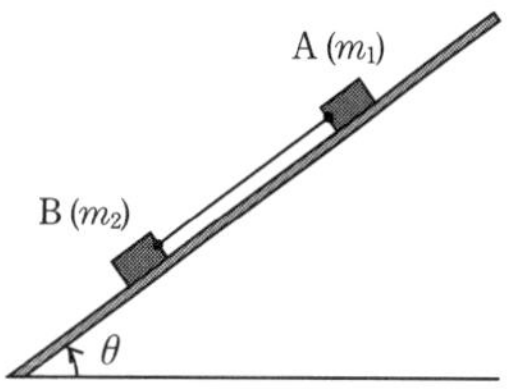

図 12.14

問題 12.18（粗い斜面上での運動） 図 12.15 に示すように，傾斜角 θ の斜面上の点 A で，質量 m の小物体に初速度 v_0 を加えたら，小物体は斜面の上をすべり上がり，最高点 B に達した後，再びすべり下りた．斜面と小物体との間の静止摩擦係数を μ，動摩擦係数を μ' とし，重力加速度を g とする．

(1) AB 間の距離 l はいくらか．

(2) 再びすべり下りるための傾斜角 θ の条件は何か．

(3) 再びすべり下りて，元の点 A を通過するときの速さ v_1 はいくらか．

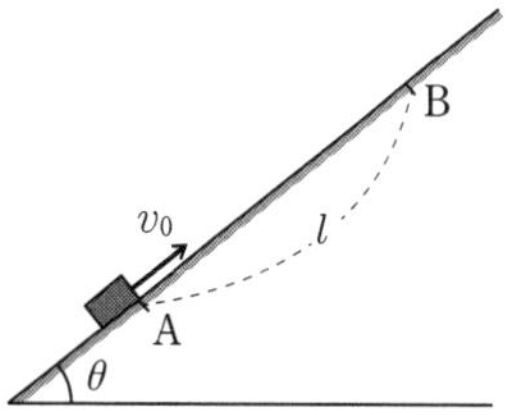

図 12.15

問題 12.19（台車上の斜面を上る運動） 図 12.16 に示すように，水平な床の上に力学台車（質量 M）が置かれ，台車の上面では水平面 AB と斜面 BC がなだらかにつながっている．静止した台車上の点 A に小球（質量 m）を置き，右向きに初速度 v_0 を与えたら，小球は斜面の上をすべり上がり，最高点 H に達した後，再びすべり下りた．重力加速度の大きさを g とし，摩擦や空気抵抗は考えない．

(1) 小球が H に達した瞬間の台車の速さ V_1 を求めよ．

(2) 水平面 AB と最高点 H との高度差 h はいくらか．

(3) 再びすべり下りて，小球が元の点 A を通過するときの台車の速さ V_2 はいくらか．

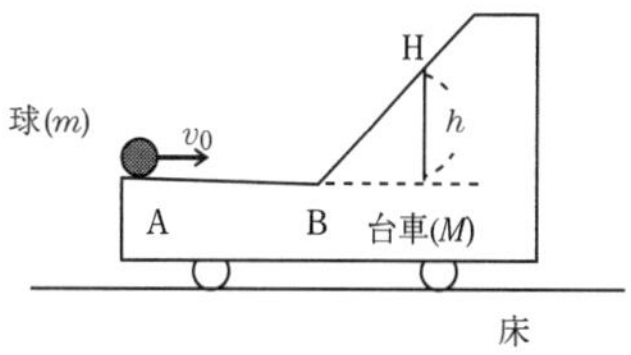

図 12.16

問題 12.20（粗い板面上をすべる小物体） 図 12.17 のように，なめらかな床の上の質量 M の板が置かれ，その板の上面の点 A には質量 m の小物体が置かれている．いまこの小物体 m に瞬間的に初速度 v_0 を与えたら，小物体は粗い板面上をすべり，板面上の点 B で停止した．小物体と板上面との動摩擦係数を μ' とし，床と板 M との間の摩擦や空気抵抗はないものとする．重力加速度を g とする．

(1) 小物体と板の最終的な速さはいくらか．

(2) 失われた力学的エネルギーはいくらか．

(3) 板上ですべった距離 AB はいくらか．

(4) 初速度を与えてから点 B で停止するまでの時間 t_1 はいくらか．

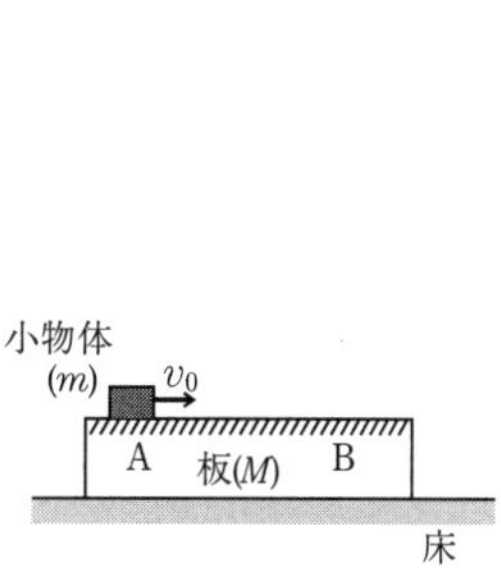

図 12.17

コーヒーブレイク

ニュートンと賢者の石

ニュートンはガリレオの亡くなった年のクリスマスの日に，イギリスのウールスソープという小さな町に生まれた *．農場主だった父はニュートンが生まれる 2 ヶ月半前に病死していた．3 歳のとき母親が他の男性と再婚したため，実母から引き離され，多感な幼少年時代を母方の祖母と過ごした．やがて，再婚相手が死去したため，母親は異父妹弟 3 人を連れて再び実家に戻った．母は息子に農業をさせようと，当時下宿して通っていた学校から呼び戻すが，ニュートンが農業に身が入らないのを見て，復学させた．

やがてケンブリッジ大学に入学した．授業料免除の替わりに大学の雑用をする給費生だった．卒業の年の夏，ロンドンで市民の約 1 割が亡くなったといわれるほどペストが大流行し，大学は閉鎖された．ニュートンは郷里に帰り，大学が再開されるまでの 1 年半田園生活を送った．彼の数学や物理学における重要な発見や研究（**二項定理・微分法・積分法・運動の法則**など）は，この時期（1666 年）に芽生えたといわれる．

ニュートンはまず最初に，**反射式望遠鏡**の開発で名を上げる．ニュートンは，**プリズム**を使った実験で「プリズムを通した太陽光が虹色に分散されるのは光の屈折率が色によって異なるためであること，太陽光は色々な色の混ざり合った光であること」を知った．凸レンズを使った望遠鏡では，色によって焦点を結ぶ位置が異なるため像がぼやけるが，反射鏡を使えばそのようなことは起きないのである．これによりルーカス講座教授の職 ** を得て，王立協会の会員に選出された．

ハリーとフックとクリストファーの 3 人はある日，惑星の運動について議論した．フックはハリーに「距離の 2 乗に反比例する力がはたらくとすれば惑星の運動を説明できる」と述べたが，何ヶ月たってもその証明を送ってこなかった．そこでハリーはニュートンを訪問し，「もし逆 2 乗則が正しいとすれば，惑星はどのような軌道を描くか」を尋ねた．以前計算したことがあるニュートンは即座に「楕円だ」と答えた．驚いたハリーは，躊躇するニュートンに研究成果の出版を強く勧めた．こうして 1687 年「**自然哲学の数学的諸原理（プリンキピア）**」が刊行された．45 歳のときである．これによって彼は近代物理学の基礎を確立し，その発展の方向を示した ***．

47 歳で大学代表の国会議員となった ****．造幣局監事時代は偽金つくりの摘発に手腕を発揮．57 歳で造幣局長官，61 歳で王立協会長に就任，亡くなるまで勤めた．63 歳でナイトに叙せられ，84 歳で最大の尊敬と惜別の言葉に送られて，ウエストミンスター寺院に葬られた．

「卵と間違えて懐中時計をゆでた」などの微笑ましいエピソードもあるが，ニュートン自身は福徳円満ではなく，論争を好み多くの敵も作ったようである．生涯独身を通し，万有引力の法則をめぐってフックと，微積分をめぐってライプニッツと先取権争いもしている．さらに死後 200 年以上してから明らかになったことだが，キリスト教の三位一体説を否定する研究や，**錬金術**の研究（鉄や銅などの卑金属を金に変える「**賢者の石**」という物質の探求）も大真面目でしていた *****．

* 大学によってはこの日（12 月 25 日）ニュートン祭を行なっている．

図 12.18　ニュートン (1642~1727)

** ルーカス講座はケンブリッジで最初の自然科学担当教授職で，現在（2006 年）は車椅子の天才科学者ホーキンス博士がその職にある．

*** ニュートンはいう，「私は，浜辺で貝がらを拾って遊ぶ子供のようなものだ．真理の大海は眼前に広がっている．」

**** 国会議員時代にただ一度だけ発言の記録が残っている．「窓を閉めてくれませんか」と．

***** 近代経済学の創始者ケインズが，競売にかけられた原稿から発見した．ケインズは記す，「ニュートンは理性の時代の最初の人というよりは最後の魔術師だったのだ」と．

第 III 部

振動と円運動

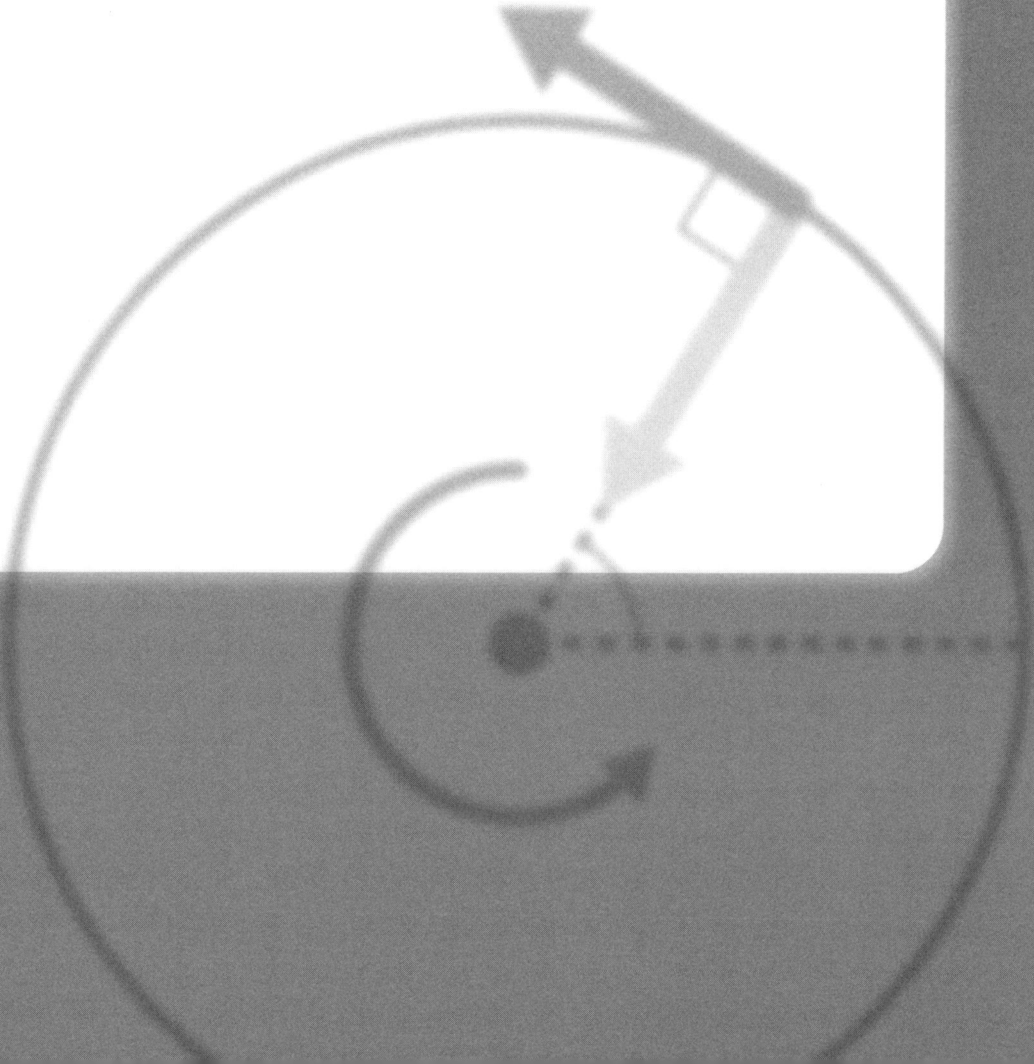

13　三角関数

振動・円運動などを記述するとき，三角関数は強力な武器となる．数学でも学んだかもしれないが，ここではこれから使う三角関数の知識をまとめておく．当面は三角関数のグラフを理解すること，$\dfrac{d}{dx}\sin x = \cos x$ と $\dfrac{d}{dx}\cos x = -\sin x$ を使いこなせることが目標になる．参考までに，三角関数の加法定理 (§13.3) とサイン・コサインの微分の導出 (§13.4) も入れておく．

§ 13.1　三角関数のグラフ

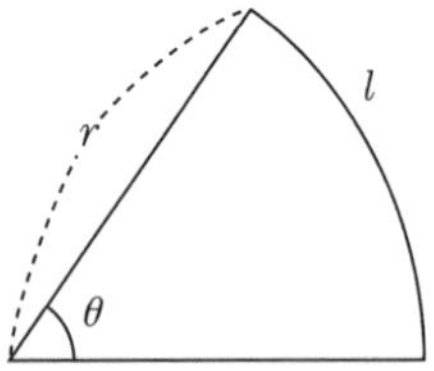

図 13.1　弧度法

■弧度法　図 13.1 に示すように，半径 r の弧の長さ l は中心角 θ に比例する．そこで，

$$l = r\theta \qquad \text{つまり} \qquad \theta = \frac{l}{r} \tag{13.1}$$

となるように角度を決める．このような角度の決め方を**弧度法**とよび，角度の単位を **rad**［ラジアン］とよぶ*．とくに全円周の場合には $l = 2\pi r$ であるから，$\theta = 2\pi = 360°$ である．

* rad は省略することがある．

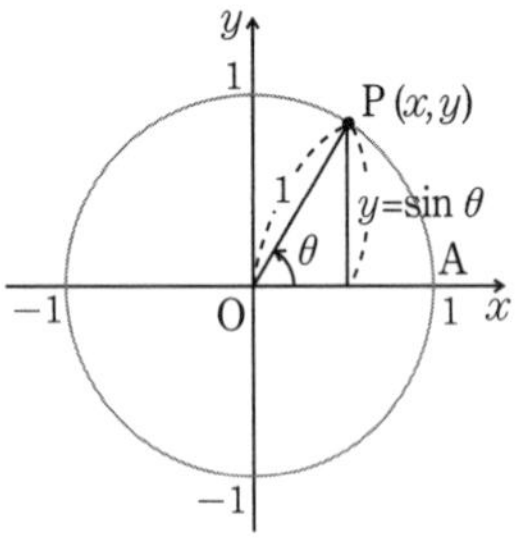

図 13.2　$y = \sin\theta$

■ $y = \sin\theta$ のグラフ　図 13.2 に示す角 θ と点 $P(x, y)$ の関係から，

$$y = \sin\theta \tag{13.2}$$

の関係がある．角 θ にいくつかの代表的な値を代入して関数表をつくる．これを使って $y = \sin\theta$ のグラフをかくと，下の図 13.3 のような**正弦曲線**が得られる．その定義から $\sin\theta$ は最大値が 1，最小値が -1 である $(-1 \leqq \sin\theta \leqq 1)$．$\sin\theta$ に現れる角 θ を**位相**というが，図から，$\sin\theta$ のグラフは位相が 2π 増加するごとに同じ形を繰り返すことがわかる．つまり，関数 $y = \sin\theta$ は**周期 2π の周期関数**である．

θ (度)	$-90°$	…	0	…	$90°$	…	$180°$	…	$270°$	…	$360°$	…	$450°$
θ [rad]	$-\dfrac{\pi}{2}$	…	0	…	$\dfrac{\pi}{2}$	…	π	…	$\dfrac{3}{2}\pi$	…	2π	…	$\dfrac{5}{2}\pi$
$\sin\theta$	-1	↗	0	↗	1	↘	0	↘	-1	↗	0	↗	1

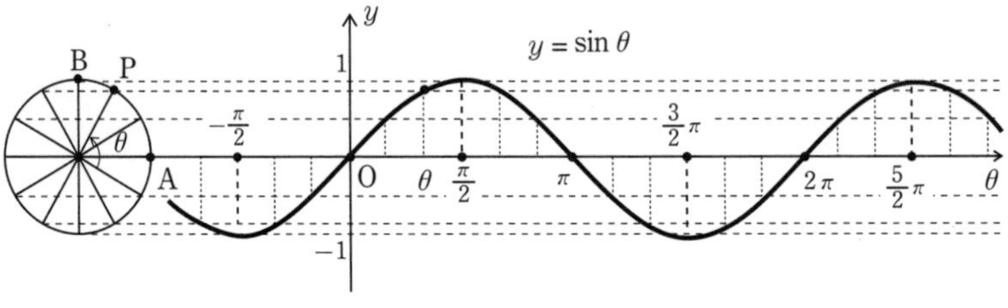

図 13.3　sin 曲線（正弦曲線）

■ $\boldsymbol{y=\cos\theta}$ **のグラフ**　図 13.4 に $\cos\theta$ の定義を示す．$\angle\mathrm{AOP}=\theta$ のまま，図 13.4 の座標軸を 90° 回転させると，角 θ の関数として，下の図 13.5 に示すように

$$y=\cos\theta \tag{13.3}$$

グラフをかくことができる．関数 $y=\cos\theta$ も**周期** $\boldsymbol{2\pi}$ **の周期関数**である．なお $y=\cos\theta$ のグラフは，$y=\sin\theta$ のグラフを θ 方向に $-\dfrac{\pi}{2}$ だけ平行移動したもので，$y=\sin\theta$ のグラフと同じ形である *．これも正弦曲線とよぶ．

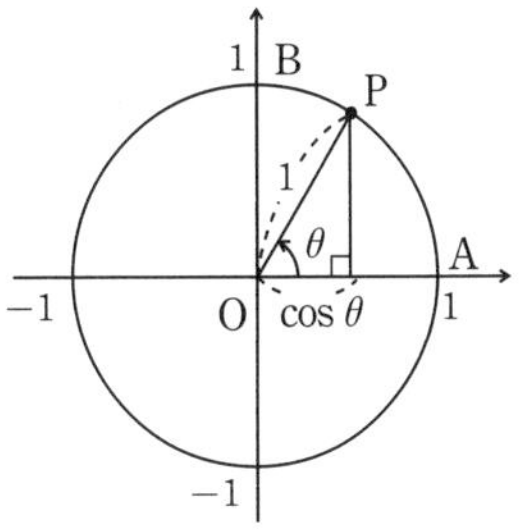

図 13.4　$\boldsymbol{x=\cos\theta}$

* $y=\cos\theta=\sin\left(\theta+\dfrac{\pi}{2}\right)$

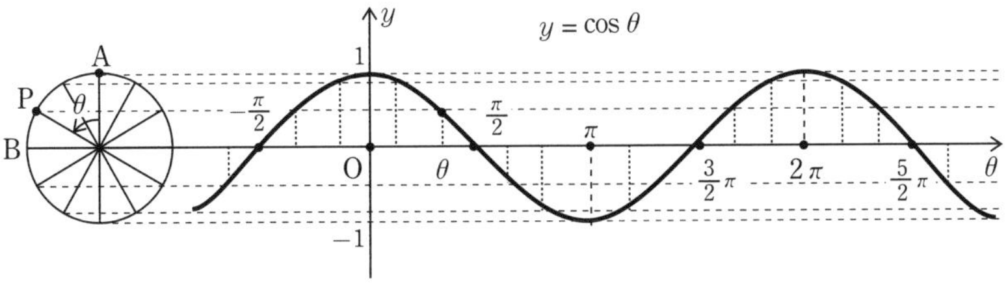

図 13.5　cos 曲線（正弦曲線）

■ $\boldsymbol{y=A\sin(\omega t-\phi)}$ **のグラフ**　ここでは変数は t である．
$y=A\sin(\omega t-\phi)=A\sin\left\{\omega\left(t-\dfrac{\phi}{\omega}\right)\right\}$ と書き直すと，この関数は周期 $T=\dfrac{2\pi}{\omega}$ であることがわかる．$y=\sin t$ を y 軸方向に A 倍し，t 軸方向に $\dfrac{1}{\omega}$ 倍した（周期 $\dfrac{2\pi}{\omega}$ の）関数 $y=A\sin\omega t$ をさらに $+t$ 方向に $\dfrac{\phi}{\omega}$ 移動したものである **．

** 通常，三角関数の位相を示す角 $\theta(=\omega t-\phi)$ は弧度法 (rad) で表す．

> **例題 13.1（sin 関数のグラフ）**　関数 $y=2\sin\left(2t-\dfrac{\pi}{6}\right)$ のグラフをかけ．

（解） sin が最大値 1，最小値 −1 および 0 など重要な値を取る場合を調べる．そのときの $\left(2t-\dfrac{\pi}{6}\right)$ の値から t の値を求めると，グラフは容易にかける．答えは図 13.6．
なお事前に，$y=2\sin\left(2t-\dfrac{\pi}{6}\right)=2\sin\left\{2\left(t-\dfrac{\pi}{12}\right)\right\}$ と書き直すと，
最大値 2，最小値 −2，　周期 π．
$y=2\sin 2t$ を右に $+\dfrac{\pi}{12}$ だけ移動したグラフであることがわかる．■

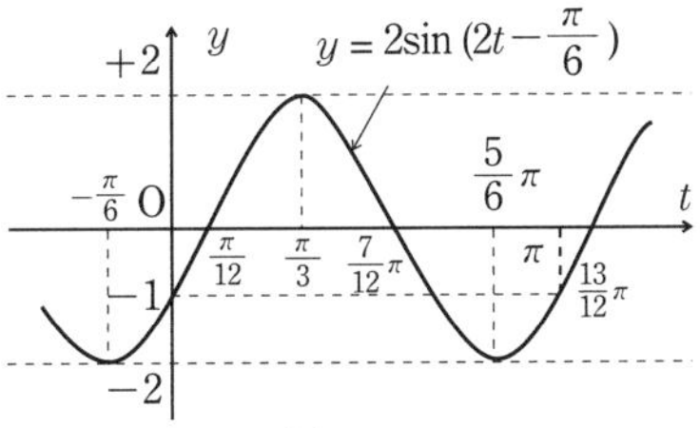

図 13.6

§ 13.2　三角関数の微積分

■三角関数の微積分　次の微積分の公式は記憶し，活用できるようになる必要がある（証明は §13.4）．C は積分定数

$$\frac{d}{dx}\sin x = \cos x \quad \longleftrightarrow \int \cos x\,dx = \sin x + C \tag{13.4}$$

$$\frac{d}{dx}\cos x = -\sin x \quad \longleftrightarrow \int \sin x\,dx = -\cos x + C \tag{13.5}$$

■単振動の時間微分　次章で学ぶように，単振動を表す式は $y = A\sin(\omega t + \phi)$ と表される．ここで A，ω，ϕ は定数である *．これを時間 t で微分すると

$$\boldsymbol{\frac{d}{dt}A\sin(\omega t + \phi) = \omega A\cos(\omega t + \phi)} \tag{13.6}$$

が得られる．本著ではこの形でよく現れる．同様に，

$$\boldsymbol{\frac{d}{dt}A\cos(\omega t + \phi) = -\omega A\sin(\omega t + \phi)} \tag{13.7}$$

* A を振幅，ω を角振動数，ϕ を初期位相とよぶ．

例題 13.2（微分方程式の解）　関数 $x = A\sin(\omega t + \phi)$ は，微分方程式 $\dfrac{d^2x}{dt^2} = -\omega^2 x$ の解であることを示せ（A，ω，ϕ は定数）．

（解）　$x = A\sin(\omega t + \phi)$ において $\theta = \omega t + \phi$ とおくと $x = A\sin\theta$

$$\theta = \omega t + \phi \longrightarrow \frac{d\theta}{dt} = \omega, \qquad x = A\sin\theta \longrightarrow \frac{dx}{d\theta} = A\cos\theta$$

ここで合成関数の微分公式を使うと **，

$$\frac{dx}{dt} = \frac{d\theta}{dt}\cdot\frac{dx}{d\theta} = \omega A\cos\theta = \omega A\cos(\omega t + \phi)$$

同様に合成関数の微分公式を使って，

$$\frac{d}{dt}\cos(\omega t + \phi) = \frac{d\theta}{dt}\cdot\frac{d}{d\theta}\cos\theta = \omega(-\sin\theta) = -\omega\sin(\omega t + \phi)$$

よって，

$$\frac{d^2x}{dt^2} = \frac{d}{dt}\left(\frac{dx}{dt}\right) = \frac{d}{dt}[\omega A\cos(\omega t + \phi)]$$
$$= -\omega^2 A\sin(\omega t + \phi) = -\omega^2 x$$

つまり，$x = A\sin(\omega t + \phi)$ は，$\dfrac{d^2x}{dt^2} = -\omega^2 x$ を満たすから，その解であることが示された（証明終わり）．■

** 合成関数の微分公式 $\dfrac{dx}{dt} = \dfrac{d\theta}{dt}\cdot\dfrac{dx}{d\theta}$

ま　と　め（13. 三角関数）

整理・確認問題

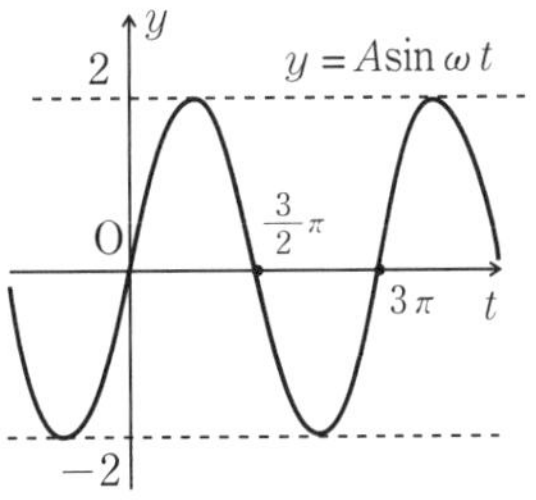

図 13.7

問題 13.1　(1) $\sin(2t+3)$ の周期は ［ ① ］ である．

(2) $\cos\left(\frac{1}{2}t+\frac{\pi}{6}\right)$ の周期は ［ ② ］ である．

問題 13.2　図 13.7 は $y = A\sin\omega t$ のグラフである．図からこの関数の周期は ［ ① ］ で，定数 $A =$ ［ ② ］，$\omega =$ ［ ③ ］ である．

基本問題

問題 13.3（周期とグラフ）　次の関数の周期を求め，そのグラフの概要をかけ．

(1) $y = -\sin\theta$　　(2) $y = \cos\left(\theta-\frac{\pi}{3}\right)$

(3) $y = \frac{1}{2}\cos 3\theta$　　(4) $y = \sin\left(2\theta-\frac{\pi}{3}\right)$

問題 13.4（運動方程式の解）

(1) 次の形の関数は，単振動の運動方程式 $\frac{d^2x}{dt^2} = -\omega^2 x$ の解であることを示せ（B，C，ω，ϕ は定数）．

① $x = B\sin\omega t$　　② $x = C\cos\omega t$

③ $x = B\sin\omega t + C\cos\omega t$

(2) $x = A\sin(\omega t+\phi) = B\sin\omega t + C\cos\omega t$ とおくとき，定数 A，B，C，ϕ の間にはどのような関係が成り立つか *．

* 加法定理
$\sin(\alpha+\beta)$
$= \sin\alpha\cos\beta + \cos\alpha\sin\beta$

コーヒーブレイク

アキレスと亀

皆さんも「アキレスと亀」の話（ゼノンのパラドックス）をどこかで聞いたことがあるだろう．「勇者アキレスでさえ，前を歩く亀を追い越すことはできない．アキレスが亀を追い越すには，亀が現在いる地点に到着しなければならないが，アキレスが到着するまでの間に，亀はその場所からさらにある距離だけ前に進んでいる．次にその亀が現在いる地点にアキレスが到着しても，やはりその間に亀は前の場所より少し先に進んでいる．これをいくら繰り返しても，アキレスと亀の間の距離は縮まるものの，つねに亀はアキレスより先を歩くことになる．」　もちろんこれは事実に反する．このトリックを解く鍵は，図 13.8 に示すように，亀の現在いる場所に行きつくというプロセスを「無限」回繰り返したとしても，それに要する時間は「有限」であるという点にある….

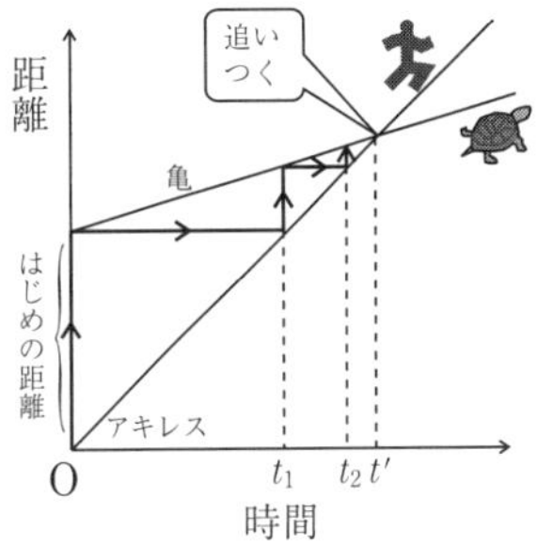

図 13.8　アキレスと亀
アキレスは，時刻 t_1 に亀の出発点にたどり着き，時刻 t' で亀を追い抜く．

§ 13.3　三角関数の加法定理とその応用（参考）

■加法定理　次の加法定理の公式は記憶する必要がある．式 (13.8) と (13.10) を覚えておけば，(13.9) と (13.11) は β を $-\beta$ に置き換えるだけである．

$$\sin(\alpha+\beta) = \sin\alpha\cos\beta + \cos\alpha\sin\beta \tag{13.8}$$

$$\sin(\alpha-\beta) = \sin\alpha\cos\beta - \cos\alpha\sin\beta \tag{13.9}$$

$$\cos(\alpha+\beta) = \cos\alpha\cos\beta - \sin\alpha\sin\beta \tag{13.10}$$

$$\cos(\alpha-\beta) = \cos\alpha\cos\beta + \sin\alpha\sin\beta \tag{13.11}$$

■和 → 積の公式　式 (13.8) と (13.9) の辺々を加えて，$\alpha+\beta = A$，$\alpha-\beta = B$ とおくと，$\alpha = \dfrac{A+B}{2}$，$\beta = \dfrac{A-B}{2}$ だから *

* 式 (13.8) と (13.10) を記憶しておいて，その他の公式は必要に応じてその場で導ける能力を養っておく方が賢明である．

$$\sin A + \sin B = 2\sin\frac{A+B}{2}\cos\frac{A-B}{2} \tag{13.12}$$

同様に，式 (13.10) と (13.11) より

$$\cos A + \cos B = 2\cos\frac{A+B}{2}\cos\frac{A-B}{2} \tag{13.13}$$

が得られる．

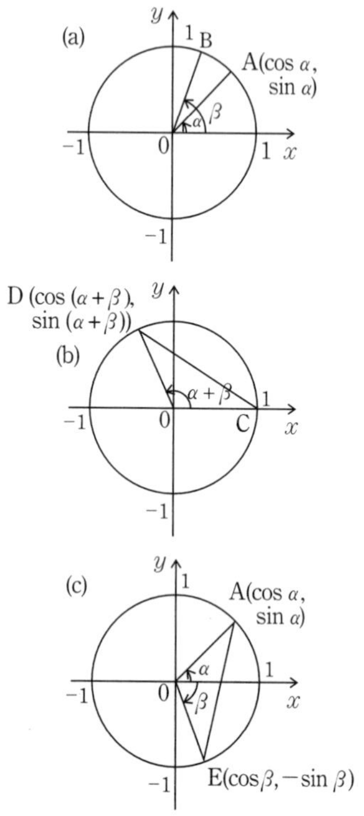

図 13.9

■加法定理の証明　図 13.9(a) に示すように，単位円（半径 1 の円）の円周上で角 α，β に対する点 A，B をとり，さらに角 $\alpha+\beta$（図 (b)）に対する点 D と角 $-\beta$（図 (c)）に対する点 E を考える．各点の座標は $\mathrm{A}(\cos\alpha, \sin\alpha)$，$\mathrm{D}(\cos(\alpha+\beta), \sin(\alpha+\beta))$，$\mathrm{E}(\cos\beta, -\sin\beta)$ だから，図 (b) において

$\mathrm{DC}^2 = (\cos(\alpha+\beta)-1)^2 + \sin^2(\alpha+\beta) = 2 - 2\cos(\alpha+\beta) \cdots$ ①

図 (c) において

$$\begin{aligned}\mathrm{AE}^2 &= (\cos\alpha - \cos\beta)^2 + (\sin\alpha + \sin\beta)^2 \\ &= 2 - 2(\cos\alpha\cos\beta - \sin\alpha\sin\beta) \cdots ②\end{aligned}$$

図より明らかに，△DOC=△AOE．よって DC=AE．①と②より

余弦の加法定理：　$\boldsymbol{\cos(\alpha+\beta) = \cos\alpha\cos\beta - \sin\alpha\sin\beta}$

が得られる（式 (13.10)）．

余弦の加法定理の式の中で α を $\dfrac{\pi}{2}-\alpha$ で，β を $-\beta$ で置き換え，

$$\cos\left(\frac{\pi}{2}-\alpha\right) = \sin\alpha, \qquad \sin\left(\frac{\pi}{2}-\alpha\right) = \cos\alpha$$

を使うと，

正弦の加法定理：　$\boldsymbol{\sin(\alpha+\beta) = \sin\alpha\cos\beta + \cos\alpha\sin\beta}$

が導かれる（式 (13.8)）．

§ 13.4　三角関数の微分公式の導出（参考）

遠まわしのようだが，$\lim_{\theta\to 0}\dfrac{\sin\theta}{\theta}=1$ を証明しなければならない．
$\dfrac{d}{dx}\cos x=-\sin x$ は，$\dfrac{d}{dx}\sin x=\cos x$ を使ってすぐ導ける．

■ $\boldsymbol{\lim_{\theta\to 0}\dfrac{\sin\theta}{\theta}=1}$ **の証明**　図 13.10 に示すように，半径 r，中心角 θ $\left(0<\theta<\dfrac{\pi}{2}\right)$ の扇形 OAP をかき，A における接線と OP の延長との交点を T とすると，

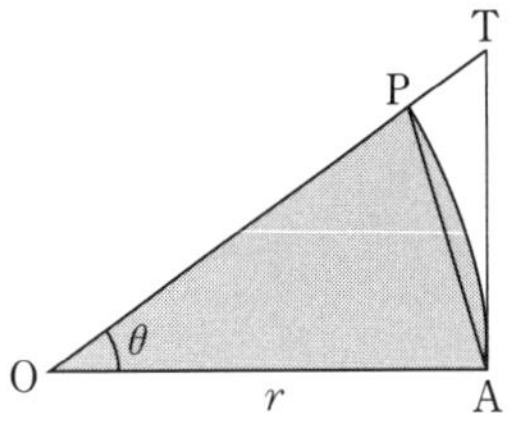

図 13.10

$\triangle\mathrm{OAP}=\dfrac{1}{2}r^2\sin\theta,$　　扇形 OAP $=\dfrac{1}{2}r^2\theta,$　　$\triangle\mathrm{OAT}=\dfrac{1}{2}r^2\tan\theta$

図から △OAP < 扇形 OAP < △OAT だから

$$\frac{1}{2}r^2\sin\theta<\frac{1}{2}r^2\theta<\frac{1}{2}r^2\tan\theta \qquad \therefore\quad \sin\theta<\theta<\tan\theta$$

$\sin\theta>0$ だから，各辺を $\sin\theta$ で割ると，$1<\dfrac{\theta}{\sin\theta}<\dfrac{1}{\cos\theta}.$
この各辺は正の数だから，その逆数をとると，大小関係が反対になり，$1>\dfrac{\sin\theta}{\theta}>\cos\theta.$　ここで θ を限りなく 0 に近づけると，

$1\geq\lim_{\theta\to 0}\dfrac{\sin\theta}{\theta}\geq\lim_{\theta\to 0}\cos\theta=1$ だから　$\lim_{\theta\to 0}\dfrac{\sin\theta}{\theta}=1$　　（証明終わり）

■ $\boldsymbol{\dfrac{d}{dx}\sin x=\cos x}$ **の証明**　微分法の定義から

$$\frac{d}{dx}\sin x=\lim_{h\to 0}\frac{\sin(x+h)-\sin x}{h}$$

ここで $\sin(x+h)-\sin x=2\sin\dfrac{h}{2}\cos\left(x+\dfrac{h}{2}\right)$ だから，

$$\frac{d}{dx}\sin x=\lim_{h\to 0}\frac{\sin(x+h)-\sin x}{h}=\lim_{h\to 0}\frac{2}{h}\sin\frac{h}{2}\cos\frac{2x+h}{2}$$

式の変形の途中で $\dfrac{h}{2}=\theta$ とおき，先に証明した $\lim_{\theta\to 0}\dfrac{\sin\theta}{\theta}=1$ を使うと，

$$\begin{aligned}\frac{d}{dx}\sin x&=\lim_{h\to 0}\frac{\sin(h/2)}{h/2}\cos(x+h/2)\\&=\lim_{\theta\to 0}\frac{\sin\theta}{\theta}\cos(x+\theta)=\cos x\end{aligned}$$　（証明終わり）

■ $\boldsymbol{\dfrac{d}{dx}\cos x=-\sin x}$ **の証明**　$y=\cos x=\sin\left(\dfrac{\pi}{2}-x\right)$ と変形して，$\theta=\dfrac{\pi}{2}-x$ とおくと $y=\cos x=\sin\theta.$

$$\theta=\frac{\pi}{2}-x\longrightarrow\frac{d\theta}{dx}=-1,$$
$$y=\cos x=\sin\theta\longrightarrow\frac{dy}{d\theta}=\frac{d}{d\theta}\sin\theta=\cos\theta$$

ここで合成関数の微分公式を使うと *，

$$\frac{dy}{dx}=\frac{d}{dx}\cos x=\frac{d\theta}{dx}\cdot\frac{dy}{d\theta}=(-1)\cdot\cos\theta=-\cos\left(\frac{\pi}{2}-x\right)=-\sin x$$

ゆえに $\dfrac{d}{dx}\cos x=-\sin x$　　（証明終わり）．

* 合成関数の微分公式
$$\frac{dy}{dx}=\frac{d\theta}{dx}\cdot\frac{dy}{d\theta}$$

14　単振動・単振り子

つり合いの位置からの変位に比例した復元力がはたらくとき，その物体の運動は単振動となる．振動運動の中でも単振動は最も基本的なものである．前章で学んだ三角関数の知識をもとに，単振動の運動方程式を微分方程式として解く技法を中心に学習する．

§ 14.1　ばね振り子と単振動

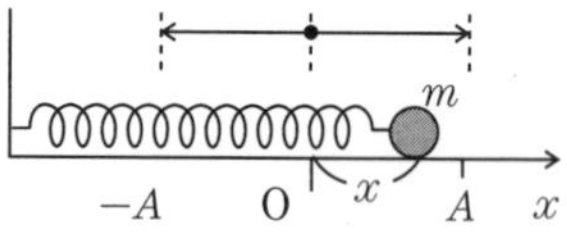

図 14.1　ばね振り子

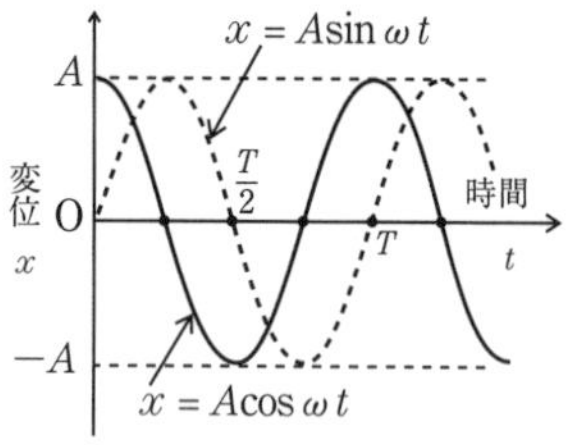

図 14.2　振り子の運動

■水平ばね振り子と単振動　図 14.1 に示すように，滑らかな平面上に置かれたばねの一端におもりをつけ，他端を壁に固定する．ばねを自然の長さより A [m] だけ引き伸ばして放すと，変位 x [m] は時間 t [s] の関数として，

$$x = A\cos\omega t = A\sin\left(\omega t + \frac{\pi}{2}\right)$$

の形で表される．このように，変位が時間 t の関数として，

$$\text{変位：}\quad x = A\sin(\omega t + \phi) \tag{14.1}$$

と表されるとき，これを**単振動**とよび，A を単振動の**振幅**，ω [rad/s] を**角振動数**，ϕ [rad] を**初期位相**とよぶ．単振動は図 14.2 に示すように，**周期** $T = \dfrac{2\pi}{\omega}$ [s] の周期運動で，**振動数**（単位時間当たりの振動回数）は $f = \dfrac{1}{T} = \dfrac{\omega}{2\pi}$ [Hz] である．振動数の単位はヘルツ（記号 Hz）で，1 Hz とは 1 秒間に 1 回の割合で振動するときの振動数である．

■単振動の速度・加速度　前章で学んだ三角関数の微分法を使って，

$$\text{変位：}\quad x = A\sin(\omega t + \phi) \tag{14.2}$$

$$\text{速度：}\quad v = \frac{dx}{dt} = \omega A\cos(\omega t + \phi) \tag{14.3}$$

$$\text{加速度：}\quad a = \frac{dv}{dt} = -\omega^2 A\sin(\omega t + \phi) \tag{14.4}$$

を得る．式 (14.2) と式 (14.3) から，速度 v は位置 x の関数として

$$\text{速度：}\quad v = \pm\omega\sqrt{A^2 - x^2} \tag{14.5}$$

を得る *．また加速度 a は位置 x の関数として

$$\text{加速度：}\quad a = -\omega^2 x \tag{14.6}$$

を得る．このとき運動方程式 ($ma = F$) は

$$\text{運動方程式：}\quad ma = -m\omega^2 x \tag{14.7}$$

となっている（次のページ参照）．

* 速さの最大値は（$x = 0$ のとき）
$v_{\max} = \omega A$
加速度 $|a|$ の最大値は（$x = \pm A$ で）
$a_{\max} = \omega^2 A$

§ 14.2 復元力による周期運動：単振動

■ばね振り子の運動方程式 図 14.3 のように，ばねの自然の長さの位置を原点 O とした x 座標を取る．変位 x のとき受ける復元力は $F=-kx$（フックの法則）であるから，質量 m のおもりの運動方程式は

$$m\frac{d^2x}{dt^2}=-kx \quad \text{つまり} \quad \frac{d^2x}{dt^2}=-\frac{k}{m}x=-\omega^2 x \qquad (14.8)$$

となる．ただし $\omega=\sqrt{\dfrac{k}{m}}$ である．

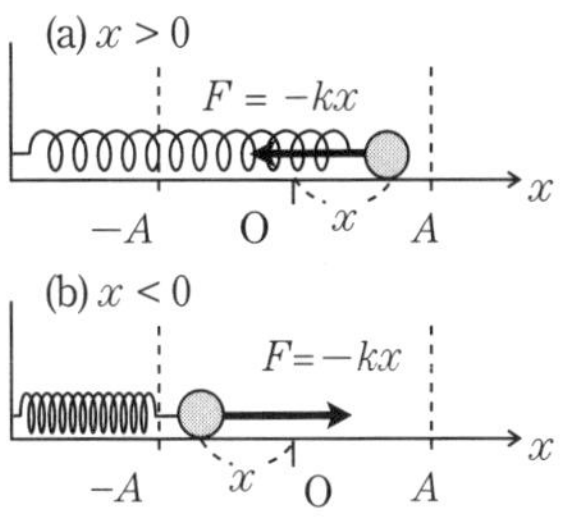

図 14.3 水平ばね振り子

■ばね振り子の運動方程式の解 例題 13.2 で示したように，微分方程式 $\dfrac{d^2x}{dt^2}=-\omega^2 x$ の解は $x=A\sin(\omega t+\phi)$ で与えられる．このとき振幅 A と初期位相 ϕ は積分定数で，別の条件から決まる *．周期は

$$\text{ばね振り子の周期：} \quad T=\frac{2\pi}{\omega}=2\pi\sqrt{\frac{m}{k}} \qquad (14.9)$$

となる．

* A と ϕ を一意的に決めるためには，別に初期条件（$t=0$ での速度・加速度の値）が必要である．

> **例題 14.1（水平ばね振り子）** 図 14.4(a) に示すように，なめらかな水平面上でばね定数 20 N/m のばねの一端を固定し，他端には 0.20 kg のおもりをつけてばね振り子にした．ばねを自然の長さの位置 O から 0.50 m 伸ばして静かに放して単振動させるとき，
> (1) 周期はいくらか．
> (2) 速さが最大になる場所はどこか．その値はいくらか．
> (3) 加速度の大きさが最大になる位置はどこか．最大値はいくらか．

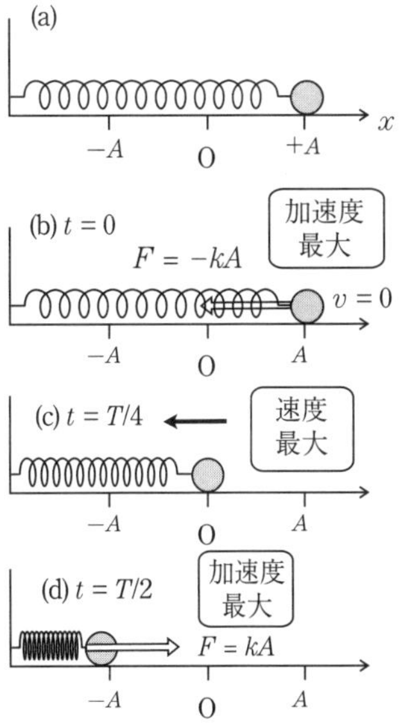

図 14.4 水平ばね振り子

(解) $m=0.2$ kg，$k=20$ N/m とおく．おもりは振幅 $A=0.5$ m，角振動数 $\omega=\sqrt{k/m}=10$ rad/s の単振動をする．

(1) 周期は $T=2\pi/\omega=0.2\pi=\mathbf{0.628\ s}$

(2) 図 (c) のように，速度が最大になるのは点 O．
速度の最大値は $v_{\max}=A\omega=\mathbf{5.0\ m/s}$

(3) 図 (b)，(d) のように，加速度の大きさが最大となるのは両端．
加速度の最大値は $a_{\max}=A\omega^2=\mathbf{50\ m/s^2}$
（別解）両端でおもりにはたらく力の大きさは $F=kx=kA$．そのときの加速度は $a=F/m=kA/m=50\ \mathrm{m/s^2}$ ■

問題 14.1（水平ばね振り子） 一端を壁に固定したばねの他端に質量 20 kg おもりをつけたら，周期 4.0 秒で振動運動をした．このばね振り子のばね定数 k は何 N/m か．

§ 14.3　単振り子

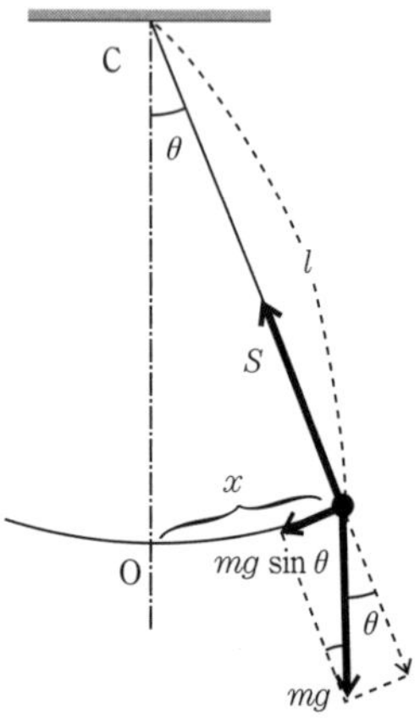

図 14.5　単振り子

■**単振り子**　図 14.5 に示すように，糸を天井の点 C からつり下げ，その先におもりをつけて，点 C を含む鉛直面内で振動運動させる．これを**単振り子**とよぶ．糸の長さを l，おもりの質量を m とし，重力加速度を g とする．おもりにはたらく力は，重力 mg と糸の張力 S の 2 力である．糸の張力 S は運動方向とつねに垂直にはたらき仕事をしないので，力学的エネルギーは保存される．糸が鉛直線と角 θ をなすとき，復元力として振り子運動を起こすのは，重力の運動方向成分 $mg\sin\theta$ である．

■**運動方程式とその解**　おもりの最下点 O から円周に沿った変位を，右向きを正にして x とすると，$x = l\theta$ である．このときおもりの速さは

$$v = l\frac{d\theta}{dt} \tag{14.10}$$

で表される．したがって，接線方向の運動方程式は

$$m\frac{dv}{dt} = -mg\sin\theta \tag{14.11}$$

となる．角 θ が小さいときは $\sin\theta \approx \theta = x/l$ とできるから *，復元力の大きさは $mg\sin\theta \approx mg\dfrac{x}{l}$ となる．力の向きが変位 x と逆向きであることを考慮すると，運動方程式は

$$ma = -\frac{mg}{l}x \quad つまり \quad \frac{d^2x}{dt^2} = -\frac{g}{l}x \tag{14.12}$$

となる．これは復元力を $-Kx$ と書くときに $K = mg/l$ とすることに相当し，$\omega = \sqrt{g/l}$ とおけば，式 (14.8) と同じ式になる．したがって，その解は単振動の式 $x = \sin(\omega t + \phi)$ と表すことができる．これから，

$$単振り子の周期： \quad T = \frac{2\pi}{\omega} = 2\pi\sqrt{\frac{l}{g}} \tag{14.13}$$

が得られる．単振り子の周期 T はおもりの質量や振幅によらない．このことを**振り子の等時性**とよぶ．

問題 14.2（**単振動の周期**）　周期が 2 秒の単振り子の長さはいくらか．$g = 9.8\mathrm{m/s^2}$ とする．

問題 14.3（**単振動の周期**）　長さ l で周期 T の単振り子がある．周期を $T/2$ にするには，単振り子の長さをいくらにすればよいか．

* **表 14.1　$\sin\theta \approx \theta$**

θ（度）	θ [rad]	$\sin\theta/\theta$ の値
0°	0	1.0000
10°	$\pi/18$	0.9949
20°	$\pi/9$	0.9798
30°	$\pi/6$	0.9549
45°	$\pi/4$	0.9003
60°	$\pi/3$	0.8270

（注）上の表より $\theta = 30°$ のとき誤差 5%の範囲内で $\sin\theta = \theta$ と置ける．

まとめ（14. 単振動・単振り子）

整理・確認問題

問題 14.4 時刻 t [s] における変位 x [m] が，$x = 0.2\sin\pi t$ で表される単振動がある．この単振動の振幅は $A =$ ① m，角振動数は $\omega =$ ② rad/s，周期は $T =$ ③ s，振動数は $f =$ ④ Hz である *．また最大の速さは $v_{\max} =$ ⑤ で，加速度の最大値は $a_{\max} =$ ⑥ である．

* 1 回/s = 1 Hz（ヘルツ）

基本問題

問題 14.5（単振動を表す式） 次の条件を満たす単振動を，物体の変位 x [m]，時間 t [s] として，$x = A\sin(\omega t + \phi)$ の形で表せ．

(1) 振幅 0.5 m，振動数 20 Hz で，$t = 0$ s のとき変位 $x = 0.5$ m．

(2) 振幅 0.5 m で，$t = 0$ s のとき変位 $x = 0$ m，速度 $v = 0.2$ m/s．

問題 14.6（単振動のエネルギー） 一端が固定されたばねの他端に質量 m の小物体がつけられ，変位 $x = A\sin\omega t$ の単振動をしている．

(1) 時刻 t における速さ v を求めよ．

(2) ばね定数 k を質量 m と角振動数 ω で表せ．

(3) 単振動の力学的エネルギーは（§9.3 参照）

$$E = \frac{1}{2}mv^2 + \frac{1}{2}kx^2$$

で与えられる．E を m，A，ω で表せ **．

** 一般に単振動においては，力学的エネルギーは保存され，エネルギー値は振幅 A の 2 乗と角振動数 ω の 2 乗に比例する．

コーヒーブレイク

次元（単位）を用いて確かめる方法

（例 1） 単振り子の周期が $T = 2\pi\sqrt{\frac{l}{g}}$ だったか，$T = 2\pi\sqrt{\frac{g}{l}}$ だったか，自信がもてないときがよくある．そのときは，式の両辺の次元（単位）が等しくなるか否かを調べてチェックするとよい．周期 T の単位は s，振り子の長さ l の単位は m，重力加速度の単位は m/s^2 である．$T = 2\pi\sqrt{\frac{l}{g}}$ のとき，右辺の単位は $\left[\frac{\mathrm{m}}{\mathrm{m/s^2}}\right]^{1/2} = \mathrm{s}$ であるから左辺の単位 s と等しい．一方 $T = 2\pi\sqrt{\frac{g}{l}}$ のときは，右辺の単位は s^{-1} となり，左辺と等しくない．ゆえに，$T = 2\pi\sqrt{\frac{l}{g}}$ が正しい．

（例 2） ばね振り子の周期が $T = 2\pi\sqrt{\frac{m}{k}}$ だったか，$T = 2\pi\sqrt{\frac{k}{m}}$ だったか，はっきり思い出せないときもある．ばね定数 k の単位は *** N/m =(kg· m/s^2)/m=kg/s^2，質量 m の単位は kg であるから $2\pi\sqrt{\frac{m}{k}}$ の単位は s，$2\pi\sqrt{\frac{k}{m}}$ の単位は s^{-1} となり $T = 2\pi\sqrt{\frac{m}{k}}$ が正しい．

*** $F = ma$ より力の単位は N=kg·m/s^2，$F = kx$ よりばね定数 k の単位は F/x の単位すなわち，N/m=kg/s^2．

15　等速円運動

円周上を一定の速度で進む運動を等速円運動と呼ぶ．力がはたらかなければ物体は直進するはずだから，等速であっても円運動を続けるのは物体に一定の力が絶えず中心向きにはたらいているからである．ここでは等速円運動の方程式が $m\dfrac{v^2}{r} = F$（質量 × 向心加速度 = 向心力）と書けることを学ぶ．

§ 15.1　等速円運動（幾何学的考察）

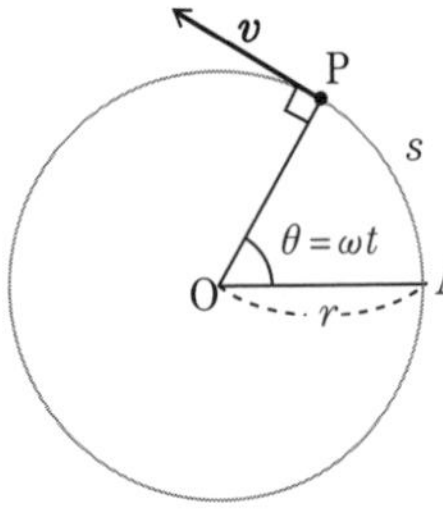

図 15.1　等速円運動

* 回/s をヘルツとよび，記号 **Hz** で表す．

■周期・回転数・角速度　図 15.1 に示すように，物体が半径 r [m] の円周上を一定の速さ v [m/s] で動いている．このような運動を**等速円運動**とよぶ．このとき物体が円を 1 周する時間（**周期**）T [s] は

$$T = \frac{2\pi r}{v} \qquad (\text{周期 } T) = \frac{(\text{円周の長さ } 2\pi r)}{(\text{速さ } v)} \tag{15.1}$$

である．単位時間あたりの**回転数**は $f = 1/T$ [回/s] である *．

点 A を出発した物体が時間 t [s] の後に点 P に達したとすると，その間に進んだ距離 s (= 弧 AP) は $s = vt \cdots$ ①．このとき，$\angle\mathrm{POA} = \theta$ は時間 t に比例するので，$\theta = \omega t \cdots$ ② とおくことができる．一方，弧の関係式から $s = r\theta \cdots$ ③ なので，① ～ ③ から，

$$v = r\omega \tag{15.2}$$

が導かれる．**角速度** ω の単位は rad/s である．

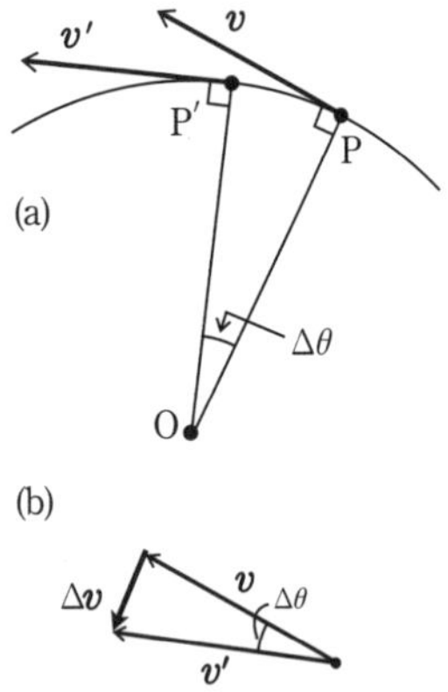

図 15.2　円運動の加速度

■向心加速度　等速円運動は一定の速さで運動するにもかかわらず加速度をもっている．その加速度は常に円の中心方向を向くので**向心加速度**とよばれ，

$$\text{向心加速度の大きさ：}\quad a = \frac{v^2}{r} = r\omega^2 \tag{15.3}$$

である．

これを証明するために，図 15.2(a) に時刻 t の位置 P での速度ベクトル $\boldsymbol{v}$ と，それから時間 Δt 後の位置 P′ と速度ベクトル $\boldsymbol{v}'$ を描いた．物体が P から P′ へと進むとき，$\angle\mathrm{POP'} = \Delta\theta$ $(= \omega\Delta t)$ とすると，速度の大きさ v は変わらないが，向きは $\Delta\theta$ だけ変わる．速度の変化を見るために，図 (b) に速度ベクトル $\boldsymbol{v}$ と $\boldsymbol{v}'$ を，始点が一致するように平行移動して描いた．経過時間 Δt を短くすると $\Delta\theta$ も小さくなるが，速さは一定 $(v = |\boldsymbol{v}| = |\boldsymbol{v}'|)$ なので，速度の変化 $\Delta\boldsymbol{v} = \boldsymbol{v}' - \boldsymbol{v}$ は円の中心 O を向く方向に近づく．したがって，点 P における加速度 $\boldsymbol{a} = \dfrac{\Delta\boldsymbol{v}}{\Delta t}$ は中心を向く．一方 $\Delta\boldsymbol{v}$ の大きさは $|\Delta\boldsymbol{v}| \approx v\Delta\theta = v\omega\Delta t$ となるので，加速度 $\boldsymbol{a}$ の大きさは

$$a = \frac{\Delta v}{\Delta t} = \frac{v\omega\Delta t}{\Delta t} = v\omega \tag{15.4}$$

となる．この式に $v = r\omega$ を代入すると式 (15.3) を得る．

§ 15.2 等速円運動（三角関数を使った記述）

■円運動の速度 図 15.3 に示すように，半径 r の円周上を運動する点 P の位置 $\boldsymbol{r} = (x, y)$ が時刻 t [s] の関数として

$$x = r\cos\omega t\ , \qquad y = r\sin\omega t \qquad (r = \text{一定},\ \omega = \text{一定}) \tag{15.5}$$

と表されている．位置 (x, y) を時間 t で微分して，等速円運動の速度 $\boldsymbol{v} = (v_x, v_y)$ の成分はそれぞれ

$$v_x = \frac{dx}{dt} = -\omega r\sin\omega t\ , \qquad v_y = \frac{dy}{dt} = \omega r\cos\omega t \tag{15.6}$$

と得られる．この 2 つの式から時刻 t を消去すると *

$$v^2 = v_x^2 + v_y^2 = (\omega r)^2 \qquad \therefore v = r\omega \tag{15.7}$$

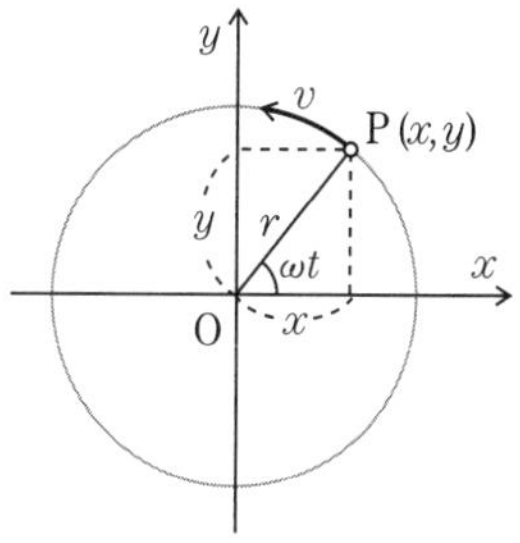

図 15.3 等速円運動

* $\sin^2\omega t + \cos^2\omega t = 1$ を使用.

■円運動の加速度 さらに速度の各成分を時間 t で微分して，等速円運動の加速度 $\boldsymbol{a} = (a_x, a_y)$ の成分はそれぞれ

$$a_x = \frac{dv_x}{dt} = -\omega^2 r\cos\omega t = -\omega^2 x \tag{15.8}$$

$$a_y = \frac{dv_y}{dt} = -\omega^2 r\sin\omega t = -\omega^2 y \tag{15.9}$$

と得られる．この式は $\boldsymbol{a} = -\omega^2\boldsymbol{r}$ を意味し，$\boldsymbol{r} = \overrightarrow{\mathrm{OP}}$ だから，図 15.4(a) のように，加速度が中心 O を向く**向心加速度**であることを示している．加速度の大きさは時刻 t を消去して

$$a = \sqrt{a_x^2 + a_y^2} = r\omega^2 = \frac{v^2}{r} \tag{15.10}$$

となる．

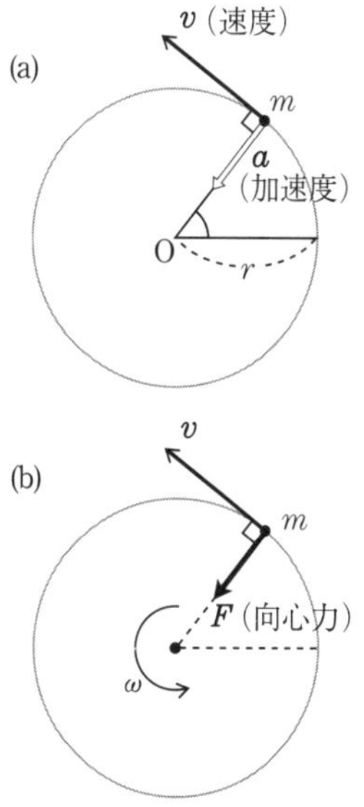

図 15.4 等速円運動

■等速円運動の運動方程式 運動の法則 ($m\boldsymbol{a} = \boldsymbol{F}$) によると，力のはたらく方向は，物体に生じた加速度の向きである．つまり，図 15.4(b) に示すように，加速度は円の中心を向くから，等速円運動をしている物体には円の中心に向かう力（**向心力**）がはたらいている．このとき，半径 r [m]，速さ v [m/s] で等速円運動をする質量 m [kg] の物体の運動方程式は，

$$m\frac{v^2}{r} = F \tag{15.11}$$

（質量 m）×（向心加速度 $\dfrac{v^2}{r}$）=（向心力 F）

と表される．ここで F [N] は向心力の大きさである．何が向心力となって円運動が行われているかは問題ごとに異なり，具体的な向心力としては例えば糸の張力，摩擦力，万有引力，重力などがある．

§ 15.3　等速円運動の例題

■等速円運動をする物体にはたらく力　力がはたらかないと物体は直進するから，円運動を行っている物体には外部から何らかの力が加えられている．

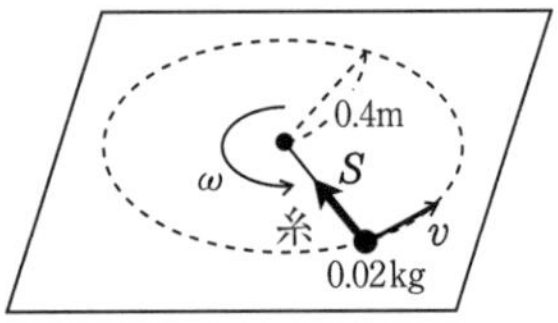

図 15.5

> **例題 15.1（糸の張力による等速円運動）**　図 15.5 に示すように，滑らかな水平面上で，長さ 0.40 m の糸の一端に質量 0.020 kg の小物体をつけ，糸の他端を中心として毎秒 5 回の割合で等速円運動をさせる．このとき，
>
> (1) 円運動の周期 T はいくらか．角速度 ω はいくらか．
> (2) 小球の速さ v，加速度の大きさ a はいくらか
> (3) 糸の張力 S はいくらか．

（解）　糸の張力が向心力となって円運動をしている．

(1) 回転数 $f = 5$ 回/s だから，周期 $T = \dfrac{1}{f} = \dfrac{1}{5} = \mathbf{0.20\ s}$

角速度 $\omega = \dfrac{2\pi}{T} = 10\pi = \mathbf{31.4\ rad/s}$

(2) 半径 $r = 0.4\,\mathrm{m}$ だから，小球の速さ $v = r\omega = 4\pi = \mathbf{12.6\ m/s}$

加速度の大きさ $a = \dfrac{v^2}{r} = 40\pi^2 = \mathbf{395\ m/s^2}$

(3) 小物体の質量 $m = 0.02\,\mathrm{kg}$ だから，

糸の張力は $S = ma = 0.8\pi^2 = \mathbf{7.90\ N}$

■

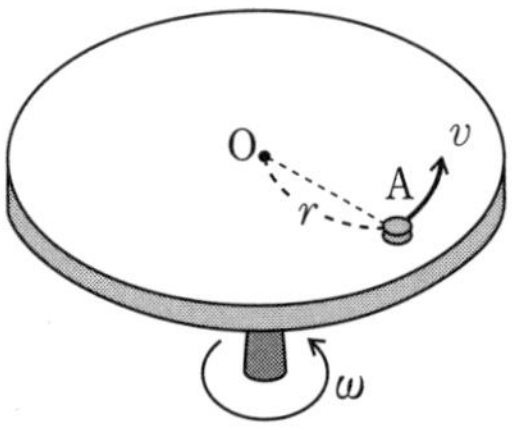

図 15.6

> **例題 15.2（摩擦力による円運動）**　図 15.6 に示すように，水平面内で回転している粗い円板上で，中心軸 O から距離 r の点 A に質量 m の小物体が置かれている．静止摩擦係数を μ とし，重力加速度を g とする．回転の角速度が ω のとき
>
> (1) 小物体の速さ v はいくらか．速度はどの向きか．
> (2) 加速度の大きさ a はいくらか．加速度はどの向きか．
> (3) 円運動をしている小物体にはたらく向心力は何か．その向心力の大きさはいくらか．
> (4) 次第に回転を早くしたら，角速度がある値 ω_1 を超えたとき，物体は滑りだした．ω_1 はいくらか．

（解）　(1) 速さ $v = \boldsymbol{r\omega}$，速度の向きは**円の接線方向**.

(2) 加速度の大きさは $a = \boldsymbol{r\omega^2}$，加速度の向きは**円の中心向き**.

(3) 向心力となって円運動を続けさせているのは**静止摩擦力**．その向心力（＝摩擦力）の大きさは $F = \boldsymbol{mr\omega^2}$

(4) 向心力 $F(= mr\omega^2)$ が大きくなり最大摩擦力 $F_0(= \mu N = \mu mg)$ を超えると，物体は滑り始める．そのときの角速度を ω_1 とすると，条件は $mr\omega_1^2 = \mu mg$．$\therefore\ \omega_1 = \sqrt{\dfrac{\boldsymbol{\mu g}}{\boldsymbol{r}}}$　■

まとめ（15. 等速円運動）

整理・確認問題

問題 15.1　等速円運動をしている物体について，円の半径を r，周期を T とすれば，速さは $v =$ [①] で，角速度は $\omega =$ [②] である．T を消去して，v と ω の関係式 [③] を得る．

問題 15.2　半径 r，角速度 ω で等速円運動をしている質量 m の物体の向心加速度は $a =$ [①] で，このとき実際にはたらいている力の大きさは $F =$ [②] で，その力は中心向きである．円運動の速さ v と r と ω の関係は $v =$ [③] だから，F を m，r，v で表すと $F =$ [④] を得る．

問題 15.3　質量 0.20 kg の物体が半径 0.6 m，速さ 3.0 m/s の等速円運動をしている．この円運動の角速度は [①] rad/s で，周期は [②] s である．円運動の加速度は大きさ [③] $\mathrm{m/s^2}$ で，向きは [④] である．この物体が円運動を続けるのは，大きさ [⑤] N の力（向心力）がはたらいているからである．

基本問題

問題 15.4（等速円運動）　質量 0.50 kg のおもりが一端を固定した糸の他端に結びつけられている．このおもりを，滑らかな水平面上で，固定端のまわりに半径 0.40 m，角速度 6.0 rad/s の等速度円運動をさせた．このとき，

(1) おもりの速さは何 m/s か．

(2) 円運動の周期は何 s か．

(3) 円運動の加速度の大きさは何 $\mathrm{m/s^2}$ か．また加速度の向きはどの向きか．

(4) 糸の張力は何 N か．

16　万有引力・角運動量

「太陽と惑星の間には，その質量の積に比例し距離の 2 乗に反比例する引力がはたらいている」と仮定してニュートンは惑星の運動を説明した．前半では円運動近似で惑星や人工衛星の問題を扱う．後半では，はたらく力が中心力ならば，角運動量保存の法則つまり面積速度一定の法則が成り立つことを示す．

§ 16.1　万有引力の法則

■ケプラーの法則　太陽のまわりを回る惑星には，水星・金星・地球・火星・木星・土星・天王星・海王星がある．ケプラーは当時知られていた惑星の運動に関するデータを整理して，次の 3 つの法則にまとめて発表した（1609 年，1619 年）．

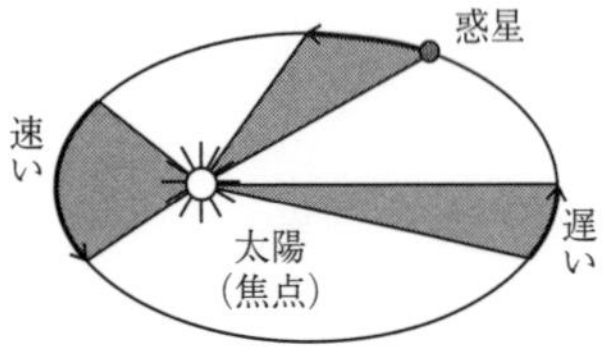

図 16.1　楕円軌道の法則と面積速度一定の法則

第 1 法則（楕円軌道の法則）惑星の軌道は，太陽を焦点の 1 つとする楕円である *．

第 2 法則（面積速度一定の法則）惑星と太陽を結ぶ線分が一定時間に通過する面積（面積速度）は一定である．

第 3 法則（調和の法則）惑星の軌道半径を r，周期を T とすれば，T^2/r^3 の値は各惑星に共通の値となる．

* 図 16.1 は楕円であることを強調して描いている．実際は火星で 0.3%程度，円からずれているに過ぎない．

■万有引力の法則　ニュートンは，図 16.2 に示すように距離 r だけ離れた質量 m と M の物体の間には

$$\text{万有引力}: F = G\frac{mM}{r^2} \tag{16.1}$$

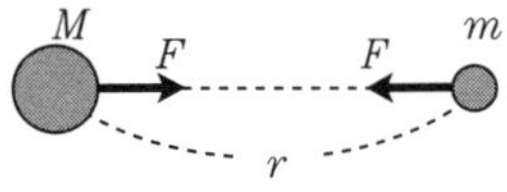

図 16.2　万有引力

がはたらくとして，ケプラーの法則を説明した（1687 年）．G は**万有引力定数**とよばれ，$G = 6.67 \times 10^{-11}\ \mathrm{N{\cdot}m^2/kg^2}$ という値をとる．

■万有引力の位置エネルギー　万有引力も保存力であり，位置エネルギーをもっている．無限遠方 $(r = \infty)$ を原点にとると，**万有引力の位置エネルギーは**

$$U(r) = \int_{\infty}^{r} G\frac{mM}{r^2}dr = -\frac{GmM}{r} \tag{16.2}$$

で与えられる．質量 m の惑星（または人工衛星）が万有引力だけを受けて運動するとき，力学的エネルギーは保存され，

$$\frac{1}{2}mv^2 - \frac{GmM}{r} = E\ (= \text{一定}) \tag{16.3}$$

が成り立つ．図 16.3 にエネルギー図を示す．

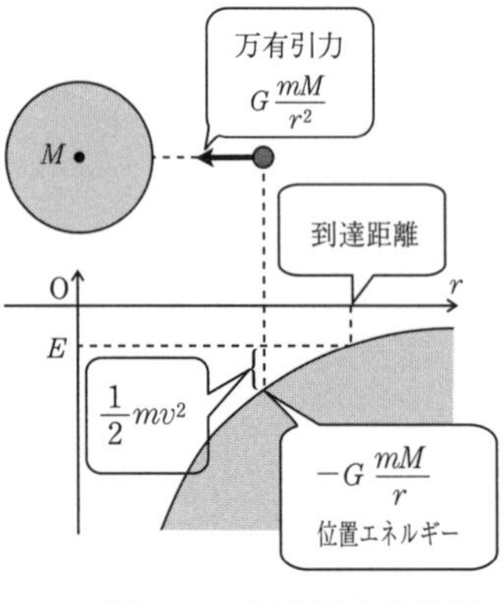

図 16.3　万有引力の位置エネルギー

§ 16.2 惑星・人工衛星の運動（円運動近似）

> **例題 16.1**（ケプラーの第 3 法則の導出） 図 16.4 のように，惑星（質量 m）が太陽（質量 M）を中心として，周期 T，半径 r の等速円運動をしている．万有引力定数を G として，次の問いに答えよ．ただし π はそのままでよい．
>
> (1) 惑星と太陽の間にはたらく万有引力の大きさはいくらか．
>
> (2) 惑星にはたらいている向心力の大きさを質量 m，半径 r，速さ v を使って表せ．
>
> (3) 円運動している惑星の周期 T を，半径 r，速さ v を使って表せ．
>
> (4) T^2/r^3 の値が各惑星の速さ v にも半径 r にも質量 m にも無関係で，すべての惑星に共通の値になることを示し，その値を求めよ．

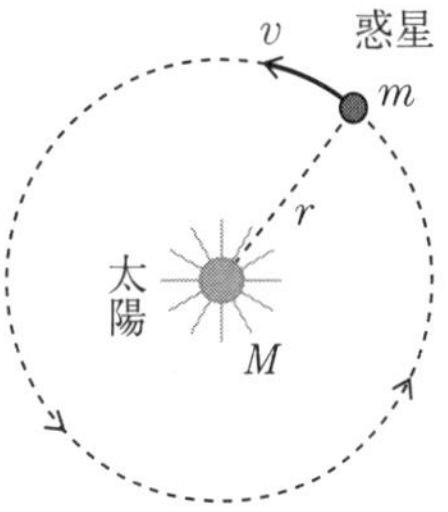

図 16.4 太陽をまわる惑星

表 16.1 公転周期と軌道半径

惑 星	周期（年）	軌道半径
水 星	0.241	0.387
金 星	0.615	0.723
地 球	1.000	1.000
火 星	1.881	1.524
木 星	11.86	5.203
土 星	29.46	9.539
天王星	84.08	19.19
海王星	164.8	30.06

(注)「軌道半径」は地球の軌道長半径 1.496×10^{11} m を 1 とする天文単位で表示してある．

（解） (1)（万有引力の大きさ）$= \boldsymbol{G\dfrac{mM}{r^2}}$

(2)（向心力）=（質量 m）×$\left(\text{向心加速度}\ \dfrac{v^2}{r}\right) = \boldsymbol{m\dfrac{v^2}{r}}$

(3) 周期 $T = \boldsymbol{\dfrac{2\pi r}{v}}$

(4) 太陽と惑星との間にはたらく万有引力が向心力となって，惑星は円運動をしている．運動方程式は $m\dfrac{v^2}{r} = G\dfrac{mM}{r^2}$ $\quad \therefore v^2 = \dfrac{GM}{r}$

(3) で得た T と組み合わせて $T^2 = \dfrac{4\pi^2 r^2}{v^2} = \dfrac{4\pi^2 r^3}{GM}$

$$\therefore \frac{T^2}{r^3} = \boldsymbol{\frac{4\pi^2}{GM}}\ (= \text{一定値})$$ ■

> **例題 16.2**（地表での重力と地球の引力圏からの脱出速度）
>
> (1) 地表での重力加速度 g を，地球の半径 R，質量 M および万有引力定数 G を使って表せ．
>
> (2) 地球から打ち上げた人工衛星が，地球の引力圏から脱出して無限遠方まで行ってしまう最小の打ち上げ速度はいくらか．ただし $R = 6.4 \times 10^6$ m，$g = 9.8$ m/s^2 とする．

（解） (1)「地表での重力＝地表での万有引力」として

$$mg = G\frac{mM}{R^2} \quad \therefore g = \boldsymbol{\frac{GM}{R^2}}$$

(2) 力学的エネルギー保存の法則より $\dfrac{1}{2}mv_0^2 - G\dfrac{mM}{R} = E$

遠方まで行く条件は $E \geqq 0$．

ゆえに $v_0 = \sqrt{\dfrac{2GM}{R}} = \sqrt{2gR} = \mathbf{1.12 \times 10^4\ m/s}$ * ■

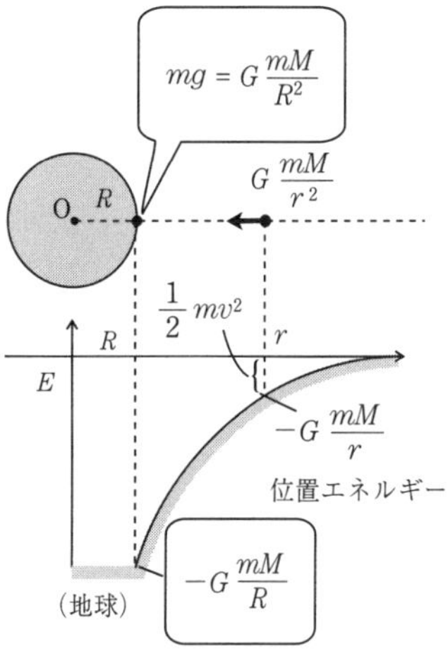

図 16.5

* 地球の引力圏内を脱出するこの速さを**第 2 宇宙速度**とよぶ．

§ 16.3　角運動量

■角運動量の定義　図 16.6 に示すように小物体が点 O のまわりをまわっている（円運動と限らない）とする．点 P の位置にあるときの速度ベクトル（図中の $\boldsymbol{v} = \overrightarrow{\mathrm{PQ}}$）を，位置ベクトル $\overrightarrow{\mathrm{OP}} = \boldsymbol{r}$ の方向（**動径方向または $\boldsymbol{r}$ 方向**という）とそれに垂直方向（**方位角方向または $\boldsymbol{\theta}$ 方向**という）に分解する．明らかに，速度の方位角成分（図中 $v_\theta = \mathrm{PQ}'$）が大きいほど回転は速く，r が大きいほど大きな回転となり，質量 m が大きいほど「勢い」は強くなる．そこで，**回転の勢い**を示す**角運動量**の大きさを，r と運動量成分 $p_\theta = mv_\theta$ を使って，

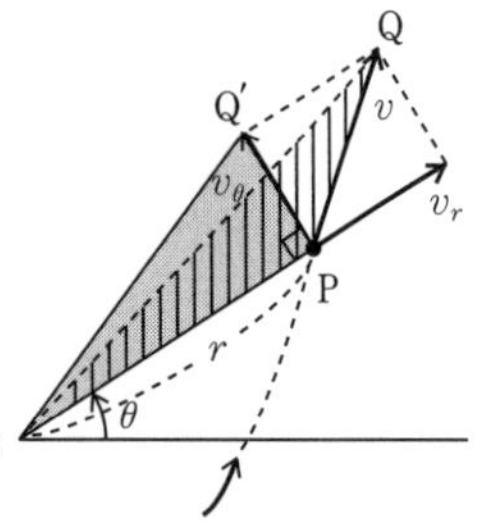

図 16.6　面積速度
三角形の面積
△OPQ' = △OPQ

$$\textbf{角運動量}\ L = r \times p_\theta = r \times mv_\theta = mr^2\omega = mr^2\frac{d\theta}{dt} \tag{16.4}$$

と定義する．

このとき，PO は QQ′ と平行だから，**面積速度**は $S = \triangle\mathrm{OPQ}' = \triangle\mathrm{OPQ}$ となっている．$L = 2mS$ である．つまり，速度ベクトルの先端が QQ′ 上で変化しても，三角形の高さ PQ′ は不変で，面積速度（したがって角運動量）は変わらない．

■中心力と角運動量　物体にはたらく力が常に動径方向であるとき，これを**中心力**とよぶ．図 16.7 に示すように点 P にある物体に中心力 $\boldsymbol{F}$ が短い時間 Δt だけはたらき，速度が $\boldsymbol{v}(= \overrightarrow{\mathrm{PQ}})$ から $\boldsymbol{v}'(= \overrightarrow{\mathrm{PQ}''})$ へと変化したとする．このとき運動量の変化 $\boldsymbol{\Delta p} = m\boldsymbol{v}' - m\boldsymbol{v}$ は与えられた力積 $\boldsymbol{F}\Delta t$ に等しい．運動量の変化 $\boldsymbol{\Delta p}$ の向き $(= \overrightarrow{\mathrm{QQ}''})$ は PO に平行（つまり力積の方向）である．そのため v_θ は変化せず，式 (16.4) で定義する角運動量も変わらない．言い換えると，

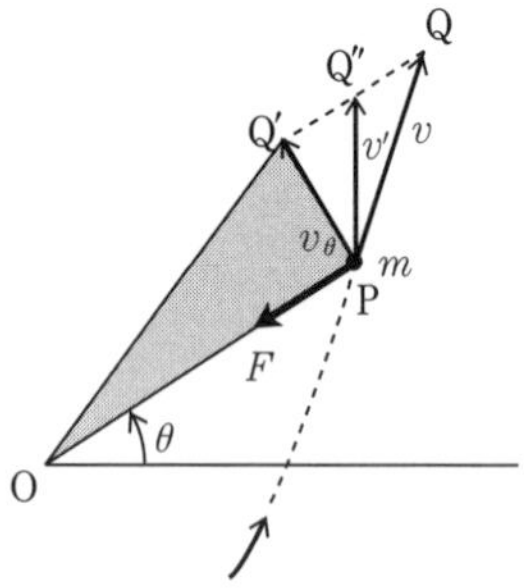

図 16.7　中心力と面積速度（角運動量）

物体にはたらく力が中心力だけならば，角運動量は保存される

これを**角運動量保存の法則**とよぶ．

■角運動量の成分表示　図 16.8 のように座標を取り，$\boldsymbol{r} = (x, y)$，$\boldsymbol{p} = (p_x, p_y) = (mv_x, mv_y)$ と表すと，角運動量 L は

$$\textbf{角運動量の成分表示}\ L = xp_y - yp_x = x(mv_y) - y(mv_x) \tag{16.5}$$

と表せる．

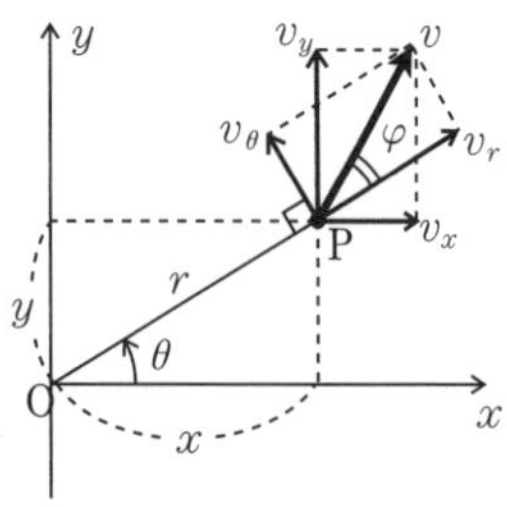

図 16.8　成分表示

（証明）図 16.8 のように角度 θ と φ をとると，

$$\begin{aligned} L &= xp_y - yp_x = m(xv_y - yv_x) \\ &= mrv\{\cos\theta\sin(\theta+\varphi) - \sin\theta\cos(\theta+\varphi)\} \\ &= mrv\sin\varphi = mrv_\theta \end{aligned}$$

となって＊，式 (16.4) と一致する．

＊ $\sin\alpha\cos\beta - \cos\alpha\sin\beta = \sin(\alpha - \beta)$

§ 16.4 角運動量保存の法則

■万有引力と角運動量 図 16.9 に示すように，万有引力は中心力だから，当然角運動量が保存される．「面積速度一定の法則」（ケプラーの第 2 法則）は角運動量保存の法則の別の表現である．

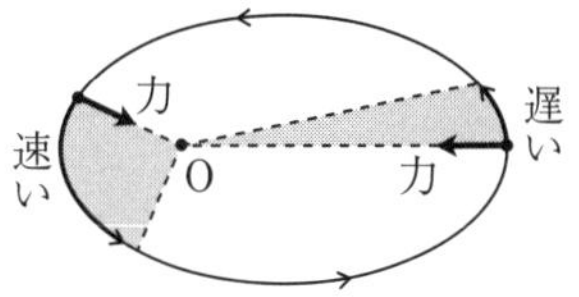

図 16.9 中心力（引力の場合）

■角運動量保存の法則とエネルギーの原理

> **例題 16.3**（角運動量保存の法則） 図 16.10 に示すように，水平な面内に円形の小穴が開いていて，この穴を通したひもの先に質量 m の小球がつけられ，等速円運動をしている．はじめ，半径 r_0，速さ v_0 だったが，ひもをゆっくり引き寄せると，半径 r ($r < r_0$) の円運動になった．摩擦や空気抵抗はないものとする．
>
> (1) 半径 r のときの小球の速さはいくらか．また，ひもの張力 F はいくらか．
>
> (2) 半径を r_0 から r へと変化させたとき，小球の力学的エネルギーはいくら変化したか．
>
> (3) ひもを引く力のした仕事を求め，それが力学的エネルギーの変化量に等しいことを示せ．

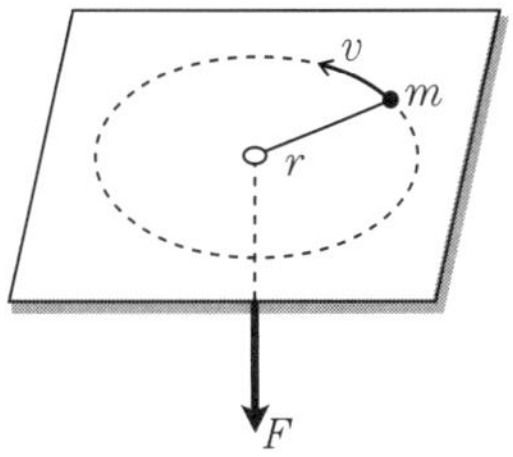

図 16.10

（解） ひもを引く力が向心力となって円運動をしている．この力は中心力だから，角運動量は保存される．

(1) 角運動量が保存されるから，$L = r_0 \times mv_0 = r \times mv$

ゆえに，小球の速さは $v = \boldsymbol{\left(\frac{r_0}{r}\right)v_0}$

ひもの張力は $F = \dfrac{mv^2}{r} = \dfrac{\boldsymbol{m(r_0v_0)^2}}{\boldsymbol{r^3}}$

(2) 力学的エネルギーの変化は

$$\Delta E = \frac{1}{2}mv^2 - \frac{1}{2}mv_0^2 = \boldsymbol{\frac{1}{2}mv_0^2\left[\left(\frac{r_0}{r}\right)^2 - 1\right]} \ (> 0)$$

(3) ひもを引く力のした仕事は（力の向きは r が小さくなる向きだから負の符号をつけて）

$$W = \int_{r_0}^{r}(-F)dr = \int_{r_0}^{r}\left(-\frac{mv^2}{r}\right)dr = \int_{r_0}^{r}\left(-\frac{mr_0^2v_0^2}{r^3}\right)dr$$

$$= mr_0^2v_0^2\int_{r_0}^{r}\left(-\frac{1}{r^3}\right)dr = mr_0^2v_0^2\left[\frac{1}{2r^2}\right]_{r_0}^{r}$$

$$= mr_0^2v_0^2\left(\frac{1}{2r^2} - \frac{1}{2r_0^2}\right) = \boldsymbol{\frac{1}{2}mv_0^2\left[\left(\frac{r_0}{r}\right)^2 - 1\right]} \ (> 0)$$

$\therefore\ \Delta E = W$

（力学的エネルギーの変化量は外部からの仕事に等しい．） ■

まとめ（16. 万有引力・角運動量）

整理・確認問題

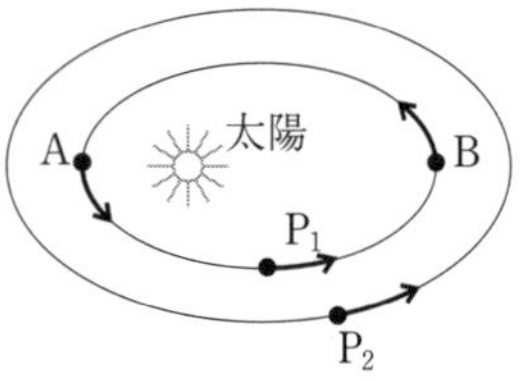

図 16.11

問題 16.1　図 16.11 のように，太陽のまわりを 2 つの惑星 P_1 と P_2 が楕円軌道を描いて公転している．［①］の第 1 法則（楕円軌道の法則）によれば，太陽はこの楕円の［②］とよばれる位置（点）にある．第 2 法則（面積速度一定の法則）によれば，P_1 の軌道上で太陽に近い点 A と太陽から遠い点 B を比べると，［点③］での速度の方が速い．第 3 法則（調和の法則）によれば，惑星の公転周期 T と楕円軌道の長半径 r とは $T^2 = kr^3$（k は定数）の関係があるので，惑星 P_1 と P_2 では［惑星④］の方が公転周期が長い．

問題 16.2　ケプラーの第 3 法則（調和の法則）から，太陽と惑星との間にはたらく力が距離 r の 2 乗に反比例すること（万有引力の法則）を導こう．質量 m の惑星が太陽を中心にして半径 r，速さ v の等速円運動をしているならば，周期は $T =$［①］，はたらいている向心力は $F =$［②］と表せる．ところで，第 3 法則によれば惑星の周期 T と軌道半径 r の間には $T^2 = kr^3$（k は定数）の関係があるから，結局 $F =$［③］$=$［④］となる．ただし，③は（①を使って v を消去し）T で表し，④は（第 3 法則を使って T を消去し）r で表した．力 F は太陽と惑星の間の相互作用と考えられる．したがって，その力が惑星の質量 m に比例するならば，太陽の質量 M にも比例するだろう．そう考えてニュートンは万有引力の法則 $F = G\dfrac{mM}{r^2}$ を導いた．

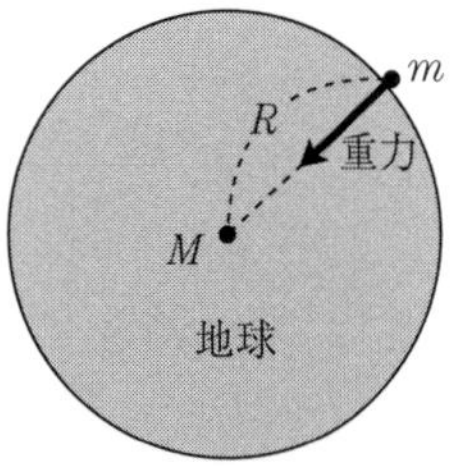

図 16.12　万有引力と重力

問題 16.3　万有引力定数 G を使えば，質量 m と M の 2 物体が距離 r 離れているときの万有引力の大きさは，［①］である．地球を質量 M，半径 R の球とすると，地上での重力は地球と地上の物体との間の万有引力だから，重力加速度は $g =$［②］と表される．$g = 9.8\ \mathrm{m/s^2}$，$R = 6.4 \times 10^6\ \mathrm{m}$，$G = 6.67 \times 10^{-11}\ \mathrm{N{\cdot}m^2/kg^2}$ として地球の質量を計算すると，$M =$［③］kg となる．

問題 16.4　質量 3 kg の物体が半径 5 m の円軌道を角速度 2 rad/s で等速円運動をしている．この運動の周期は［①］s，回転数は［②］回/s [Hz] である．また，物体の速さは［③］m/s，運動量の大きさは［④］kg·m/s，角運動量の大きさは［⑤］kg·m²/s，で，向心加速度の大きさは［⑥］m/s²，向心力の大きさは［⑦］N である．

基本問題

問題 16.5（地表すれすれにまわる人工衛星） 図 16.13 に示すように，半径 R の地球の表面すれすれにまわる質量 m の人工衛星がある．人工衛星の速さを v として，地表での重力加速度を g とするとき，

(1) 円運動の周期 T を v と R を使って表せ．

(2) 円運動の向心力となっているのは何か．その大きさはいくらか．

(3) 円運動の方程式をかけ．次に，速さ v と周期 T を g と R で表せ．

(4) 速さ v と周期 T を計算せよ *．ただし $g = 9.8\ \mathrm{m/s^2}$，$R = 6.4 \times 10^6\ \mathrm{m}$ とする．

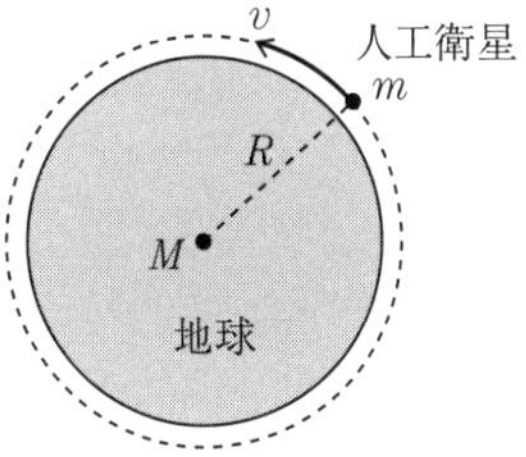

図 16.13

* この速さを**第 1 宇宙速度**という．

問題 16.6（人工衛星とエネルギー） 人工衛星が地球を中心として半径 r の等速円運動をしている．地球を質量 M の球と考え，万有引力定数を G とすると，地球の中心からの距離 r のところで質量 m の人工衛星がうける万有引力の大きさは $G\dfrac{mM}{r^2}$ で，万有引力による位置エネルギーは（無限遠方を基準として）$U = -G\dfrac{mM}{r}$ である．

(1) 人工衛星の速さはいくらか．周期 T はいくらか．

(2) 人工衛星の運動エネルギー K はいくらか．

(3) 人工衛星の力学的エネルギー $E = K + U$ はいくらか．

コーヒーブレイク

暦の中のなぞを解くと…

図 16.14 に示すように，私達の乗る地球は，太陽のまわり半径約 1.5×10^{11} m の公転軌道を 1 年かけてまわっている．日常意識しないが，地球は時速 11 万 km（秒速 30 km）という超高速の乗り物である．南北の地軸は公転面の法線に対して約 23.5 度傾いている（地球儀を思い浮かべよ）．そのため北半球では，北極が太陽の方を向いているとき夏となり，逆に南極が太陽の方を向いているときは冬になる．このとき，**もしも地球の運動が太陽を中心とする等速円運動ならば，春分→夏至→秋分の日数と秋分→冬至→春分の日数とは同じになるはずである**．ところが実際は，春分の日（2006 年 3 月 21 日）→夏至→秋分の日（9 月 23 日）が 186 日で，秋分の日（9 月 23 日）→冬至→春分の日（2007 年 3 月 21 日）は 179 日となっていて，**夏至を経過するほうが 7 日も長い**．これは太陽をまわる地球の軌道が楕円だからである（ケプラーの第 1 法則）．夏を経過するほうが時間がかかるということは速さが遅いことを意味する．ケプラーの第 2 法則（面積速度一定の法則）によれば，これは太陽から遠いということを意味している．**つまり地球は，冬は太陽の近くを運動し夏は太陽から離れて運動している****．

ちなみに国民の祝日のうち春分の日と秋分の日は特定の日に決まっているのではなく，2001 年 ～2030 年の 30 年間で見ると，春分の日は 3 月 20 日が 17 回，21 日が 13 回，秋分の日は 9 月 22 日が 3 回，23 日が 27 回となっている．

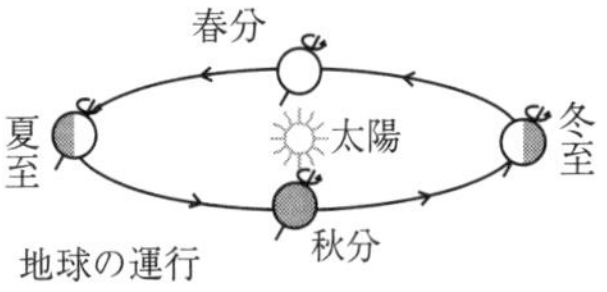

図 16.14 地球の公転と季節

** 季節の変化は地球の自転軸が傾いたまま太陽のまわりをまわることから起こる．楕円軌道のため太陽までの距離が変わることによるエネルギーの変化量はごくわずかで，季節を決める要因にはならない．

17 慣性力（見かけの力）

作用・反作用の法則によれば，物体に力を及ぼすのは他の物体であるはずである．しかし実際には力をおよぼす物体が見当たらないのに，加速している座標系では，物体が外から力を受けているように観測される．これを慣性力または見かけの力とよぶ．「見かけの力」は架空の力ではなく，実際に物体を変形させたりする「現実の力」としてはたらく．

§ 17.1　慣性力

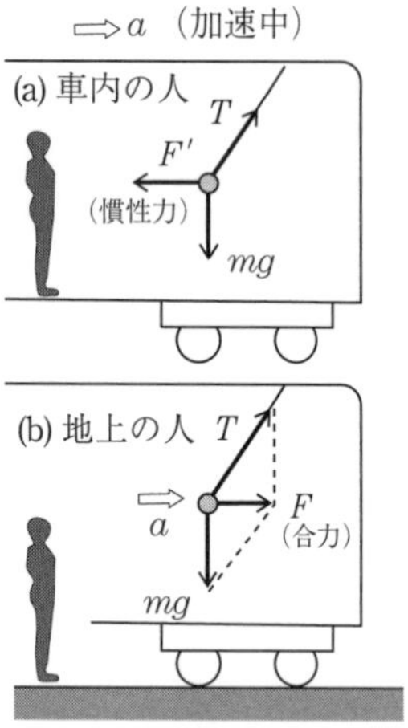

図 17.1　加速度運動と慣性力

■慣性力　図 17.1(a) に示すように，加速する電車内では，つり下げられたおもりに重力 mg と糸の張力 T 以外にもう 1 つの力 F' が後ろ向きにはたらいているように車内の人には見える．F' を**慣性力**また**見かけの力**とよぶ．この問題を地上で静止している人の立場で考えると，図 (b) のように重力 mg と張力 T の合力 F によっておもりは加速度 a の運動をしている．このとき運動方程式は $ma = F$ である．図 (a) と (b) を比較すると，

慣性力は加速度と反対向きで，大きさは　$F' = ma$　(17.1)

であることがわかる．「慣性力（見かけの力）」は，車内の物体の運動を観測者自身も加速系座標に立って記述するときに現れる．

> **例題 17.1（加速される電車内の慣性力）**　図 17.2(a) に示すように，直線上で一定の加速度で加速される電車内で天井から質量 m のおもりを糸でつり下げたら，鉛直方向と角 θ をなしてつり合った．重力加速度を g とする．このとき，
>
> (1) 糸の張力の大きさはいくらか．
>
> (2) 慣性力の大きさはいくらか．電車の加速度はいくらか．

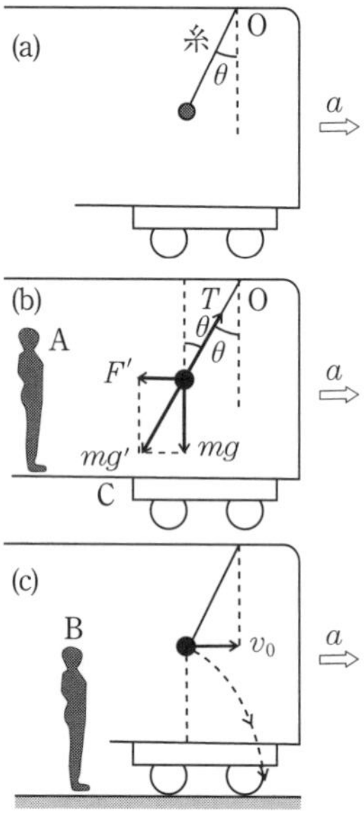

図 17.2　車内の人と地上の人

（解）　図 (b) に示すように，張力 T と重力 mg と慣性力 $F'(= ma)$ がつり合っていると考えてよい．

(1) 鉛直方向のつり合いから，$T\cos\theta = mg$．∴ 張力 $T = \dfrac{\boldsymbol{mg}}{\boldsymbol{\cos\theta}}$

(2) 水平方向のつり合いから，慣性力 $F' = T\sin\theta = \boldsymbol{mg\tan\theta}$.
　慣性力 $F' = ma$ だから，電車の加速度 $a = \boldsymbol{g\tan\theta}$.

■

問題 17.1（加速する電車内での落下運動）　例題 17.1 において，

(1) 電車内の人 A から見ると，糸を切った後のおもりはどのような運動をするか（図 17.2(b)）．

(2) 地上に静止している人 B から見ると，糸を切った後のおもりはどのような運動をするか（図 17.2(c)）．

§ 17.2 遠心力

■遠心力 図 17.3 に示すように，乗っていた自動車がカーブをするとき，車内に乗っている人はカーブの外向きに引っ張られるような力を感じ，車内ではつり下げられたおもりも外側に傾く．この力を**遠心力**とよぶ．円運動をする乗り物に乗っている人の身体は慣性によって直進しようとし，そのために回転の中心から遠ざかろうとする．これを円運動をしている人は遠心力として感じるのである．円運動をしている車内の人には図 17.4(a) のように，重力 mg と張力 T と遠心力 F' がつり合っているように見える．遠心力も「見かけの力」で，観測者が加速している乗り物に乗っていることが原因で観測される．一方，地上で静止している人の立場で考えると，図 (b) のように，重力 mg と張力 T の合力 F が向心力となって円運動をし，運動方程式は $mv^2/r = F$ と表される．図より明らかに遠心力は円の中心と反対方向を向き，

$$\text{遠心力の大きさ：}\quad F' = \frac{mv^2}{r} \tag{17.2}$$

である．円運動の方程式：

質量×向心加速度＝実際にはたらく力の合力：$m \times (v^2/r) = F$

も遠心力を考えた力のつり合いの式：

遠心力＝実際にはたらく力の合力：　$(mv^2/r) = F$

も，量的な関係としては同じことを表している．

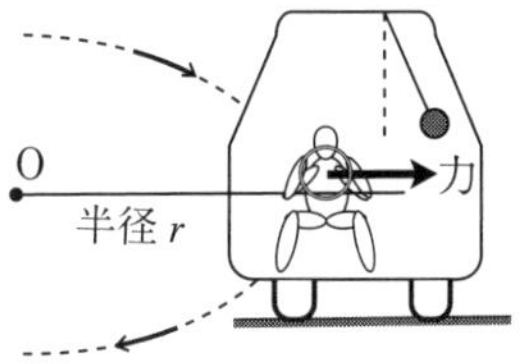

図 17.3　カーブを曲がる自動車内

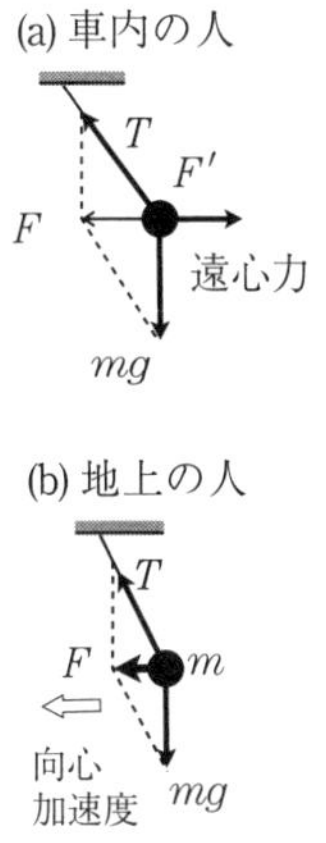

図 17.4　円運動と遠心力

> **例題 17.2（高速道路の傾き）**　図 17.5 に示すように，高速道路はカーブで内側の方が低くなるようにつくられている．重力加速度を $g = 9.8\,\mathrm{m/s^2}$ とする．いま自動車が半径 200 m のカーブを時速 72 km ($v = 20\,\mathrm{m/s}$) で走るとき，
>
> (1) 自動車内の体重 60 kg の人が受ける重力 W は何 N か．遠心力 F' は何 N か．
>
> (2) 自動車内の人が路面に垂直に力（見かけの重力）を受けるためには，路面の傾き θ をいくらにすればよいか．

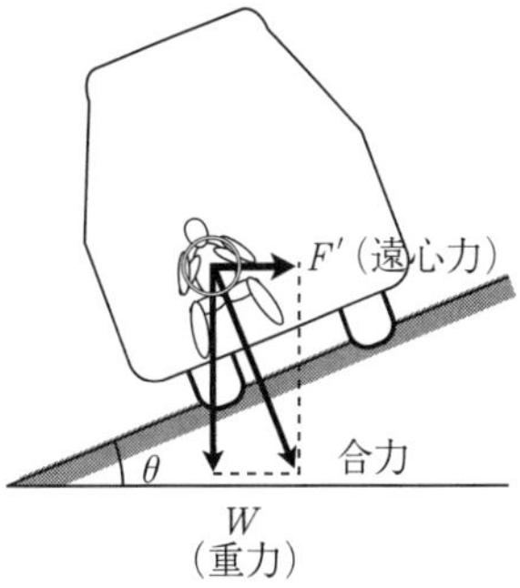

図 17.5　カーブを曲がる自動車内

（解）　半径 $r = 200\,\mathrm{m}$，人の質量 $m = 60\,\mathrm{kg}$ として

(1) 重力 $W = mg = \mathbf{588\,N}$

遠心力 $F' = \dfrac{mv^2}{r} = \mathbf{120\,N}$

(2) 重力 W と遠心力 F' の合力（=見かけの重力）が，路面に垂直であればよいから，

$$\tan\theta = \frac{F'}{W} = \frac{v^2}{gr} = 0.2041 \qquad \therefore \theta = \mathbf{11.5^\circ}$$

■

§ 17.3　コリオリの力（転向力）

(a) 地上の人 A から見た運動

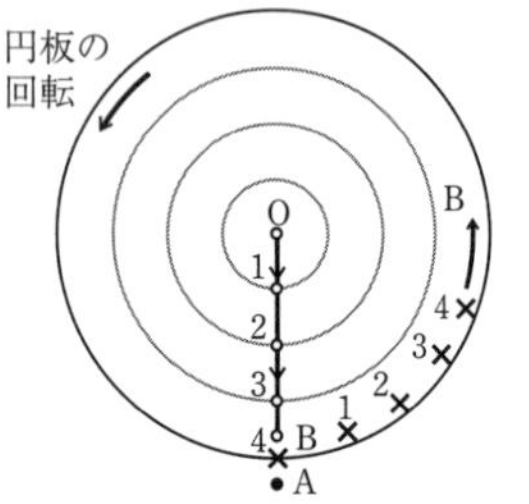

(b) 回転する円板の人 B から見た運動

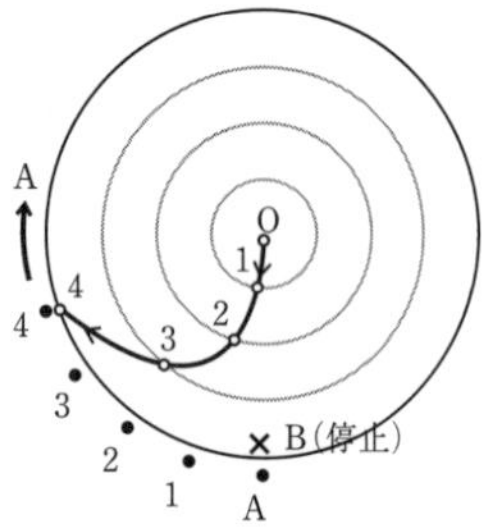

図 17.6　コリオリの力

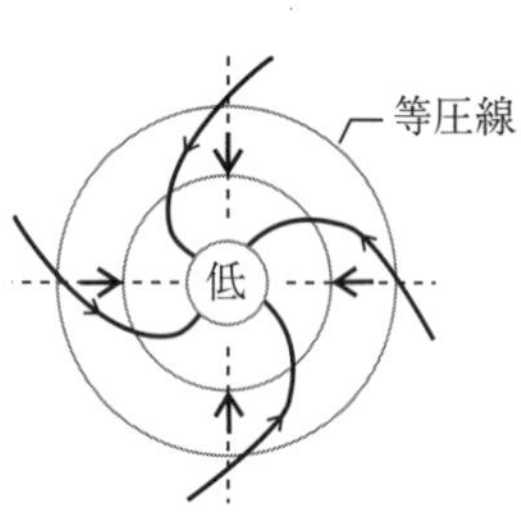

図 17.7　台風の渦とコリオリの力

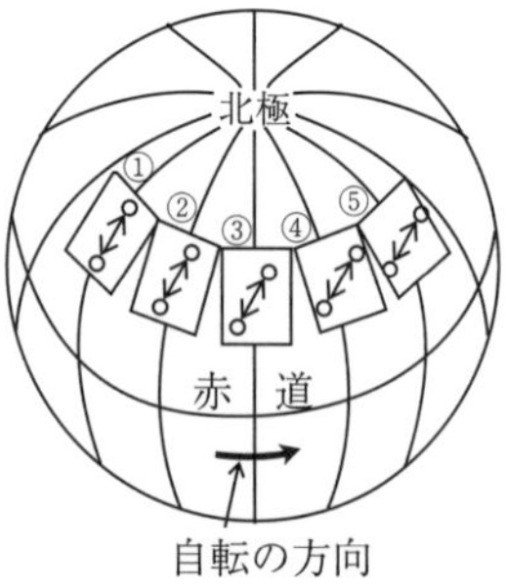

図 17.8　フーコーの振り子

* 部屋（長方形）は地球とともに回転するが，振動面↕は同じ方向を向く．

■コリオリの力（転向力）　回転座標系から見ると，運動している物体には遠心力の他に**コリオリの力**とよばれる見かけの力がはたらく．そのしくみを知るために，図 17.6 に示すように，円板の外側に立つ人 A に向けて円の中心から紙飛行機を飛ばしたとき，回転している円板上の人 B はそれをどのように観察するかを考えよう．簡単のためはじめ A と B は円板の内外で接近していたとする．地上の人 A から見ると，紙飛行機はまっすぐ自分に向かって飛んでくるように見える（図 (a)）．しかし円板とともに回転している人 B には，図 (b) のように，最初自分に向かって飛んできた紙飛行機が次第に左にそれていくように見える．つまり，紙飛行機には進行方向を右へと変える力がはたらいているように見える．この見かけの力を**コリオリの力**または**転向力**という．なお物体が円板の上に静止している場合には，遠心力ははたらくがコリオリの力は観測されない．

■台風の渦　日頃意識しないが，私たちが乗っている地球も自転している．（図 17.6 を北極点側から見た地球と考えるとわかりやすい．）北半球では台風の渦が左まわりになる理由も，コリオリの力で説明される．風は気圧の低い部分に向かって流れ込もうとする（点線矢印）．このとき，図 17.7 に示すように，コリオリの力を受けて，風は右へとずれる．そのため気象衛星などで上から見ると，台風は左回りの渦巻きとなって観測される．ちなみに南半球ではコリオリの力は進行方向に向かって左向きにはたらくので，台風の渦巻きは右まわりである．

■フーコーの振り子　地球が自転していることを直接示す実験装置に，フーコーの振り子がある．フーコーの振り子といっても特別な仕掛けはなく，長い時間振れ続けるように，長いひもの振り子を用意するだけである．図 17.8 に示すように，最初振り子を南北に振らせておくと，時間が経つにつれその振動面はゆっくりと（北半球では右へと）回転する *．振り子をつるした部屋は地球の自転とともに回転するが，振り子自体には，振動面が回転する理由は何もない．振動面がゆっくりと回転していくように部屋の中の人が観測するのは、地球が自転しているためにはたらく「コリオリの力」が原因である．振動面の周期は北緯 θ 度で $24/\sin\theta$ 時間である．つまりフーコーの振り子の振動面は，赤道上では回転せず，東京（北緯 35°）では 1 日に 206.5° 回転する．

ま と め（17. 慣性力（見かけの力））

整理・確認問題

問題 17.2 (a) 体重 50 kgw の人は，加速度 $2.0\,\mathrm{m/s^2}$ で上昇中のエレベーターの中では［ ① ］N =［ ② ］kgw の慣性力を下向きに受ける *．このときエレベーター内で体重をはかると，体重計は［ ③ ］kgw を指す．(b) 体重 50kgw の人が上昇中のエレベーター内で体重をはかると，体重計は 46 kgw を指した．このときエレベーターは，大きさ［ ④ ］$\mathrm{m/s^2}$ の加速度で［ ⑤ ］運動をしている．

* 重力加速度を $9.8\,\mathrm{m/s^2}$ とする．体重 (kgw) は「力」だから，運動方程式に入れるとき単位を N に換算することに注意．

基本問題

問題 17.3（加速する電車内の水面） 加速する電車内に置かれた水槽の水が，図 17.9 に示すように，水平と角 θ をなした．このときの電車の加速度 a を求めよ．ただし，重力加速度を g とする．

ヒント：水面に浮かぶ小物体 P（質量 m）を考え，P にはたらく重力 mg と水面からの垂直抗力 N および慣性力のつり合いを考える．

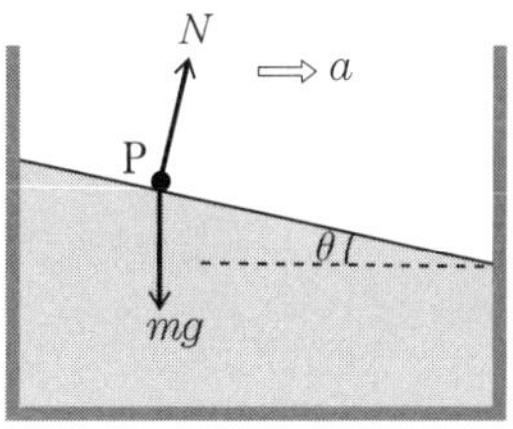

図 17.9

問題 17.4（回転台の遠心力） 遊園地の大回転台に乗っていると，回転の中心から外側に向かう遠心力を感じる．回転台が周期 5.0 s で回っているとき，中心から 4.0 m の場所に乗っている 50 kgw の人にはたらく遠心力の大きさは何 N か．またそれは体重の何倍か **．

** 重力加速度を $9.8\,\mathrm{m/s^2}$ とする．

— コーヒーブレイク —

回転するバケツの中の水面

円筒容器（バケツ）に水を入れ，中心軸を垂直にして，一定の角速度 ω で回すと，容器の回転につれ水も回転し始め，図 17.10 のように中心部分がくぼんでくる．回転軸から水平方向に距離 x の位置にあって，水面に浮かぶ小物体 P（質量 m）の運動を考える．P には下向きに重力 mg と，水面の接線に垂直方向に抗力 N がはたらく．このとき，P の位置で接線と水平線のなす角を θ として，

水平面内は，等速円運動の方程式：$mx\omega^2 = N\sin\theta \cdots$ ①

鉛直方向は，力のつり合い：$N\cos\theta = mg \cdots$ ②

が成り立つ．① ÷ ② として，垂直抗力 N を消去すると，

$$\tan\theta = \frac{\omega^2}{g}x \cdots ③$$

を得る．ところで，水面の位置 y を x の関数とみなすとき，水面の接線の傾き $(=\tan\theta)$ は $\dfrac{dy}{dx}$ に等しいから

$$\frac{dy}{dx} = \left(\frac{\omega^2}{g}\right)x \text{ を積分して } \quad y = \left(\frac{\omega^2}{2g}\right)x^2 + y_0 \cdots ④$$

を得る（y_0 は中心での水位）．④式は，水面が 2 次曲線を断面とする円錐面であることを示している．

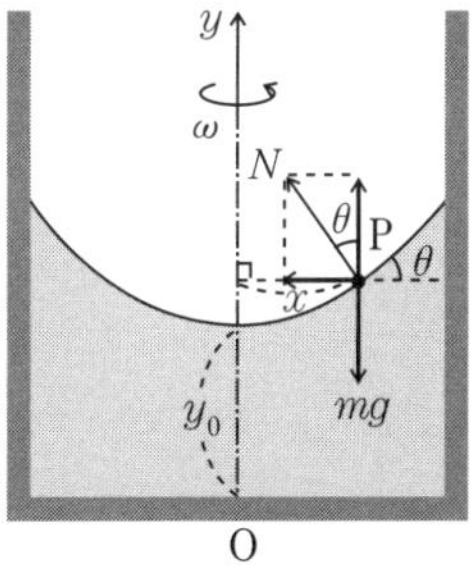

図 17.10 回転するバケツ内の水面の形

18　問題演習（振動と円運動）

物体に復元力 $-kx$ がはたらくと単振動になる．物体が円運動をするのは中心方向に力がはたらき，向心加速度 $\dfrac{v^2}{r}$ が生じているからである．万有引力の大きさは $G\dfrac{mM}{r^2}$ で位置エネルギーは $-G\dfrac{mM}{r}$ である … もしも自分の知識があいまいだなぁと思ったら，もう一度本文を見直しておこう．

A. 基本問題

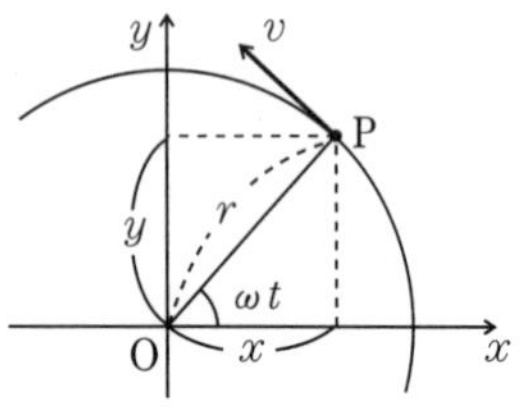

図 18.1

問題 18.1（等速円運動の速度・加速度）　次の空欄を埋めよ．

図 18.1 に示すように，半径 r の円周上を運動する点 P の位置 $\boldsymbol{r} = (x, y)$ が時刻 t [s] の関数として

$$x = r\cos\omega t \qquad y = r\sin\omega t$$

と表されている（r = 一定，ω = 一定）．

(A) この式から，等速円運動の速度 $\boldsymbol{v} = (v_x, v_y)$ の成分はそれぞれ

$$v_x = \frac{dx}{dt} = \boxed{\text{①}} \qquad v_y = \frac{dy}{dt} = \boxed{\text{②}}$$

と得られる．① と ② の式を使い，時刻 t を消去すると，

$$v^2 = v_x^2 + v_y^2 = \boxed{\text{③}} \quad よって \qquad v = \boxed{\text{④}}$$

(B) この式から等速円運動の加速度 $\boldsymbol{a} = (a_x, a_y)$ の成分はそれぞれ

$$a_x = \frac{dv_x}{dt} = \boxed{\text{⑤}} = \boxed{\text{⑥}}$$

$$a_y = \frac{dv_y}{dt} = \boxed{\text{⑦}} = \boxed{\text{⑧}}$$

と得られる．ただし ⑥ と ⑧ は x と y を使って表した．⑥ と ⑧ は $\boldsymbol{a} = -\omega^2\boldsymbol{r}$ を意味し，$\boldsymbol{r} = \overrightarrow{\mathrm{OP}}$ だから加速度が中心 O を向く**向心加速度**であることがわかる．加速度の大きさは ⑤ と ⑦ の式を使い，時刻 t を消去すると，

$$a = \sqrt{a_x^2 + a_y^2} = \boxed{\text{⑨}} = \boxed{\text{⑩}}$$

となる．ただし ⑨ は r と ω で，⑩ は（関係式 ④ を使って）r と v で表した．

(C) 速度ベクトル $\boldsymbol{v} = (v_x, v_y)$ と位置ベクトル $\boldsymbol{r} = (x, y)$ の内積を計算すると，$\boldsymbol{v}\cdot\boldsymbol{r} = v_x x + v_y y = \boxed{\text{⑪}}$ となるので，速度 $\boldsymbol{v}$ は動径 $\boldsymbol{r}$ の方向に垂直（つまり接線方向）であることがわかる．

問題 18.2（等速円運動）　半径 0.40 m の円軌道上を，10 秒間に 2 回転の割合で等速円運動をしている物体がある．この運動の周期 T，回転数 f，角速度 ω，速さ v と加速度の大きさ a を単位も付けて答えよ．

問題 18.3（単振動の式） 単振動をする物体があり，時刻 t [s] における変位 x [m] が次式で与えられている．

$$x = 2\sin 0.5\pi t$$

(1) この単振動の振幅 A，角振動数 ω，周期 T はそれぞれいくらか．

(2) 時刻 t における速度 v を表す式を求めよ．速さの最大値と速さが最大になる時刻 t（$0 \leqq t < T$）を求めよ．

(3) 時刻 t における加速度 a を表す式を求めよ．また加速度の大きさの最大値とその時刻 t（$0 \leqq t < T$）を求めよ *．

(4) $t = 0.5$ [s] のとき，物体の速度，加速度の大きさはそれぞれいくらか．

* 大きさだから加速度の絶対値が最大になる時刻を答える．

問題 18.4（ばね振り子の運動） 図 18.2(a) のように，質量 0.40 kg のおもりをつけたばね振り子を天井からつるし，振動させたとき，つりあいの位置からの変位 x [m] を時間 t [s] の経過とともに記録したのが図 (b) である．

(1) この振動の①振幅，②周期，③角振動数はいくらか．

(2) ばね定数はいくらか．

(3) $t = 1$ [s] のときの，おもりの①変位，②速度，③加速度，④おもりにはたらく力を求めよ．

(4) $t = 2$ [s] のときの，おもりの①変位，②速度，③加速度，④おもりにはたらく力を求めよ．

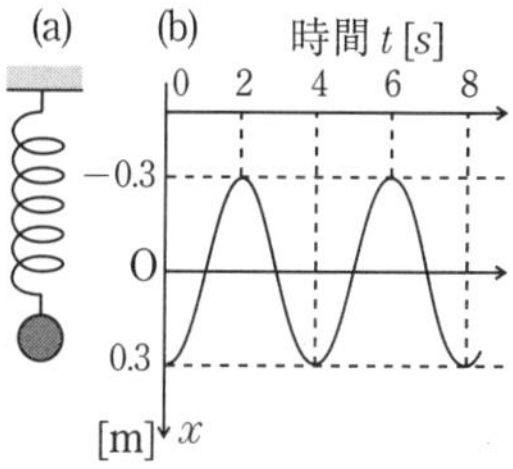

図 18.2

問題 18.5（単振動） 周期 T の単振動をしている物体の最大の速さが V だとしたら，単振動の振幅はいくらか．

―― コーヒーブレイク ――

え！？　東大でも...

「すべての運動は等加速度運動だ」と思っているような答案に出会うと東大で物理を教えている先生が嘆いている *．例えば，

『単振動の運動方程式 $m\dfrac{d^2x}{dt^2} = -kx$ の解は $x = x_0 + v_0 t - \dfrac{kx}{2m}t^2$ 』

と書く学生が東大理科でも毎年何人かいるそうである．これは，明らかに x を定数とみて積分することから来る誤解である．このような間違いを防ぐために，「面倒でも変数を省略せずに（時刻 t の関数であることを明示して）$x(t)$ と書くなどの工夫を辛抱強く続ける必要があるようだ」とこの先生は主張するのだが ... この本の読者は，もちろん解が

$$x = A\sin\left(\sqrt{\frac{k}{m}}t + \phi\right)$$

のように書ける周期運動であることを知っているよねぇ ...？

* 「物理教育」第 54 巻第 1 号 (2006) p.13

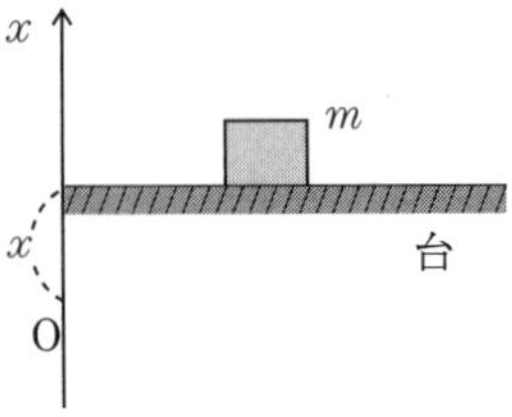

図 18.3

問題 18.6（単振動する台の上の物体） 図 18.3 に示すように，水平な台の上に質量 m の物体を載せ，時刻 t での定点 O からの変位が $x = A\sin\omega t$ となるように台を上下運動をさせた $(A > 0,\ \omega > 0)$. 重力加速度を g とする．物体が台から離れず運動するとき，

(1) 物体の速度 v，加速度 a を時刻 t の関数として示せ．

(2) 物体の加速度を a，垂直抗力を N として，台上の物体についての運動方程式をかけ．次に時刻 t の関数として N を表せ．

(3) つねに物体が台から離れない条件を A，g，ω を使って表せ．

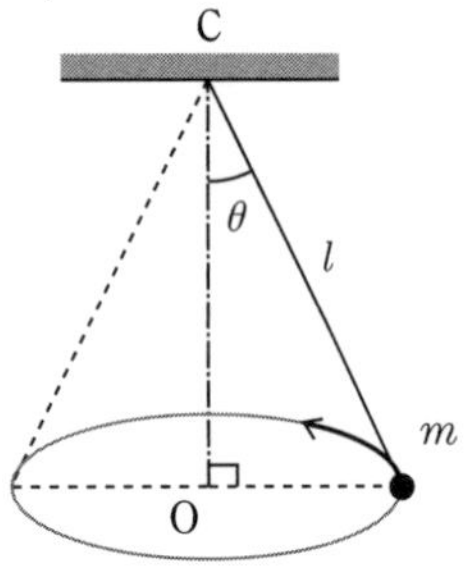

図 18.4

問題 18.7（円すい振り子） 図 18.4 のように，長さ l の糸に，質量 m のおもりをつけ，糸の他端を天井の点 C に固定して，おもりを水平面内で円運動をさせた．重力加速度の大きさを g とする．糸が鉛直線となす角度を θ とするとき

(1) 糸の張力はいくらか．

(2) おもりにはたらく向心力はいくらか．

(3) 円運動の半径と角速度はいくらか．

(4) 円運動の周期はいくらか．

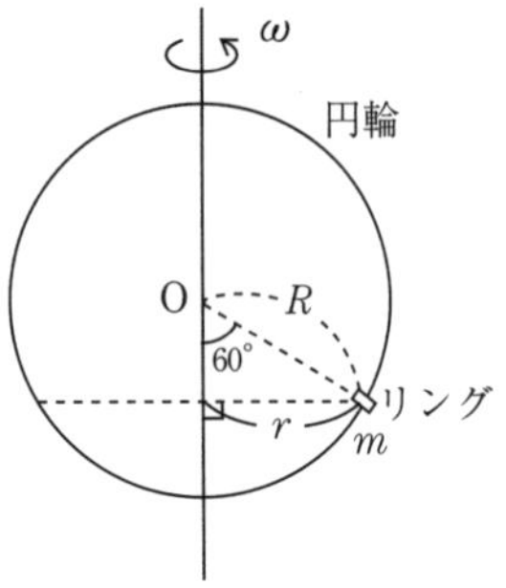

図 18.5

問題 18.8（回転する円輪上のリング） 半径 R の円輪に質量 m のリングを通し，リングを円輪に沿って滑らかに動くようにした．図 18.5 のように，中心 O を通る直線を鉛直軸として等速度で円輪を回転させると，リングは鉛直線と角 60° をなす位置にあって円輪と一緒に回転した．重力加速度を g とし，摩擦はないものとする．

(1) リングにはたらく重力と（円輪からの）垂直抗力 N を図中に書き込め．次に鉛直方向の力のつり合いの条件から N の大きさを求めよ．

(2) リングは水平面内で等速円運動をしている．このときの軌道円の半径 r はいくらか．次に，リングについて円運動の方程式をたて，その式から円輪の角速度 ω を求めよ．

問題 18.9（遠心分離機）

(1) 遠心分離機の回転軸から半径 r [m] のところに質量 m [kg] の試料を置き，角速度 ω [rad/s] で回転させた．このとき，試料にかかる遠心力の大きさは何 N か．

(2) 軸から 4.0 cm のところに，10 g の試料を置き，重力の 2000 倍の遠心力がかかるようにしたい．回転数を 1 分あたり何回転にすればよいか．ただし，重力加速度 $g = 9.8\,\mathrm{m/s^2}$ とする．

問題 18.10（月面の重力加速度） 月は地球に比べて，質量が約 0.0123 倍，半径が約 0.272 倍である．月面における重力加速度の大きさ g_1 は地球の表面における重力加速度の大きさ g の何倍か．

ヒント：「万有引力＝重力」の式を地表面と月面についてつくって比較する．

問題 18.11（人工衛星の運動） 図 18.6 に示すように，地球の中心 O から距離 r の上空を，角速度 ω で等速円運動する質量 m の人工衛星がある．

(1) 人工衛星に及ぼす地球の引力 F を，地球の質量 M，万有引力定数 G と，m，r を使って表せ．

(2) 人工衛星に及ぼす地球の引力 F を，地球の半径 R，地表での重力加速度 g と，m，r を使って表せ．

(3) 人工衛星について円運動の方程式をかけ．これから，円軌道の半径 r を g，ω，R を使って表せ．

(4) この人工衛星が赤道の上空を地球の自転と同じ角速度 $\omega = 7.27 \times 10^{-5}$ rad/s で円運動をしているとき，この人工衛星の地上からの高さ $h(= r - R)$ を計算せよ．ただし，$R = 6.4 \times 10^6$ m および $g = 9.8$ m/s^2 とする *．

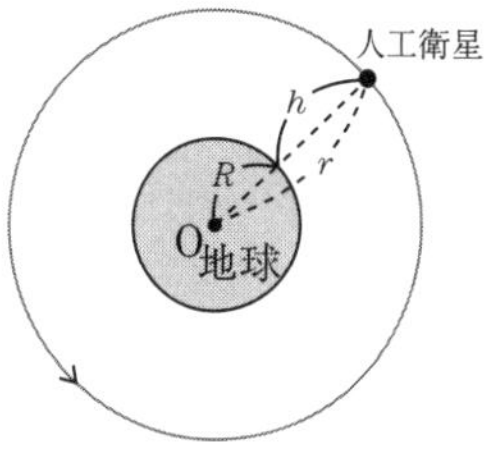

図 18.6

* 電卓を使用せよ．このような人工衛星を**静止衛星**とよび，通信衛星として利用されている．

コーヒーブレイク

地球の自転とかたち

西へ西へと航海を続けたマゼラン一行は，約 3 年に及ぶ航海の後 1522 年 9 月再びスペインの港にもどり，地球が丸い球体であることを証明した．このとき船内では克明に航海日記をつけていたが，母港に戻ってきたときには，日付が本国のものとは 1 日ずれていた．このことがきっかけになって，地球の自転が論議されるようになる．

地球を半径 $R = 6380$ km の球とみなし，南北の極を軸にして 1 日 24 時間で自転しているとすれば，自転の角速度は $\omega = 7.3 \times 10^{-5}$ rad/s で，赤道上に置かれた物体の速さは 464 m/s （時速 1670 km）にもなる **．赤道上の物体には当然遠心力もはたらき，自転していない場合に比べると重量は $R\omega^2/g = 0.0034 = 0.34\%$ 軽くなる．地表での重力は，地球と物体との万有引力と遠心力の和と考えられるから，赤道上での重力加速度 g_1 は極地での重力加速度 $g_0 = 9.832$ m/s^2 より 0.34% 小さくなると仮定して計算してみると，$g_1 = 9.799$ m/s^2 となる．ところで，赤道上で重力加速度を実際に測定してみると，この計算値よりさらに小さく，赤道上での重力加速度の測定値は 9.780 m/s^2 である．遠心力だけを考慮した場合より 0.018 m/s^2 も小さくなる理由は，地球が完全な球ではなくやや扁平で，地球の中心から赤道までの距離 (6380 km) が極地までの距離 (6360 km) より大きいためである．図 18.7 のように地球が赤道の方向に 0.3%ふくらんでいることは，1744 年ペルーに派遣された観測隊によって確認された ***．

** これは音速 (=340 m/s) よりも速いスピードである．

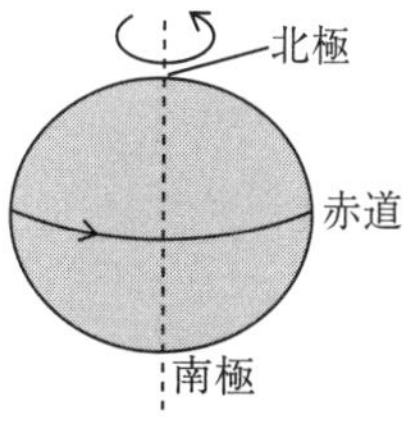

図 18.7

*** ニュートンは観測の約 50 年前，地球が自転により赤道方向に扁平な形になっていることを予言していた．

B. 標準問題

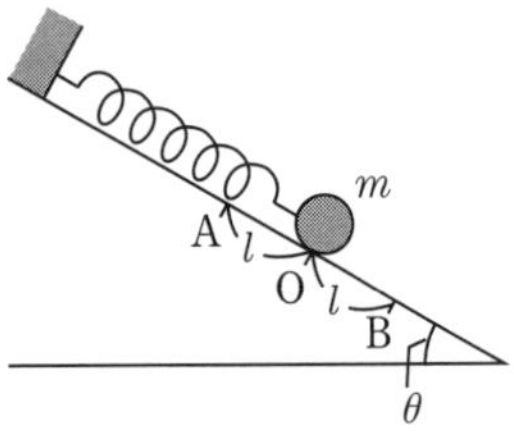

図 18.8

問題 18.12（斜面上のばね振り子） 図 18.8 に示すように，傾斜角 θ のなめらかな斜面上に，上端を固定されたばねがある．ばねの下端に質量 m のおもりをつけたら，ばねは l だけ伸びてつり合った．このつり合いの位置を原点 O とし，斜面に沿って下向きに x 軸をとる．おもりを点 O から斜面にそって下向きにさらに $x = l$ まで引いて静かに放すと，おもりは単振動をした．重力加速度を g とする．

(1) このばねのばね定数 k を求めよ．

(2) おもりがつり合いの位置 O から距離 x にあるときの復元力 F を求めよ．

(3) 運動方程式をかき，その運動の周期を求めよ．

(4) おもりを放した時点を $t = 0$ として，時刻 t でのおもりの位置 x を求めよ．

(5) おもりが原点 O を通過するときの速さを求めよ．

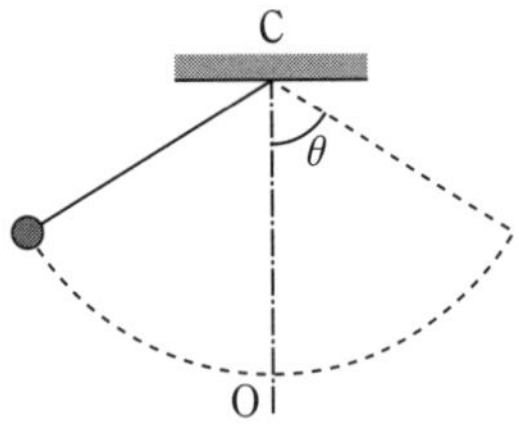

図 18.9

問題 18.13（振り子の最大振れの角） 図 18.9 のように，長さ l の糸の一端を天井の点 C に固定し，他端に質量 m のおもりをつけて振り子運動をさせる．この糸は，糸の張力がこのおもりの重さの 2 倍を超えると切れる．糸が切れない範囲で可能な振り子運動の最大振れの角 θ を求めよ．糸は伸びたりせず，その重さは無視できるものとする．

ヒント：おもりが最下点 O を通過するとき，糸にはたらく張力は最大になるから，この場所で糸が切れない条件をまず求める．力学的エネルギーも保存される．途中必要なら重力加速度を g とおけ．

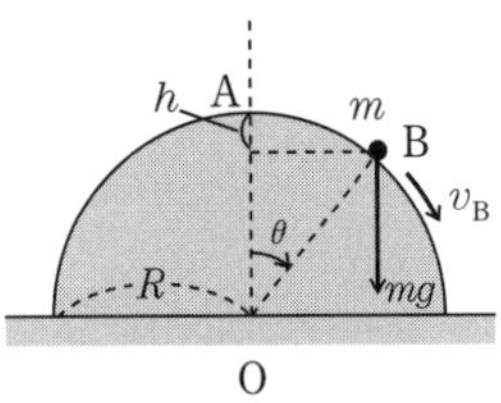

図 18.10

問題 18.14（球面を離れる条件） 図 18.10 に示すように，半径 R の半球を水平な床に伏せて固定し，最上点 A で質量 m の小物体を静かに放したら，小物体は球面の上を滑り降り，点 B の位置で半球から離れた．$\angle AOB = \theta$ とおく．重力加速度を g とし摩擦や空気抵抗はないものとする．

(1) 小物体にはたらく重力 mg を，点 B で球面に垂直と平行に分解したとき，中心 O に向かう成分はいくらか．

(2) 点 B での速さを v_B として，円運動の方程式をたてよ．ただし点 B では垂直抗力が 0 になる．

(3) 最高点 A から h だけ降下したとして，点 B での速さ v_B を g と h で表せ．

(4) 図を参考にして，$\cos\theta$ の値を R と h で表せ．

(5) AB の高度差 h を R だけで表せ．

問題 18.15（一端を固定点に結ばれたばねによるおもりの平面運動）
図 18.11 のように平面座標をとり，ばねの一端を原点 O に固定し，他端に質量 m のおもりをつけて，ばねを点 O のまわりに自由に回転できるようにした．おもりに初速度を与えたら，おもりの位置が

$$x = A\cos\omega t \quad y = B\sin\omega t \qquad (\text{ただし } A > B > 0)$$

で与えられるような運動をした．t は時間で，A，B は定数である．ばねは縦方向には伸び縮みするが，横方向には曲がらないものとする．このとき

(1) おもりの軌道が楕円軌道であることを示せ．
(2) ばね定数の大きさはいくらか．
(3) 角運動量の大きさ L を求め，角運動量保存則が成立していることを示せ．
(4) 周期 T はいくらか．長半径 A，短半径 B の楕円の面積は πAB で与えられるとして，面積速度 S を計算せよ．

ヒント：$L = xp_y - yp_x = mxv_y - myv_x$，$S = \dfrac{\text{面積}\pi AB}{\text{周期 } T}$

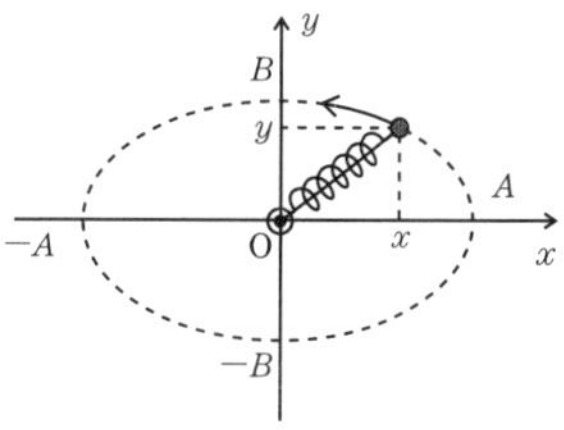

図 18.11

コーヒーブレイク

10 進法の記号と大きさ

物理で使われる 10^n を表す接頭語を，中国表記と対比させてみた．10^{-3} を「毛」，10^{-6} を「微」というのはわかる気がする．10^{-9} が「塵」ならば，最先端のナノ・テクノロジーとは（ちり，ほこり）の科学技術！？

大きさ	名称	記号	中国表記
10^{12}	テラ (tera)	T	兆（ちょう）
10^{9}	ギガ (giga)	G	十億（じゅうおく）
10^{6}	メガ (mega)	M	百万（ひゃくまん）
10^{3}	キロ (kilo)	k	千（せん）
10^{2}	ヘクト (hecto)	h	百（ひゃく）
10	デカ (deka)	D	十（じゅう）
10^{-1}	デシ (deci)	d	分（ぶ）
10^{-2}	センチ (centi)	c	厘（りん）
10^{-3}	ミリ (milli)	m	毛（もう）
10^{-6}	マイクロ (micro)	μ	微（び）
10^{-9}	ナノ (nano)	n	塵（じん）
10^{-12}	ピコ (pico)	p	漠（ばく）
10^{-18}	アト (atto)	a	刹那（せつな）

第Ⅳ部

剛体の力学

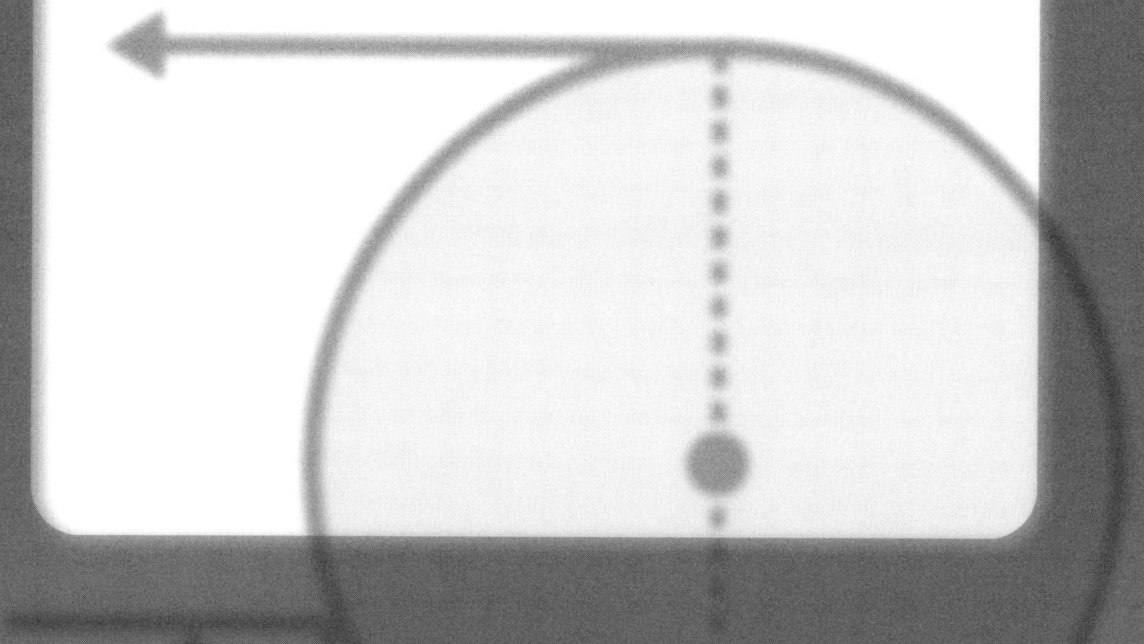

19　剛体にはたらく力(1)

力を加えても変形しない物体（固体）を「剛体」とよぶ．物体を点として扱うとき力のつり合いの条件は「外力の和が0」であるが，物体を大きさを持つ剛体として扱うときには，それに加えて剛体が回転しない条件，つまり「力のモーメントの和が0」が必要となる．

§ 19.1　力のモーメント

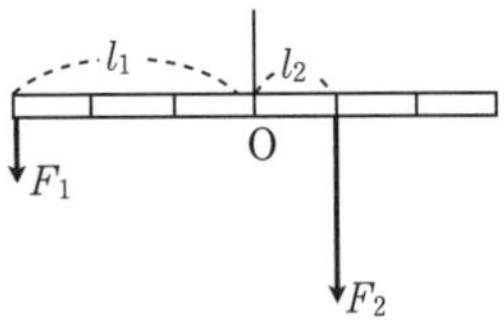

図 19.1　つり合いの条件 $\boldsymbol{F_1 l_1 = F_2 l_2}$

■力のモーメント　図19.1のように，一様な棒をその中点Oで支え，両側におもりを下げて，つり合わせる．おもりの重さと位置を変えて調べると，

$$\text{つり合いの条件は}\quad F_1 l_1 = F_2 l_2 \tag{19.1}$$

である．そこで物体にはたらく力 F の回転作用の大きさ N を

$$N = Fl \tag{19.2}$$

$$(\text{力のモーメント } N) = (\text{力の大きさ } F) \times (\text{腕の長さ } l)$$

として定義する．すると，式(19.1)のつり合いの条件は

$$(\text{反時計回りのモーメント})\ F_1 l_1 = F_2 l_2\ (\text{時計回りのモーメント}) \tag{19.3}$$

となっている．

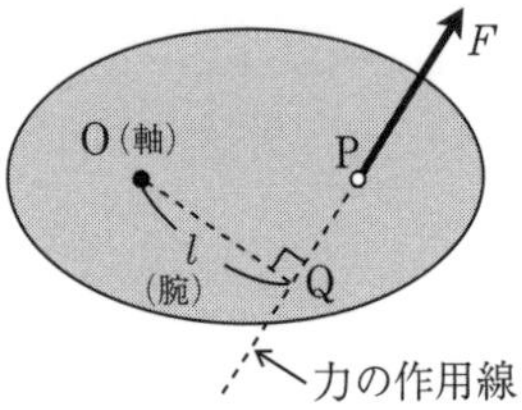

図 19.2　力のモーメント $\boldsymbol{N = Fl}$

■力のモーメントの定義　図19.2のように，力が点Pにはたらき，力の向きがOPと垂直でないときは，点Oから力の作用線までの距離OQを「腕の長さ」l として，力のモーメントを定義する．このとき OP $= r$，力がOPとなす角を θ とすると，$l = r\sin\theta$ だから，

$$N = Fr\sin\theta \tag{19.4}$$

$$(\text{力のモーメント } N) = (\text{回転を起こす力の成分 } F\sin\theta) \times (\text{作用点までの距離 } r)$$

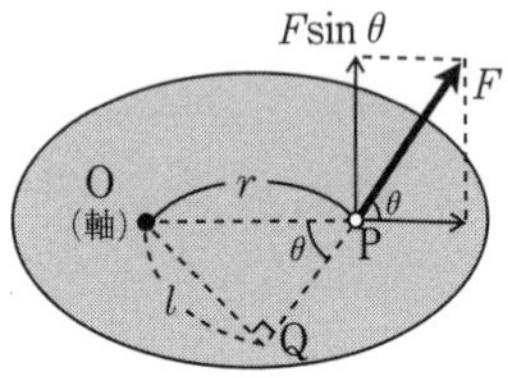

図 19.3　力のモーメント $\boldsymbol{N = Fr\sin\theta}$

と書ける．図19.3のように，力をOPに垂直と平行とに分解すると，力のモーメントに寄与するのは力 $\boldsymbol{F}$ のOPに垂直成分 $(F\sin\theta)$ だけであることからも定義式(19.4)が理解される．

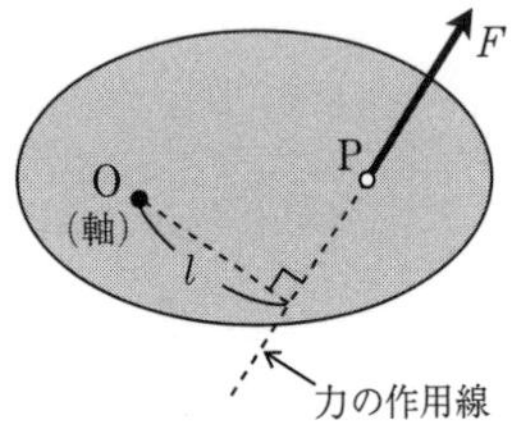

図 19.4　作用線の定理

■作用線の定理　図19.4からわかるように，腕の長さ l は力の作用線と軸Oの位置関係だけで決まる．そのため，力の作用線上で力を移動させても力のモーメント（力の効果）は変わらない．これを**作用線の定理**とよぶ．

§ 19.2　力のモーメントのつり合い

■力のモーメントの計算（2 つの計算法）

(A)「力のモーメント＝力の大きさ×腕の長さ」による方法（式 (19.2)）

(B)「力のモーメント＝作用点までの距離×回転を起こす力の成分」による方法（式 (19.4)）

> **例題 19.1（力のモーメントの計算）**　図 19.5(a) に示すように，まっすぐな棒 OP の一端 P に 10 N の力を加えた．棒の長さを 0.50 m，力の作用線と棒のなす角を 30° とするとき，点 O のまわりの力のモーメントはいくらか．

（解） 棒の長さ $r = 0.5$ m，力の大きさ $F = 10$ N，角度 $\theta = 30°$ とおき，2 つの計算方法を示す *.

(A) **「力のモーメント＝力の大きさ×腕の長さ」による方法**　図 (b) に示すように，腕の長さ (OP′) は $l = r\sin 30° = 0.25$ m だから，

　力のモーメント $N = Fl = 10 \times 0.25 = \mathbf{2.5\ N{\cdot}m}$

(B) **「力のモーメント＝作用点までの距離×回転を起こす力の成分」による方法**　図 (c) に示すように，力 F を OP に垂直と平行な成分に分ける．回転を起こす力の成分は力 F の OP に垂直な分力 $F\sin 30° = 5$ N であるから，

力のモーメント $N = F\sin 30° \times r = 5 \times 0.5 = \mathbf{2.5\ N{\cdot}m}$ ■

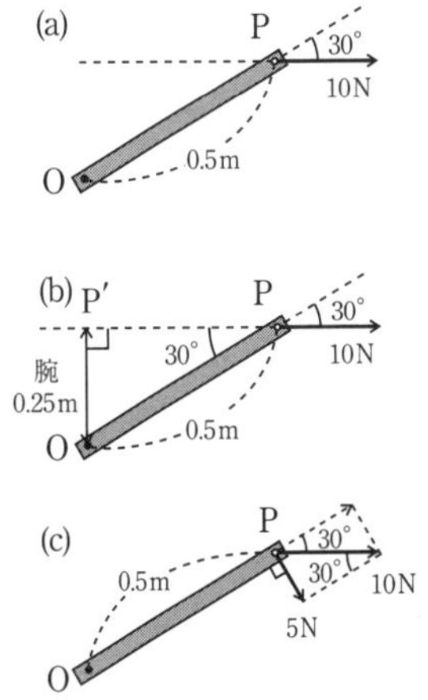

図 19.5　力のモーメントの計算

* 結局，(A) でも (B) でも結果は同じになる．

■固定端をもつ剛体のつり合い　固定軸をもつ場合は，剛体のつり合い条件は，軸のまわりで回転しないこと，つまり「軸のまわりの力のモーメントがつり合うこと」．

> **例題 19.2（力のモーメントのつり合い）**　図 19.6 に示すように，長さ l の軽い棒 AB の端 A から距離 a のところに重さ W のおもりをつけ，一端 A を壁にちょうつがいで固定し，他端 B を水平から 30° 上向き方向に力 F で引いた．棒 AB を水平に保つためには，力 F の大きさをいくらにすればよいか．ただし棒は端 A のまわりで自由に回転できるものとする．

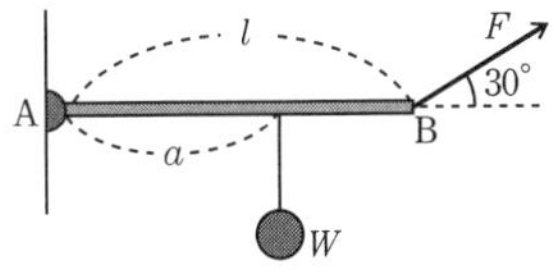

図 19.6

（解） 固定端 A のまわりで力のモーメントのつり合いを考える．各力ごとにモーメントを計算すると，

　力 W のモーメントは Wa（時計回り）

　力 F のモーメントは $Fl\sin 30°$（反時計回り）

よって力のモーメントのつり合いの式は

$$Wa - Fl\sin 30° = 0$$

よって　$F = \dfrac{Wa}{l\sin 30°} = \dfrac{Wa}{l(1/2)} = \boldsymbol{\dfrac{2a}{l}W}$ ■

まとめ (19. 剛体にはたらく力 (1))

整理・確認問題

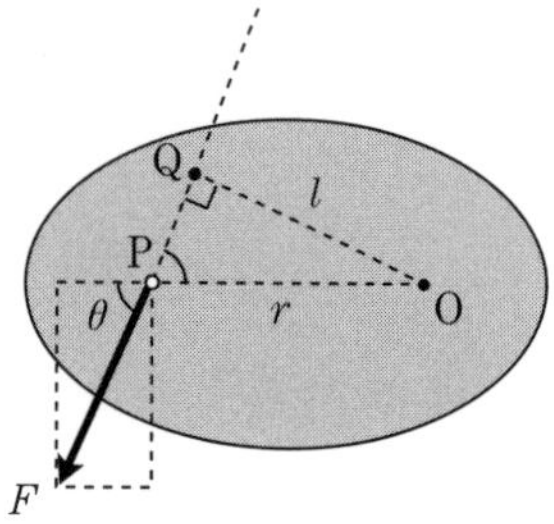

図 19.7

問題 19.1 図 19.7 に示すように，点 P に力 F がはたらくとき，点 O のまわりの力のモーメントを求めてみよう．距離 OP $= r$ とし，点 O から作用線までの距離 OQ $= l$ とする．

(a)「力のモーメント＝力の大きさ×腕の長さ」という考え方では，「腕の長さ」は [①] だから力のモーメントは [②] となる．

(b)「力のモーメント＝作用点までの距離×回転を起こす力の成分」という考え方では，「作用点までの距離」は [③] で回転を起こす力の成分は [④] だから，力のモーメントは [⑤] となる．

(c) r と l と θ の関係式 $l =$ [⑥] を使うと，②と⑤は等しい．

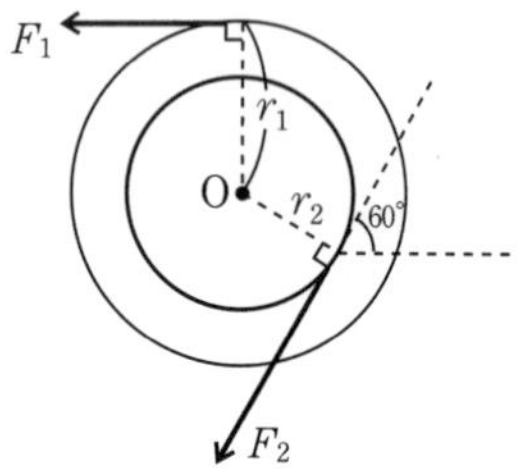

図 19.8

問題 19.2 同軸上に半径 $r_1 = 0.60\,\mathrm{m}$ の外輪と半径 $r_2 = 0.40\,\mathrm{m}$ の内輪を固定した車輪がある．図 19.8 に示すように，$F_1 = 3.0\,\mathrm{N}$ と $F_2 = 4.0\,\mathrm{N}$ の力を車輪の接線方向に加えた．反時計まわりを正として，中心軸 O のまわりの力のモーメントを考えると，力 F_1 のモーメントは $N_1 =$ [①] N·m，力 F_2 のモーメントは $N_2 =$ [②] N·m だから，力のモーメントの和は $N = N_1 + N_2 =$ [③] N·m である．

基本問題

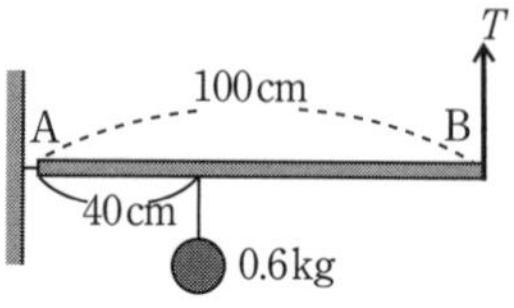

図 19.9

問題 19.3（固定軸をもつ棒のつり合い） 図 19.9 に示すように質量の無視できる長さ 100 cm の棒 AB の一端 A を短い糸で壁に固定した．棒の端 A から 40 cm のところに 0.60 kg のおもりをつけ，他端 B に大きさ T の力を上向きに加えて棒を水平に保った．T は何 kgw か．

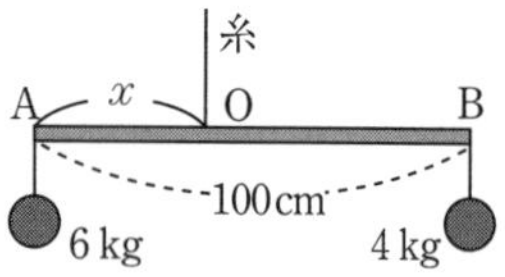

図 19.10

問題 19.4（棒にはたらく力のつり合い） 図 19.10 に示すように，長さ 100 cm の軽い棒 AB の両端にそれぞれ 6.0 kg と 4.0 kg のおもりをつるして，点 O で糸を支えたところ棒は水平の状態で静止した．

(1) AO の長さは何 cm か．

(2) 点 O にはたらく糸の張力の大きさは何 kgw か．

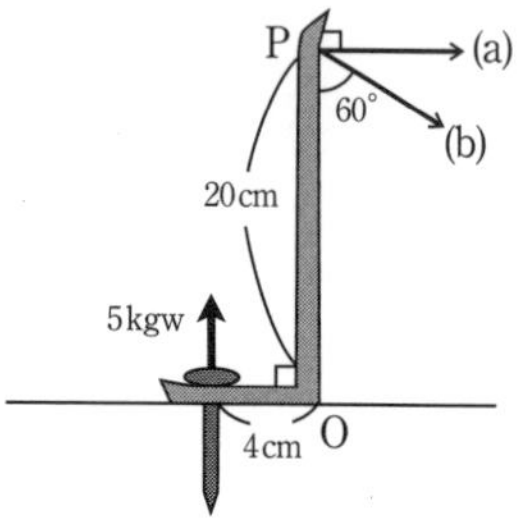

図 19.11

問題 19.5（固定軸をもつ棒のつり合い） 床に打ち込んであるくぎを直接引き抜くには 5.0 kgw の力が必要なことがわかっている．図 19.11 に示すような「くぎ抜き」を使い，支点とする角 O からの長さ 4 cm の位置にくぎを挟み，20 cm の点 P に力を加えてくぎを引き抜く．力を (a) OP と垂直に加える場合と (b) OP と 60° の角をなす方向に加える場合，引き抜くのに必要な力はそれぞれ何 kgw か．

問題 19.6（**力のモーメント**） 図 19.12 に示すように 10 N と 8 N の 2 つの力がはたらくとき，点 O のまわりの力のモーメントを求めよ．ただし，反時計回りを正とする．

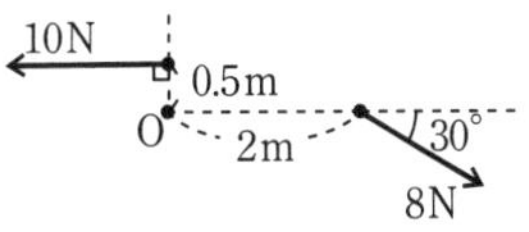

図 19.12

問題 19.7（**棒にはたらく力のつり合い**） 図 19.13 に示すように，固定点 O のまわりに自由に回転できる棒に，10 N の力が点 O から 4.0 m の距離に棒と 60° をなす方向に加えられている．20 N の力を棒に垂直に加えてつり合せるためには，どこに加えればよいか．

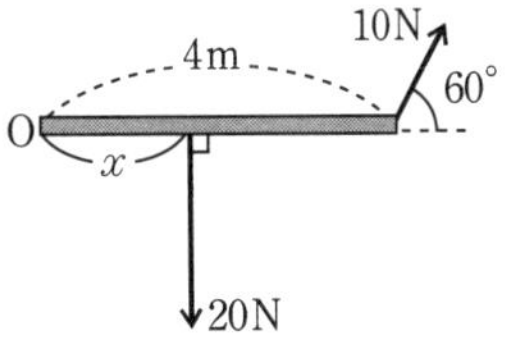

図 19.13

問題 19.8（**成分表示での力のモーメント**） 図 19.14 に示すように，平面内の点 $\mathrm{P}(x, y)$ に力 $\boldsymbol{F} = (F_x, F_y)$ がはたらいているとき，原点 O のまわりの力のモーメント N は（反時計回りを正として）

$$N = xF_y - yF_x$$

であることを示せ．この表現を**力のモーメントの成分表示**とよぶ．

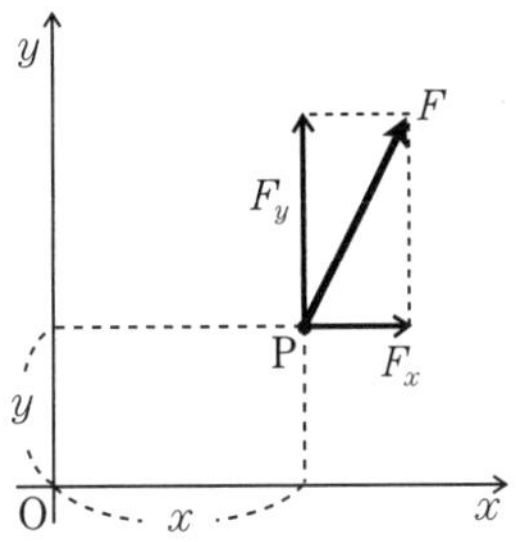

図 19.14

コーヒーブレイク

アルキメデス

アルキメデス（紀元前 287 年〜紀元前 212 年）は古代ギリシアの数学者，技術者である．シチリア島のシラクサに住んでいた．第 2 次ポエニ戦争でシラクサがローマ軍に包囲されたときには数々の発明品（新兵器）でローマ軍を苦しめたという．シラクサ陥落の際，ローマ側の将軍は「決してアルキメデスに手を出すな」と命令を下していたが，地面に図形を描いていたアルキメデスはそれを踏みつけた兵士に反抗し，その結果その兵士により殺害されてしまった．「私の円を壊さないでくれ！」が最期の言葉となった．その墓には球に外接する円柱が描かれたという．

王冠を壊さずにその真偽を確かめるよう命じられたアルキメデスは，風呂に入ったとき水が湯船からあふれるのを見て，有名な**アルキメデスの原理**を発見したと伝えられる．このとき浴場から飛び出たアルキメデスは「エウレカ (Eureka)，エウレカ」（分かったぞ）と叫びながら裸で通りを走っていったという．**てこの原理**や**滑車**についても研究していて，「私に支点を与えよ．そうすれば地球を動かしてみせよう」という言葉も残している．さらに球の表面積と体積，円周率，三角形の重心なども計算で求めていた *．

* 円に内接，外接するそれぞれの正 96 角形の辺の長さを計算することにより $223/71 < \pi < 22/7$ と求めた．小数だと $3.14085 < \pi < 3.14286$ になる．

20 剛体にはたらく力(2)

重力は「剛体」の各断片に鉛直下向きにはたらく「平行な力」であるが，力学的にはその力の効果は重心 G に全質量が集中しているときの重力と同じである．したがって剛体の力学では「重心」は特別な意味を持ってくる．前半は「剛体の重心」の考え方・求め方，後半は固定軸を持たない剛体のつり合い問題を扱う．

§ 20.1 剛体の重心——その考え方

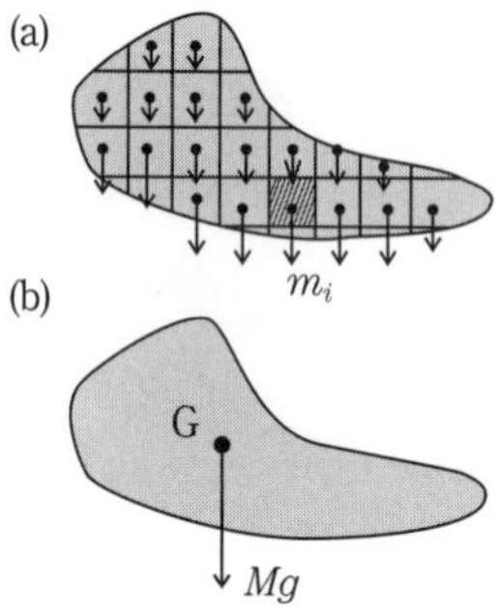

図 20.1 物体にはたらく重力と重心

■重心 図 20.1(a) に示すように，物体を構成するすべての微小部分にはたらく重力はすべて平行力としてよく，これらを合成すると図 (b) のように鉛直下向きの 1 つの力となる．この重力の合力の作用点 G をその物体の**重心**という．力学的には，物体中の各部分にはたらく**すべての重力が重心に集まってはたらいている（全質量が重心に集中している）**と考えて計算してよい．

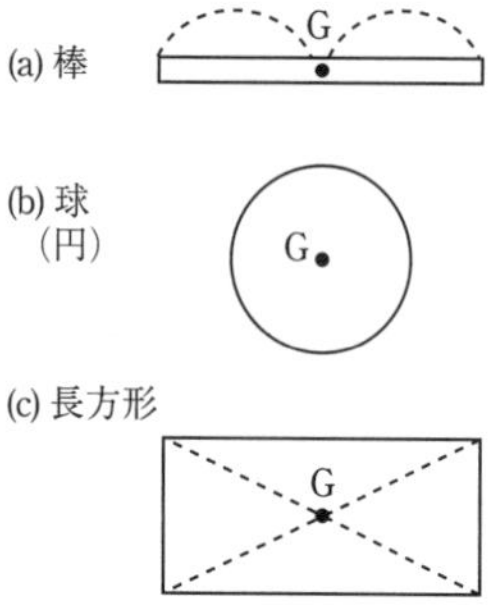

図 20.2 重心の位置

■対称性と重心 重心を求めるには，対称性を利用するとよい．たとえば，図 20.2 に示すように

一様な棒の重心は中点に，一様な円板や球の重心は中心にある．

■質点系の重心 図 20.3 に示すように座標を取り，点 A (x_1, y_1) と点 B (x_2, y_2) に質量 m_1，m_2 をおき，質量の無視できる棒で AB を結んだ「剛体」を考える．この剛体をつり合いを保ったまま持ち上げるためには上向きに $T = (m_1 + m_2)g$ の力を点 G (x_G, y_G) に加える必要がある．重力の合力は T と反対に鉛直下向きの W である．点 G のまわりの力のモーメントのつり合いを考えると，

$$m_1 g(x_G - x_1) = m_2 g(x_2 - x_G) \text{ より，} x_G = \frac{m_1 x_1 + m_2 x_2}{m_1 + m_2}$$

を得る．y 座標についても同様の式を得る．

この考え方を拡張すれば，剛体（一般の質点系）の場合は全重力 $Mg = \sum_i m_i g$ が重心 G にはたらくものとして扱ってよく，G の座標は，

$$x_G = \frac{1}{M}\sum_i m_i x_i, \quad y_G = \frac{1}{M}\sum_i m_i y_i \tag{20.1}$$

である（§11.3 も参照）．ベクトル表示では

$$\boldsymbol{r}_G = \frac{1}{M}\sum_i m_i \boldsymbol{r}_i \tag{20.2}$$

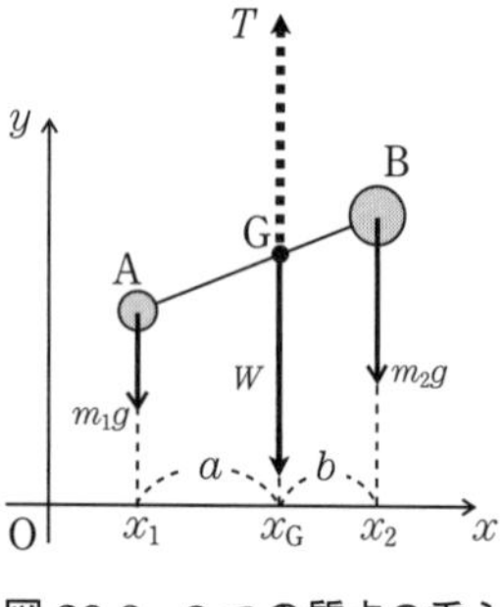

図 20.3 2 つの質点の重心

$m_1 ga = m_2 gb$

$m_1 g(x_G - x_1) = m_2 g(x_2 - x_G)$

§ 20.2　重心の計算

■物体系の重心　剛体にはたらく重力は，全質量が重心に集中したときはたらく重力に等しいとして扱ってよい．各部分の重心がわかっている場合，これらを組み合わせた物体系の重心は，質点系の重心と同様に求めることができる．

> **例題 20.1（T 字型の重心）**　長さ $2a$ の棒 AB と長さ $2b$ の棒 CD がある．図 20.4(a) のように，棒 AB の中心に棒 CD の端 C が直角になるように組み合わせて，T 字型をつくった．この T 字型の重心 G の位置はどこか．ただし 2 本の棒は同じ材質で，一様であるとする．

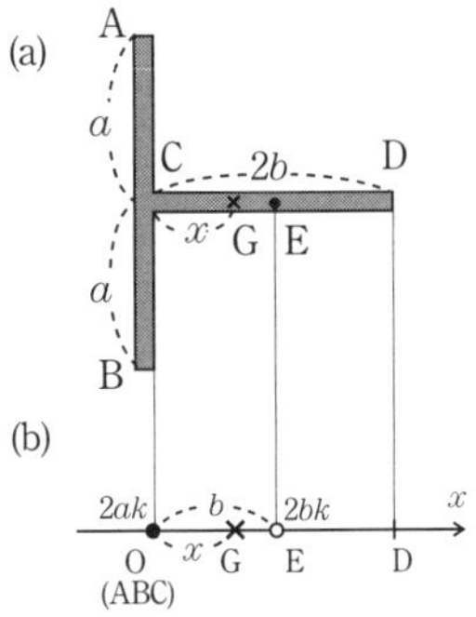

図 20.4　T 字型の棒

（解）対称性から，重心は棒 CD 上にある．図 (b) のように，点 C を原点 O とし，$\overrightarrow{\mathrm{CD}}$ を x 軸とする座標を考える．質量 $2ak$ の棒 AB の重心は原点 O にあり，質量 $2bk$ の棒 CD の重心は $x = b$ の点 E にある（k は比例定数）．T 字型の重心 G の座標 x（＝距離 CG）は，

$$x = \frac{0 \times 2ak + b \times 2bk}{2ak + 2bk} = \boldsymbol{\frac{b^2}{a+b}}$$ ■

■連続体の重心　連続体の重心を求める式は，離散系の和を連続体の積分に置き換えて次式のように得られる *.

$$x_G = \frac{1}{M}\sum_i m_i x_i \Longrightarrow x_G = \frac{1}{M}\sum x\Delta m \Longrightarrow x_G = \frac{1}{M}\int x\,dm$$

* 微小部分の質量を $m_i \to \Delta m \to dm$，変数を $x_i \to x$，$\Delta x \to dx$ と置き換えてから，和 $\sum$ を積分 $\int$ に置換する．

> **例題 20.2（三角形の重心）**　底辺が $2a$，高さ h の 2 等辺三角形の一様な板（質量 M）の重心 G の位置を求めたい．
> (1) まず面密度 σ を求めよ．ただし面密度は単位面積あたりの板の質量で，「全質量 ÷ 全面積」で定義される．
> (2) 図 20.5 に示すように x-y 座標をとるとき，頂点 O から x のところに取った狭い幅 Δx の帯状部分の面積 ΔS とその質量 Δm を求めよ．
> (3) 対称性から重心 G は x 軸上にある．G の座標 x_G を求めよ．ただし $x_G = \dfrac{1}{M}\displaystyle\int x\,dm$

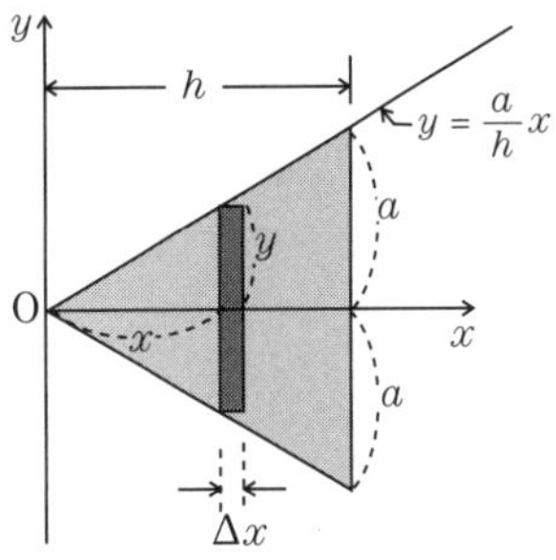

図 20.5　三角形の重心

（解）(1) 面密度 $\sigma = \boldsymbol{\dfrac{M}{ah}}$

(2) $\Delta S = 2y\Delta x = \boldsymbol{2\left(\dfrac{a}{h}x\right)\Delta x}$　　$\Delta m = \sigma\Delta S = \boldsymbol{\left(\dfrac{2M}{h^2}x\right)\Delta x}$

(3) $$x_G = \frac{1}{M}\int_0^h x\,dm = \frac{1}{M}\int_0^h x\left(\frac{2M}{h^2}\right)x\,dx$$
$$= \frac{2}{h^2}\int_0^h x^2 dx = \boldsymbol{\frac{2}{3}h}$$ ■

§ 20.3　剛体のつり合い

■剛体のつり合い条件　剛体のつり合い条件は次の 2 つである．

(1) 外力の和が 0 であること．

(2) 任意の点のまわりでの力のモーメントの和が 0 であること *．

条件 (1) は**重心が移動しないための条件**で，(2) は剛体が**回転しないための条件**である．

* 固定軸を持つ場合は，軸のまわりでの力のモーメントのつり合いを考えた方がよい．

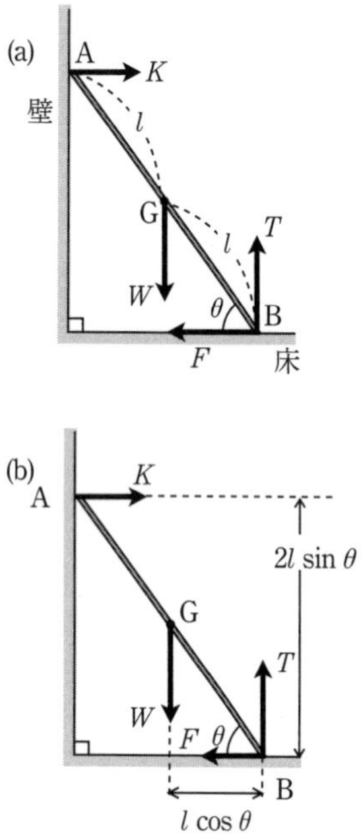

図 20.6

> **例題 20.3（鉛直な壁に立てかけた棒）**　図 20.6(a) に示すように，長さ $2l$，重さ W の一様な棒 AB をなめらかな鉛直壁に立てかけ，床の上に置いた下端 B に水平方向に力を加えた．この棒が床と角 θ をなすとき，点 B で水平方向に加えた力を F，点 B での垂直抗力を T，点 A で鉛直壁から受ける垂直抗力 K をそれぞれ W と θ で表せ．

（解）　図 (b) に示すようにまず外力のつり合い条件は

水平：$K - F = 0 \cdots$①

鉛直：$T - W = 0 \cdots$②

点 B のまわりでの力のモーメントのつり合いの式は，図 (b) に示した点 A から各力の作用線までの距離（腕の長さ）を参考にして

$W(l\cos\theta) - K(2l\sin\theta) = 0 \cdots$③

①～③ より，

$$T = \boldsymbol{W}, \qquad F = K = \frac{\boldsymbol{W\cos\theta}}{\boldsymbol{2\sin\theta}} = \frac{\boldsymbol{W}}{\boldsymbol{2}}\,\boldsymbol{\cot\theta}^{**}$$ ■

** $\cot\theta = \dfrac{\cos\theta}{\sin\theta} = \dfrac{1}{\tan\theta}$

> **例題 20.4（棒にはたらく力のつり合い）**　図 20.7 に示すように，長さ 1 m の軽い棒 AB の両端に 10 N の力がそれぞれ 90° と 30° をなすようにはたらいている．これにもう 1 つの力を加えてつり合わせるためには，どのような力を加えればよいか．力の大きさ F [N]，端 A から作用点 C までの距離 x [m]，力が棒となす角 θ を求めよ．

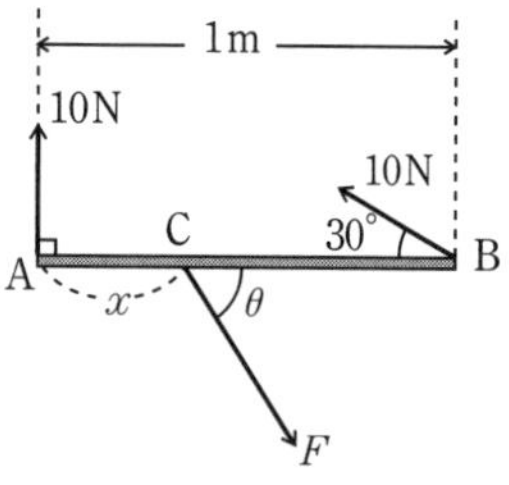

図 20.7

（解）　まず外力のつり合い条件：

水平：$F\cos\theta - 10\cos 30° = 0$ より　$F\cos\theta = 5\sqrt{3} \cdots$①

鉛直：$10 + 10\sin 30° - F\sin\theta = 0$ より　$F\sin\theta = 15 \cdots$②

① と②から，$F^2 = (F\cos\theta)^2 + (F\sin\theta)^2 = (5\sqrt{3})^2 + 15^2 = 300\ \mathrm{N}^2$

よって 力の大きさ $F = \sqrt{300} = \boldsymbol{10\sqrt{3} = 17.3\ \mathrm{N}}$

力 F が棒となす角は $\tan\theta = \sqrt{3}$ より $\theta = \boldsymbol{60°}$

点 C のまわりの力のモーメントのつり合いは

$10\sin 30°(1 - x) - 10x = 0 \cdots$③

③から端 A から力の作用点 C までの距離は $x = \boldsymbol{\dfrac{1}{3} = 0.333\ \mathrm{m}}$ ■

まとめ（20. 剛体にはたらく力 (2)）

基本問題

問題 20.1（棒の重心）　質量が無視できる長さ 100 cm の棒 AD に，A 端に 0.40 kg，A 端から 24 cm の B 点に 0.60 kg，A 端から 60 cm の C 点に 0.80 kg，D 端に 1.0 kg のおもりを埋め込んで固定した．この棒の重心の位置は A 端から何 cm の位置にあるか．

問題 20.2（棒にはたらく力のつり合い）　図 20.8 に示すように，長さ $2l$，重さ W の一様な棒 AB の一端 A を床に置き，他端 B にひもをつけ斜め上方 60° 方向に引いたら，棒は床と角 30° をなしてつり合った．このとき，

(1) ひもの張力を T として，点 A のまわりでの力のモーメントのつり合いの式をかけ．これから，T を W で表せ．

(2) 端 A にはたらく摩擦力 f を W で表せ．

(3) 端 A にはたらく垂直抗力 S を W で表せ．

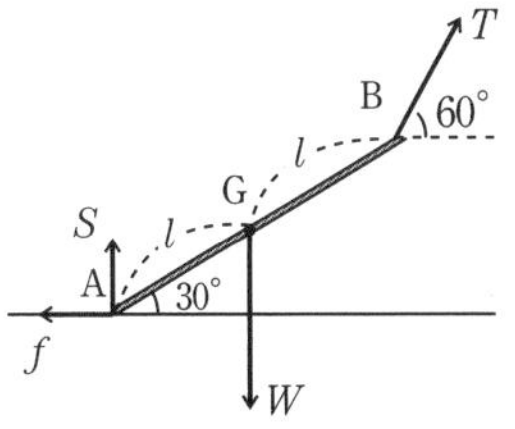

図 20.8

問題 20.3（重心の位置）　1 辺が a の一様な正方形の板を 3 枚組み合わせて，図 20.9 に示すような形の板を作った．点 O と全体の重心 G との距離 OG を求めよ．

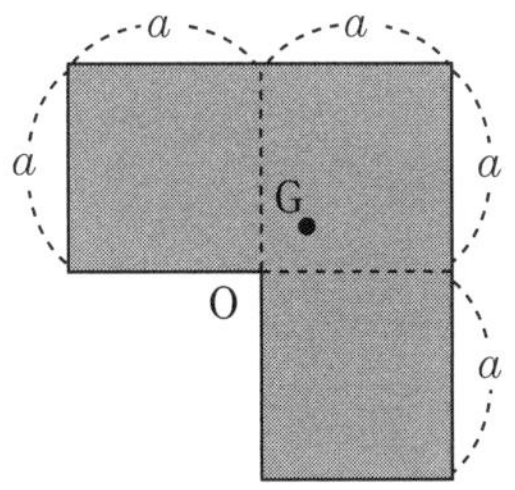

図 20.9

コーヒーブレイク

重心の位置

一様な剛体の重心の位置の計算は，積分の応用問題としてもしばしば取り上げられる．代表的なものを，ここに示す．

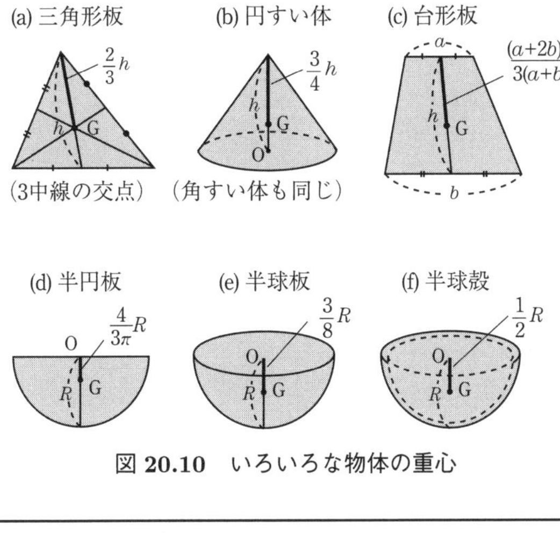

図 20.10　いろいろな物体の重心

21　回転運動の方程式

ここではベクトルの外積という新しい道具を使って，回転運動の方程式を導く．力のモーメントや角運動量をベクトルで扱うことに最初は戸惑うかもしれないが，回転の向き（つまり「回転の軸」）まで同じ式の中で扱えるので，回転運動の式が簡潔に記述される．（初めて力学を学ぶ人は，この章を飛ばしてもよい．）

§ 21.1　ベクトルの外積（数学的準備）

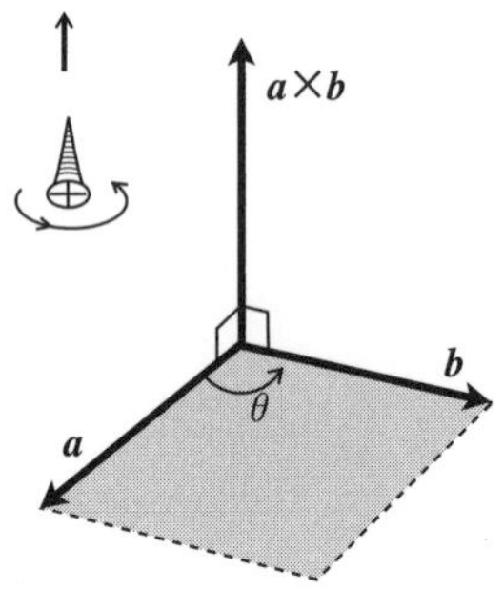

図 21.1　ベクトルの外積（ベクトル積）

■ベクトルの外積（ベクトル積）　図 21.1 に示すように，2 つのベクトル $\boldsymbol{a}$ と $\boldsymbol{b}$ が角 θ $(0 \leqq \theta \leqq \pi)$ をなすとき，ベクトルの**外積**（**ベクトル積**）$\boldsymbol{a}\times\boldsymbol{b}$ を，次の性質をもつ ベクトル として定義する．

大きさ：$ab\sin\theta$　（図で $\boldsymbol{a}$ と $\boldsymbol{b}$ のつくる平行四辺形の面積）

方向：$\boldsymbol{a}$ と $\boldsymbol{b}$ の両方に垂直で，

向き：$\boldsymbol{a}$ と $\boldsymbol{b}$ の向きに**右ねじを回したときに右ねじの進む向き**

■ベクトル積の性質

$$\boldsymbol{a}\times\boldsymbol{a} = \boldsymbol{0} \tag{21.1}$$

$$\boldsymbol{a}\times\boldsymbol{b} = -\boldsymbol{b}\times\boldsymbol{a} \tag{21.2}$$

式 (21.1) は自分自身との外積は 0 であること，式 (21.2) はベクトルの外積では交換の法則が成り立たないことを表している．

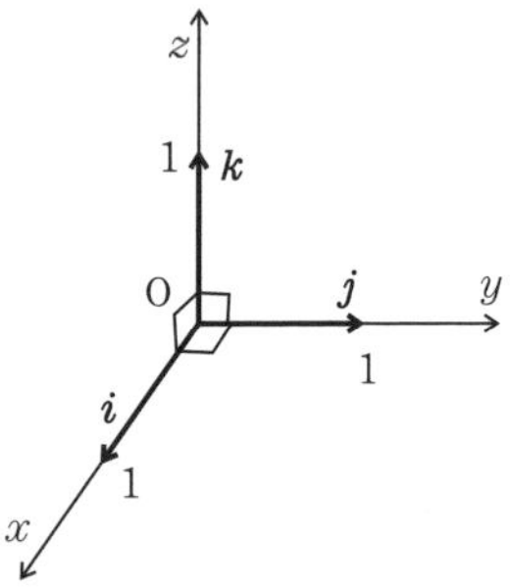

図 21.2　基本ベクトル

■基本ベクトル間の外積　図 21.2 に示すように，基本ベクトル $\boldsymbol{i}$，$\boldsymbol{j}$，$\boldsymbol{k}$ は x，y，z 方向の大きさが 1 のベクトルである (§7.2)．基本ベクトル $\boldsymbol{i}$，$\boldsymbol{j}$，$\boldsymbol{k}$ に関しては，

$$\boldsymbol{i}\times\boldsymbol{i} = \boldsymbol{j}\times\boldsymbol{j} = \boldsymbol{k}\times\boldsymbol{k} = \boldsymbol{0} \tag{21.3}$$

$$\boldsymbol{i}\times\boldsymbol{j} = \boldsymbol{k}, \quad \boldsymbol{j}\times\boldsymbol{k} = \boldsymbol{i}, \quad \boldsymbol{k}\times\boldsymbol{i} = \boldsymbol{j} \tag{21.4}$$

が成り立つ．

■ベクトル積の成分表示　2 つのベクトル $\boldsymbol{a} = (a_x, a_y, a_z)$ と $\boldsymbol{b} = (b_x, b_y, b_z)$ に対して，$\boldsymbol{a}\times\boldsymbol{b}$ を成分を用いて表せば *

$$\boldsymbol{a}\times\boldsymbol{b} = (a_y b_z - a_z b_y)\boldsymbol{i} + (a_z b_x - a_x b_z)\boldsymbol{j} + (a_x b_y - a_y b_x)\boldsymbol{k} \tag{21.5}$$

を得る．これは，**行列式**を使って形式的に次のように表すこともできる．

$$\boldsymbol{a}\times\boldsymbol{b} = \begin{vmatrix} \boldsymbol{i} & \boldsymbol{j} & \boldsymbol{k} \\ a_x & a_y & a_z \\ b_x & b_y & b_z \end{vmatrix} \tag{21.6}$$

* 成分の規則性を理解する．例えば z 成分は
$(\boldsymbol{a}\times\boldsymbol{b})_z = a_x b_y - a_y b_x$
のように表される (問題 21.3)．

§ 21.2 回転運動の方程式

■力のモーメントのベクトル表示 図 21.3 に示すように，原点を O とし，点 P の位置ベクトルを $\boldsymbol{r}$ とする．いま点 P に力 $\boldsymbol{F}$ がはたらくとき，（基準点 O に関する）力 $\boldsymbol{F}$ のモーメント $\boldsymbol{N}$ を

$$\boldsymbol{N} = \boldsymbol{r} \times \boldsymbol{F} \tag{21.7}$$

で定義する．$\boldsymbol{N}$ は $\boldsymbol{r}$ にも $\boldsymbol{F}$ にも垂直で，いわば $\boldsymbol{F}$ が起こそうとする回転の「軸」の向きを表す．

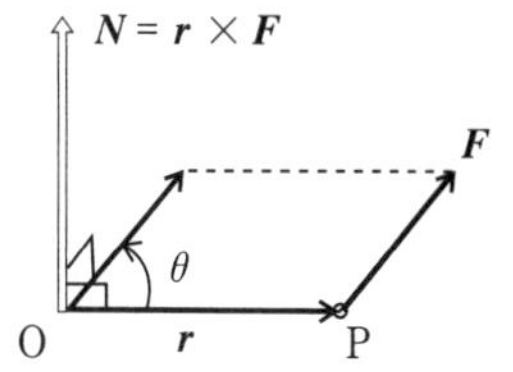

図 21.3 力のモーメントのベクトル表示

■力のモーメントの大きさ いま図 21.4 に示すように，力や運動が x-y 平面に限定される場合には，力のモーメント $\boldsymbol{N}$ は $+z$ 方向を向く．実際

$$\boldsymbol{r} = (x, y, 0), \qquad \boldsymbol{F} = (F_x, F_y, 0)$$

とすると，力のモーメントは $+z$ 成分だけをもち $(N_x = N_y = 0)$，その大きさは

$$\begin{aligned} N_z &= xF_y - yF_x \qquad (21.8) \\ &= (r\cos\alpha)(F\sin\beta) - (r\sin\alpha)(F\cos\beta) \\ &= rF(\cos\alpha\sin\beta - \sin\alpha\cos\beta) = rF\sin(\beta - \alpha) \\ &= rF\sin\theta = Fl \qquad (21.9) \end{aligned}$$

となって，先の定義に一致する．

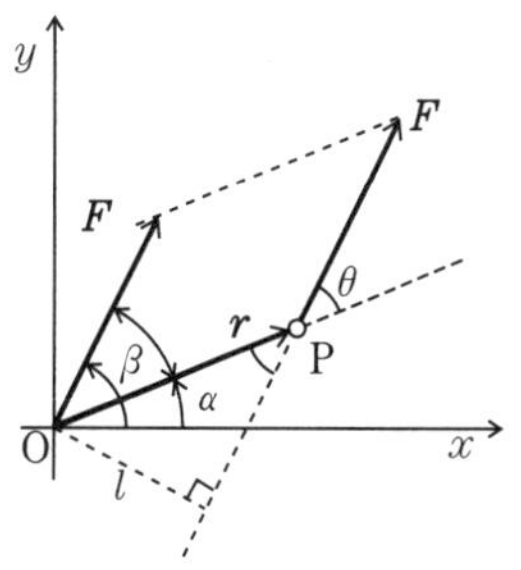

図 21.4

■角運動量のベクトル表示 図 21.5 に示すように，物体の位置ベクトルを $\boldsymbol{r}$，運動量を $\boldsymbol{p} = m\boldsymbol{v}$ と表すとき，角運動量 $\boldsymbol{L}$ を

$$\boldsymbol{L} = \boldsymbol{r} \times \boldsymbol{p} \tag{21.10}$$

で定義する．角運動量 $\boldsymbol{L}$ の大きさは「回転運動の勢い」を表し，向きは回転の「軸」を表す．

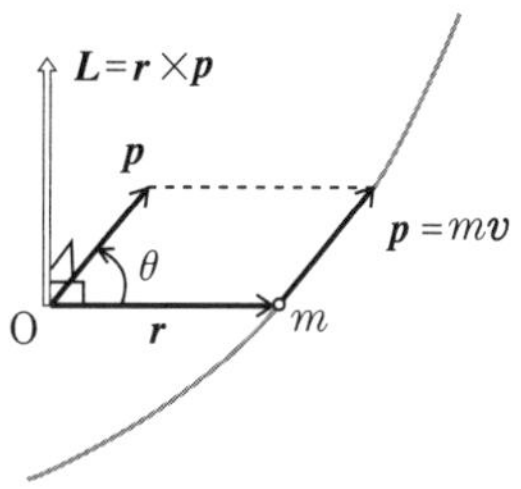

図 21.5 角運動量のベクトル表示

■回転運動の方程式 角運動量 $\boldsymbol{L}$ を時間 t で微分すると

$$\frac{d}{dt}\boldsymbol{L} = \frac{d}{dt}(\boldsymbol{r} \times \boldsymbol{p}) = \frac{d\boldsymbol{r}}{dt} \times \boldsymbol{p} + \boldsymbol{r} \times \frac{d\boldsymbol{p}}{dt} = \boldsymbol{v} \times m\boldsymbol{v} + \boldsymbol{r} \times \boldsymbol{F}$$

となる．ただし，$\dfrac{d\boldsymbol{p}}{dt} = \boldsymbol{F}$ を使っている．さらに $\boldsymbol{v} \times \boldsymbol{v} = \boldsymbol{0}$ を利用すれば，

$$\frac{d}{dt}\boldsymbol{L} = \boldsymbol{r} \times \boldsymbol{F} = \boldsymbol{N} \tag{21.11}$$

が得られる．つまり「角運動量の時間変化率は加えられた力のモーメントに等しい」ことを意味している．これを**回転運動の法則**とよび，式 (21.11) を**回転運動の方程式**とよぶ．

§ 21.3　剛体の回転運動

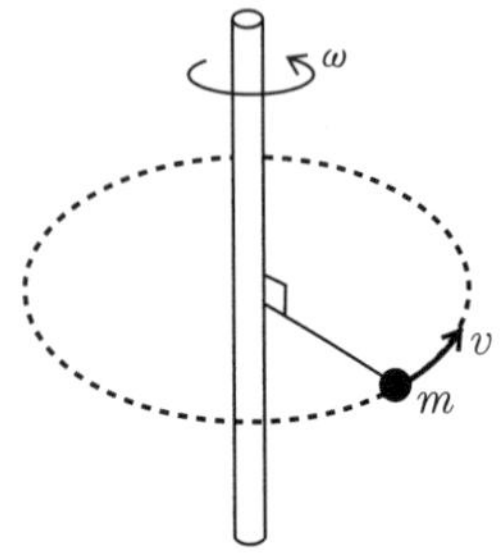

図 21.6　固定軸のまわりの回転運動（円運動）と角運動量

■円運動と角運動量　図 21.6 のように，固定軸（z 軸）に垂直に長さ r の軽い棒を刺し，その先につけた質量 m の小球の運動を考える．これを z 軸のまわりに回転させると，小球は半径 r の円運動をする．角運動量は z 成分だけを考えればよい．速さ v と角速度 ω の関係式 $v = r\omega$ を使って，角運動量の大きさ（スカラー量）$L(= |L_z|)$ は

$$L = r(mv) = r(mr\omega) = mr^2\omega$$

となる．円運動をしているので $I = mr^2$ は一定値である．

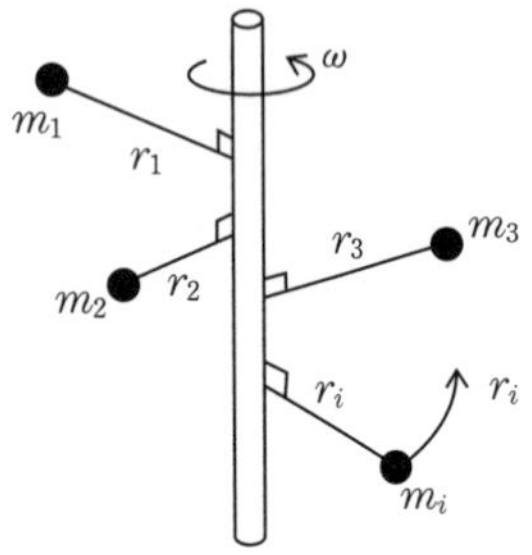

図 21.7　剛体の回転（モデル）

■固定軸を持つ剛体の回転運動　図 21.7 のように，固定軸に垂直に何本かの軽い棒を刺し，その先に質量 m_i の小球をつけた物体（剛体）を考える．これを回転させると，各小球は半径 r_i の円運動をするが，回転は同時に行われるので角速度 ω は共通である．そのため，各小球の速さは $v_i = r_i\omega$ となり，角運動量の和の大きさ $L(= L_z)$ は

$$L = \sum_i r_i(mv_i) = \sum_i r_i(m_i r_i\omega) = \sum_i m_i r_i^2\omega = I\omega \qquad (21.12)$$

となる．これを時間 t で微分すると，回転運動の方程式 (21.11) は

$$\frac{d}{dt}L = I\frac{d\omega}{dt} = N \qquad (21.13)$$

となる．$N(= N_z)$ は力のモーメントである．力が x-y 平面ではたらくとき，力のモーメントも z 成分だけが 0 でない．このとき

$$\text{慣性モーメント}\ I = \sum_i m_i r_i^2 \qquad (21.14)$$

で，I は運動中一定値をとる．

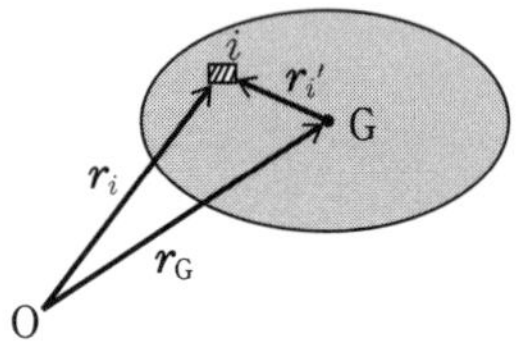

図 21.8　重心 G の位置ベクトル $\boldsymbol{r}_\mathbf{G}$ と相対位置ベクトル $\boldsymbol{r}_\mathrm{i}'$

■剛体の運動　一般の剛体の運動では，全体の角運動量 $\boldsymbol{L}$ は（原点 O のまわりの）重心 G の運動量 $\boldsymbol{L}_\mathbf{G}$ と（重心 G のまわりの）剛体の自転の運動量 $\boldsymbol{L}'$ に分けることができる．

$$\boldsymbol{L} = \boldsymbol{L}_\mathbf{G} + \boldsymbol{L}' \qquad (21.15)$$

証明は重心の定義とベクトル積の性質を使って簡単にできる．図 21.8 に示すように，m_i の位置ベクトル $\boldsymbol{r}_i$ を重心 G の位置ベクトル $\boldsymbol{r}_\mathrm{G}$ と相対位置ベクトル $\boldsymbol{r}_i'$ に分ける（$\boldsymbol{r}_i = \boldsymbol{r}_\mathrm{G} + \boldsymbol{r}_i'$）．またそれぞれの速度を $\boldsymbol{v}_i$，$\boldsymbol{v}_\mathrm{G}$，$\boldsymbol{v}_i'$ とかく．すると *

$$\boldsymbol{L} = \sum_i(\boldsymbol{r}_i \times m_i\boldsymbol{v}_i) = \sum_i\{(\boldsymbol{r}_\mathrm{G} + \boldsymbol{r}_i') \times m_i(\boldsymbol{v}_\mathrm{G} + \boldsymbol{v}_i')\}$$
$$= \boldsymbol{r}_\mathrm{G} \times M\boldsymbol{v}_\mathbf{G} + \sum_i(\boldsymbol{r}_i' \times m_i\boldsymbol{v}_i') = \boldsymbol{L}_\mathbf{G} + \boldsymbol{L}' \qquad (21.16)$$

となるからである **.

* 重心 G の性質上

$M\boldsymbol{r}_\mathrm{G} = \sum_i m_i\boldsymbol{r}_\mathrm{G} = \sum_i m_i\boldsymbol{r}_i$

$\therefore \sum_i m_i\boldsymbol{r}_i' = \sum_i m_i(\boldsymbol{r}_i - \boldsymbol{r}_\mathrm{G}) = \boldsymbol{0}$

$\sum_i m_i\boldsymbol{v}_i' = \sum_i m_i(\boldsymbol{v}_i - \boldsymbol{v}_\mathrm{G}) = \boldsymbol{0}$

** このことを利用して，剛体の運動は「重心の並進運動」と「重心のまわりの回転（自転）運動」に分離できる．

まとめ（21. 回転運動の方程式）

整理・確認問題

問題 21.1 基本ベクトル $\boldsymbol{i}$，$\boldsymbol{j}$，$\boldsymbol{k}$ について，

(1) $\boldsymbol{i}\cdot\boldsymbol{i}=$ ① (2) $\boldsymbol{i}\cdot\boldsymbol{j}=$ ②

(3) $\boldsymbol{i}\times\boldsymbol{i}=$ ③ (4) $\boldsymbol{i}\times\boldsymbol{j}=$ ④

(5) $(2\boldsymbol{i}+3\boldsymbol{j})\cdot(4\boldsymbol{i}-\boldsymbol{k})=$ ⑤

(6) $(2\boldsymbol{i}+3\boldsymbol{j})\times(4\boldsymbol{i}-\boldsymbol{k})=$ ⑥

基本問題

問題 21.2（ベクトル積の計算） 2つのベクトル

$$\boldsymbol{a}=(a_x,a_y,0)=a_x\boldsymbol{i}+a_y\boldsymbol{j},\qquad \boldsymbol{b}=(b_x,b_y,0)=b_x\boldsymbol{i}+b_y\boldsymbol{j}$$

について，2つのベクトル積 $\boldsymbol{a}\times\boldsymbol{b}$ を求めよ．

問題 21.3（角運動量と力のモーメント） 成分表示で，

角運動量を $L=xp_y-yp_x=m(xv_y-yv_x)$

力のモーメントを $N=xF_y-yF_x$

と定義したとき，

$$\frac{d}{dt}L=N \qquad \text{（回転運動の法則）}$$

が成り立つことを示せ．

問題 21.4（単振り子の運動方程式） 図 21.9 に示すように，長さ l の糸の先に質量 m のおもりをつけた単振り子がある．重力加速度を g とし，角は反時計回りを正として測るものとする．糸が鉛直線となす角が θ のとき

(1) 最下点 O から測った弧の長さ s を l と θ で表せ．次におもりの速さ v を l と θ および時間 t を使って表せ．

(2) 運動量 p の大きさはいくらか．

(3) 支点 C のまわりの角運動量の大きさ L はいくらか．

(4) 点 C のまわりの力のモーメントの大きさ N はいくらか．

(5) 角運動量 L と力のモーメント N との間には $\dfrac{dL}{dt}=N$ が成り立つ．このことから，$\dfrac{d^2\theta}{dt^2}$ を l，g，θ を用いて表せ．

(6) 角が小さくて $\sin\theta\approx\theta$ とおけるとき，この運動は単振動になることを示し，その周期を求めよ．

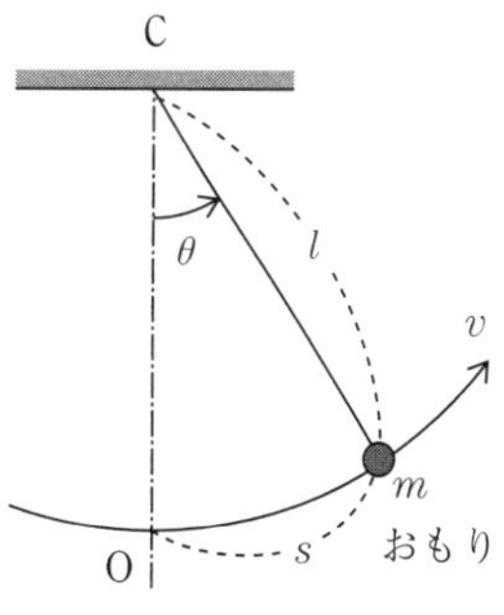

図 21.9

22　剛体の運動(1)

ここでは固定軸を持つ剛体の運動を中心に扱う．回転運動の方程式 (慣性モーメント I) × (角加速度β) = (力のモーメント N) をよく理解し，適用できるようにすること．慣性モーメントという新しい用語に戸惑うかもしれないが，数学的には目新しい事項はない．質量の直線運動と剛体の回転運動の対応に気がつくと，理解が速く進む．

§ 22.1　回転角の関係式

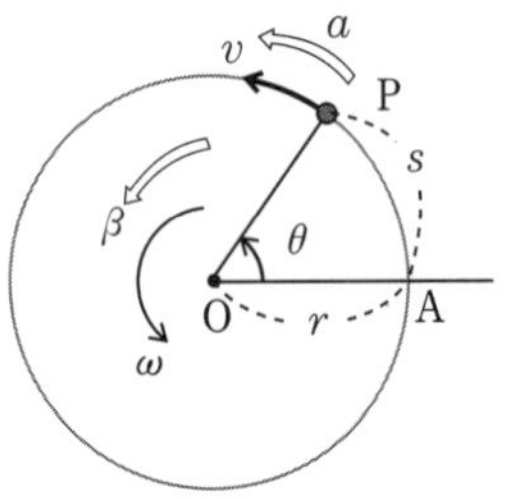

図 22.1　回転運動

* 正確には接線方向の加速度である．円運動だから向心加速度もはたらくが，ここでは剛体の回転の変化を問題にするので，接線方向の加速度を a として議論する．

■回転角の関係式　図 22.1 に示すように，半径 r の円周上を運動する点 P がある．**回転角**$\angle \mathrm{AOP} = \theta$ [rad] が時間 t の関数であるとき，

$$\textbf{角速度}は\ \omega = \frac{d\theta}{dt} \qquad \textbf{角加速度}は\ \beta = \frac{d\omega}{dt} = \frac{d^2\theta}{dt^2} \tag{22.1}$$

で定義される．一方，弧の長さを s とすると

$$速さは\ v = \frac{ds}{dt} \qquad 加速度は\ a = \frac{dv}{dt} = \frac{d^2 s}{dt^2} \tag{22.2}$$

である *．このとき，次の**回転角の関係式**が成り立つ．

$$弧の関係式： \quad s = r\theta \tag{22.3}$$

$$速さと角速度： \quad v = r\omega \tag{22.4}$$

$$加速度と角加速度： \quad a = r\beta \tag{22.5}$$

$s = r\theta$ の両辺を時間で微分するだけで，$v = r\omega$ と $a = r\beta$ が導かれるので，3 つをセットにして記憶するとよい．

■等角加速度運動　角加速度は回転角の時間変化率である．剛体の回転運動では回転の角加速度 $\beta =$ 一定 の場合がよく出てくる．このときには，

$$\omega = \omega_0 + \beta t \ \cdots ① \qquad \theta = \omega_0 t + \frac{1}{2}\beta t^2 \ \cdots ②$$

$$\omega^2 - \omega_0^2 = 2\beta\theta \ \cdots ③ \tag{22.6}$$

が成り立つ．これらを**等角加速度運動の 3 公式**とよぶ．導き方は直線運動での等加速度運動の 3 公式とまったく同様である (§3.1)**．

** 等加速度運動の 3 公式
$v = v_0 + at$
$s = v_0 t + \frac{1}{2}at^2$
$v^2 - v_0^2 = 2as$

§ 22.2 固定軸をもつ剛体の回転運動

■円周上を運動する物体の運動 図 22.2 に示すように，半径 r の円周上を質量 m の物体が運動している場合を考える．接線方向に力がはたらかなければ $v =$ 一定 で，等速円運動である．速さ v が変化するためには，接線方向の力が必要である．接線方向の力 F と接線方向の加速度 a の間には

$$ma = F \quad \text{すなわち} \quad (mr^2)\beta = rF \tag{22.7}$$

が成り立つ．ただし左辺に $a = r\beta$ を代入し，両辺に r をかけた．右辺の rF は点 O のまわりの力のモーメント N である．

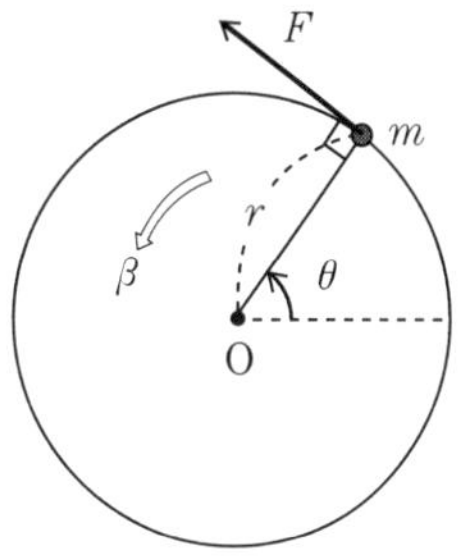

図 **22.2** $\boldsymbol{ma = F}$ すなわち $\boldsymbol{(mr^2)\beta = rF}$

■剛体の運動 剛体は小さな部分の集合体と見なすことができる．例として，図 22.3 のように，質量が無視できる円板に，

質量 m_1, m_2, $\cdots$, m_i, $\cdots$ の小球

を埋め込んだ系を考える．運動中も剛体は形を変えないから，中心 O からの距離 r_1, r_2, $\cdots$, r_i, $\cdots$ は一定である．円板が回転するとき，円板上の各小球の速さはまちまちである（中心から遠いところが速い）が，回転角 θ，角速度 ω および角加速度 β は共通 である．そのため剛体の回転運動は回転角を変数として記述するのがよい *.

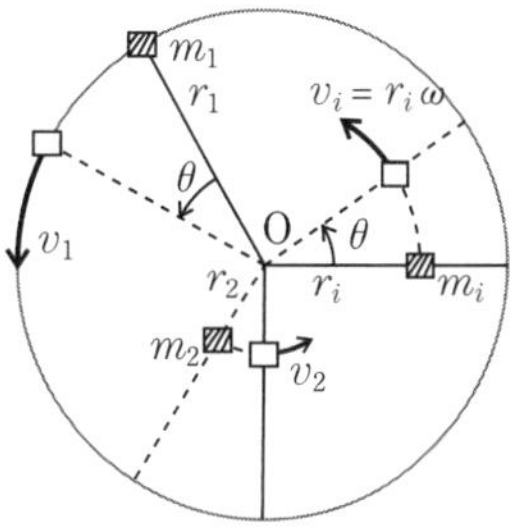

図 **22.3** 回転する円板上の小球

* 固定軸のまわりの剛体の運動は，運動変数 θ だけで記述できる．つまり直線運動と同じく，運動変数は 1 つである．

■剛体の回転運動の方程式 図 22.3 の各質点の運動方程式は

$$m_i r_i^2 \beta = r_i \times F_i$$

となる．小球間の力（内力）は打ち消されるので，ここでは外力だけを考えればよい．これらを加算すると

$$(m_1 r_1^2 + m_2 r_2^2 + \cdots + m_i r_i^2 + \cdots)\beta = (r_1 F_1 + r_2 F_2 + \cdots + r_i F_i + \cdots)$$

が得られる．ここで **慣性モーメント** I と**力のモーメントの和** N を

$$I = \sum_i m_i r_i^2 \qquad (= m_1 r_1^2 + m_2 r_2^2 + \cdots + m_i r_i^2) \tag{22.8}$$

$$N = \sum_i r_i \times F_i \quad (= r_1 F_1 + r_2 F_2 + \cdots + r_i F_i) \tag{22.9}$$

と定義すると

$$\textbf{回転運動の方程式：} \quad I\beta = N \tag{22.10}$$

（慣性モーメント）×（角加速度）=（力のモーメント）

が導かれる．

■回転エネルギー 角速度 ω で回転している剛体の運動エネルギーは

$$K = \sum_i \frac{1}{2} m_i v_i^2 = \sum_i \frac{1}{2} m_i (r_i \omega)^2 = \frac{1}{2}\Big(\sum_i m_i r_i^2\Big)\omega^2 = \frac{1}{2} I\omega^2$$

で与えられる．つまり

$$\textbf{回転エネルギー}\ K = \frac{1}{2} I\omega^2 \tag{22.11}$$

§ 22.3　固定軸をもつ剛体の運動の例題

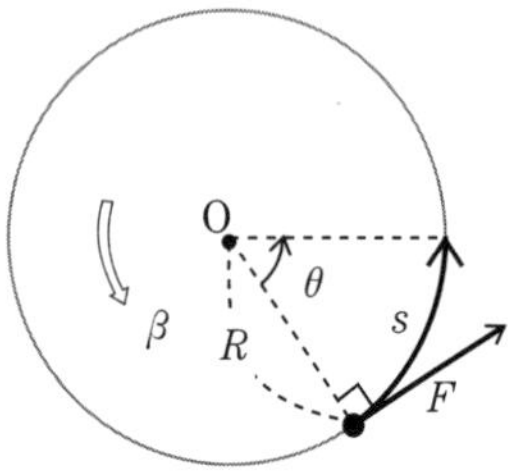

図 22.4

例題 22.1（ひもで引いて回転させた円板の運動）　図 22.4 に示すように，静止している半径 0.40 m の円板にひもをかけ，接線方向に一定の力 5.0 N を加えたら，固定軸 O のまわりで角加速度 0.25 rad/s^2 の回転をした．

(1) 加えられた力のモーメントはいくらか．
(2) 円板の慣性モーメントはいくらか．
(3) 回転し始めてから 2 秒後の角速度はいくらか．そのときの回転エネルギーはいくらか．
(4) 回転し始めてから 2 秒間に回転した角度（回転角）はいくらか．引き出されたひもの長さはいくらか．
(5) 静止している状態から 2 秒の間に力がした仕事はいくらか．

* 円板にかけたひもの力のモーメントでは，「腕の長さ＝半径」

（解）$R = 0.4\,\mathrm{m}$，$F = 5\,\mathrm{N}$，$\beta = 0.25\ \mathrm{rad/s^2}$，$\omega_0 = 0\ \mathrm{rad/s}$，$t = 2\ \mathrm{s}$

(1) 力のモーメントは * $N = RF = \mathbf{2.0\ N{\cdot}m}$
(2) $I\beta = N$ より円輪の慣性モーメント $I = \frac{N}{\beta} = \mathbf{8.0\ kg{\cdot}m^2}$
(3) 等角加速度運動だから，角速度 $\omega = \omega_0 + \beta t = \mathbf{0.50\ rad/s}$
そのときの回転エネルギー $K = \frac{1}{2}I\omega^2 = \mathbf{1.0\ J}$
(4) 回転角 $\theta = \omega_0 t + \frac{1}{2}\beta t^2 = \mathbf{0.50\ rad}$
回転角の関係式より，引き出されたひもの長さ $s = R\theta = \mathbf{0.20\,m}$
(5) 力がした仕事は $W = Fs = \mathbf{1.0\ J}$
（回転エネルギーの増加 K ＝ひもによる仕事 W に注意）　■

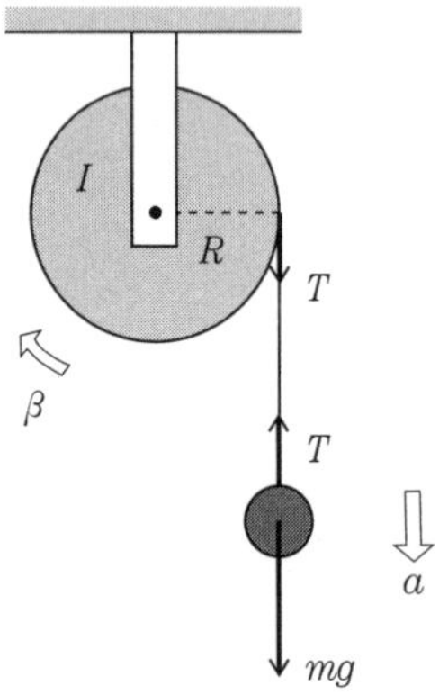

図 22.5

例題 22.2（定滑車につるされたおもりの運動）　図 22.5 に示すように，半径 R，慣性モーメント I の定滑車にひもをかけ，質量 m のおもりをつけて静かに放した．重力加速度を g，ひもの張力を T として，

(1) 下向きの加速度を a として，おもりの運動方程式をたてよ．
(2) 滑車に加わるひもによる力のモーメント N はいくらか．角加速度 β として滑車の回転運動の方程式をかけ．
(3) a と R と β の関係（回転角の関係式）をかけ．
(4) a を m，g，I，R で表せ．

（解）(1) おもりの運動方程式：$\boldsymbol{ma = mg - T}$
(2) 力のモーメント $N = \boldsymbol{RT}$
滑車の回転運動の方程式：$\boldsymbol{I\beta = RT}$
(3) 回転角の関係式 $\boldsymbol{a = R\beta}$
(4) (1) ～ (3) より $a = \dfrac{\boldsymbol{mg}}{\boldsymbol{m + I/R^2}}$　■

§ 22.4 慣性モーメントの計算 (1)

■剛体の慣性モーメント 慣性モーメント I は「回転の変化のしにくさ」を表す量である．同じ力のモーメントが加えられたときは，I が大きい剛体ほど回転が変化しにくい *．§22.2 で示した

$$\text{質点系での慣性モーメント}：I = \sum_i m_i r_i^2 \qquad (22.12)$$

で和を積分に変換して（$\sum_i \to \int$，$r_i \to r$，$m_i \to dm$ と置換）

$$\text{剛体（連続体）の慣性モーメント}：I = \int r^2 dm \qquad (22.13)$$

となる．

* 質点の直線運動の方程式：$ma = F$ と剛体の回転運動の方程式：$I\beta = N$ を対比させて，

$m \leftrightarrow I$

$a \leftrightarrow \beta$

$F \leftrightarrow N$

の対応があることに注意（問題 22.1）．

■中心軸を通る慣性モーメントの代表例 **

円輪：$I = MR^2$　円板（円柱）：$I = \dfrac{1}{2}MR^2$　球：$I = \dfrac{2}{5}MR^2$

** 慣性モーメントは回転軸の位置と向きによっても異なる．

> **例題 22.3（円輪の慣性モーメント）**　半径 R，全質量 M の円輪の中心軸のまわりの慣性モーメント I を求めよ．半径 $R = 0.8$ m，$M = 0.5$ kg の円輪の慣性モーメント I は何 kg·m^2 か．

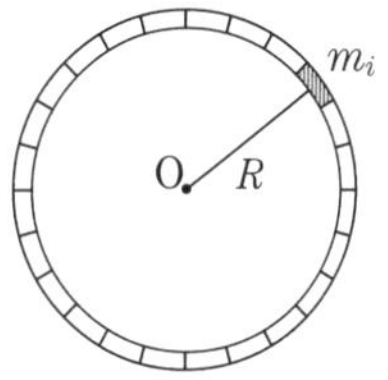

図 22.6

（解） 図 22.6 に示すように円輪は，半径 R の円輪に全質量 M がある．$r_i = R$，$\sum_i m_i = M$ として，

$$I = \sum_i r_i^2 m_i = R^2 \sum_i m_i = \boldsymbol{MR^2}$$

$R = 0.8$ m，$M = 0.5$ kg を代入して，$I = MR^2 = \mathbf{0.32\ kg{\cdot}m^2}$ ■

> **例題 22.4（円柱の慣性モーメント）**　質量 M，半径 R，長さ L の円柱の慣性モーメント I を求めよ．半径 $R = 0.80$ m，$M = 0.50$ kg の円柱の慣性モーメント I は何 kg·m^2 か．

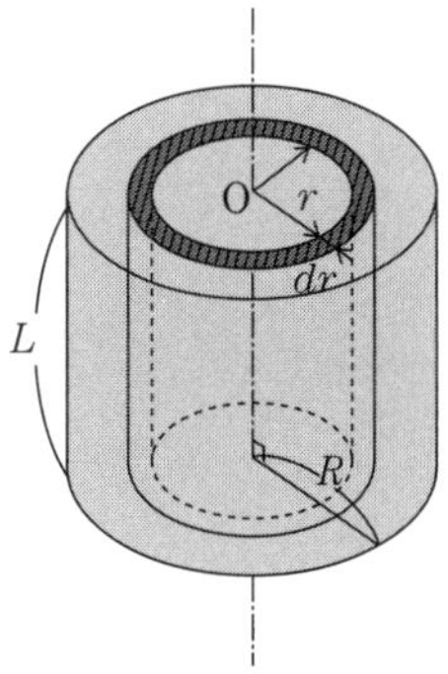

図 22.7

（解） 円柱の密度 $\rho = M/\pi R^2 L$ を使うと，半径が r と $r + dr$ の間の厚さ dr の円筒の質量は $dm = \rho(2\pi r dr)L$ なので

$$I = \int r^2 dm = 2\pi\rho L \int_0^R r^3 dr = 2\pi\rho L \left[\frac{1}{4}r^4\right]_0^R = \frac{\mathbf{1}}{\mathbf{2}}\boldsymbol{MR^2}$$

$R = 0.8$ m，$M = 0.5$ kg を代入して，$I = \frac{1}{2}MR^2 = \mathbf{0.16\ kg{\cdot}m^2}$

（つまり，長さ L に無関係なので，円板の慣性モーメントも円柱の慣性モーメントも同じく $\frac{1}{2}MR^2$ である．） ■

まとめ（22. 剛体の運動 (1)）

整理・確認問題

問題 22.1 次の対比表の空欄にあてはまる語句または数式をかけ．

質点の直線運動	剛体の回転運動
位置 x 速度 $v\ (=\frac{dx}{dt})$ 加速度 $a\ (=\frac{dv}{dt})$	回転角 θ 角速度 ω (= ①) 角加速度 $\beta\ (=\frac{d\omega}{dt})$
質量 m 力 F 直線運動の方程式 $ma=F$ 運動エネルギー $K=\frac{1}{2}mv^2$	② I ③ N 回転運動の方程式 ④ 回転エネルギー $K=$ ⑤

問題 22.2 下の表は，質点の等加速度直線運動と剛体の等角加速度回転運動に関する対比表である．空欄にあてはまる数式をかけ．

質点の等加速度直線運動	剛体の等角加速度回転運動
加速度 a (= 一定)	角加速度 β (= 一定)
速度 $v=v_0+at$	角速度 $\omega=$ ①
位置 $x=v_0t+\dfrac{1}{2}at^2$	回転角 $\theta=$ ②
$v^2-v_0^2=2ax$	$\omega^2-\omega_0^2=$ ③

問題 22.3 図 22.8(a) のように，質量が無視できる長さ 0.8 m の棒 AB があり，両端，および両端から 0.2 m ごとの位置に 0.01 kg の分銅（おもり）が固定されている．このとき *

(1) 図 (b) のように，棒の中点 O を通り棒に直角な軸のまわりの慣性モーメント I は ① $\mathrm{kg{\cdot}m^2}$ である．

(2) 図 (c) のように，棒の端 A を通り棒に直角な軸のまわりの慣性モーメント I_{A} は ② $\mathrm{kg{\cdot}m^2}$ である．

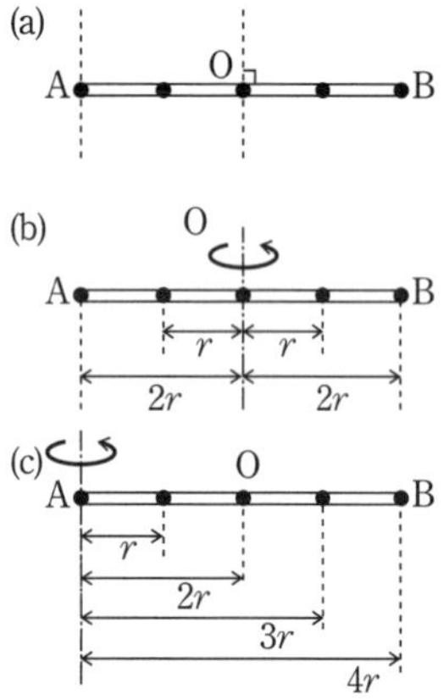

図 22.8

* 慣性モーメントの計算
$I=\sum_i m_i r_i^2$

基本問題

問題 22.4（等角加速度運動の 3 公式 **）

(1) 円板が等角加速度運動をしている．ある時刻での角速度が 2.0 rad/s で 10 秒後の角速度が 7.0 rad/s であったとすれば，角加速度の大きさはいくらか．

(2) 固定軸のまわりでなめらかに回転する円板がある．静止しているこの円板に一定の力のモーメントを加えたら，3 秒間に 270° 回転した．この間の角加速度は何 rad/s^2 か．また 270° 回転した瞬間の角速度は何 rad/s か．

** 等角加速度運動の 3 公式：
$\omega=\omega_0+\beta t$
$\theta=\omega_0 t+\dfrac{1}{2}\beta t^2$
$\omega^2-\omega_0^2=2\beta\theta$
角は度 (°) を rad に変換して適用する．

問題 22.5（円柱状の車輪の回転）　質量が 4.0 kg，半径 0.20 m の円柱状の車輪があり，車輪の周に沿って接線力 6.0 N の力を加えたとき，

* 円周にそって加えた力のモーメントでは,「腕の長さ＝半径」

(1) 加えられた力のモーメントはいくらか *.
(2) この円柱状の車輪の慣性モーメントはいくらか.
(3) 回転の角加速度はいくらか.
(4) 静止の状態から力を加えて，5 秒後の角速度はいくらか．またそのときの回転エネルギーはいくらか.
(5) 力を加えて 5 秒間の回転角は何 rad か．またそれは何回転か.

ヒント：円板も円柱も慣性モーメントは $I = \dfrac{1}{2}MR^2$

問題 22.6（滑車にかけた糸の端の 2 物体の円板の運動）　図 22.9 に示すように，慣性モーメント I の定滑車に糸をかけ，両端に質量 M, m $(M > m)$ のおもり M，m をつるして放した．重力加速度の大きさを g とし，糸は滑車面をすべらないとする．滑車の回転の角加速度を β，おもりの加速度を a とし，糸の張力を T，S とおいて，

(1) おもり M の運動方程式を $Ma = \boxed{\quad\quad}$ の形にかけ.
(2) おもり m の運動方程式を $ma = \boxed{\quad\quad}$ の形にかけ.
(3) 滑車の回転運動の方程式を $I\beta = \boxed{\quad\quad}$ の形にかけ.
(4) a と R と β の関係（回転角の関係式）をかけ.
(5) 加速度 a を，M，m，I，g を使って表せ.

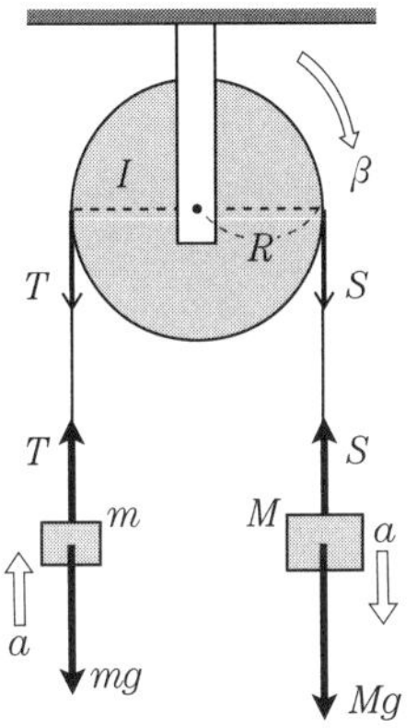

図 22.9

コーヒーブレイク

慣性モーメント

同じ剛体でも回転軸によって慣性モーメントは異なる．代表的な例として，(a) 細い棒，(b) 円輪，(c) 円柱をここに示す（質量 M）.

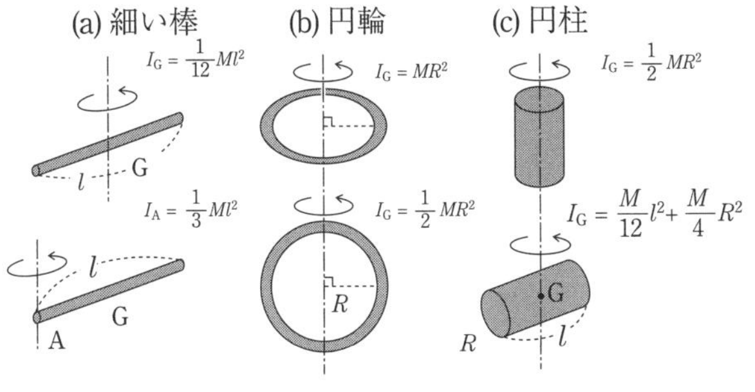

図 22.10　回転軸と慣性モーメント

23 剛体の運動(2)

平面上を転がる円柱のように，回転軸を同じ方向に保ったまま剛体が運動するとき，これを剛体の平面運動とよぶ．剛体の平面運動は，重心の並進運動と重心のまわりの回転運動とに分解できる．運動方程式とエネルギー保存の両方から解法に取り組んでみよう．余力があれば，後半の剛体の振り子運動や非円形体の慣性モーメントも取り組んでみよう．

§ 23.1　剛体の平面運動

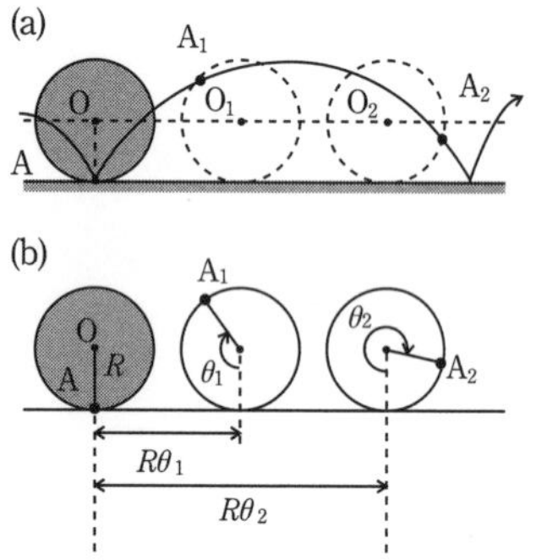

図 23.1　平面上を転がる円形体

■剛体の平面運動　図 23.1(a) に示すように，円形体がその回転軸を一定方向に保って平面上を転がるとき，これを**剛体の平面運動**とよぶ．この運動では，円縁上の点は図中で $\mathrm{A} \to \mathrm{A}_1 \to \mathrm{A}_2$ で示された曲線（**サイクロイド**）を描く．一見複雑そうに見えるが，

円形体の中心は $\mathrm{O} \to \mathrm{O}_1 \to \mathrm{O}_2$ と平行移動し，

円縁上の点 A の運動はその中心 O のまわりに円運動をしていると考えれば容易に理解できる（図 (b)）．

■平面運動をしている剛体の運動方程式　剛体の平面運動は **(1) 重心の並進運動と (2) 重心のまわりの回転運動に分解できる**ので，運動方程式もそれぞれの運動に対応して

$$\text{重心の並進運動の方程式：}\quad Ma = F \tag{23.1}$$

（全質量 M）×（重心の加速度 a）＝（外力の和 F）

$$\text{剛体の回転運動の方程式：}\quad I\beta = N \tag{23.2}$$

（慣性モーメント I）×（角加速度 β）＝（力のモーメントの和 N）

の 2 式で表せる．

■平面運動をしている剛体の運動のエネルギー　重心 O が速さ v で並進運動し，点 O のまわりを剛体が角速度 ω で回転しているとき，運動エネルギーもそれぞれの運動に対応して

$$\text{重心の並進運動のエネルギー：}\quad K\,(\text{並進}) = \frac{1}{2}Mv^2 \tag{23.3}$$

$$\text{剛体の回転運動のエネルギー：}\quad K\,(\text{回転}) = \frac{1}{2}I\omega^2 \tag{23.4}$$

と表せる．全体の運動エネルギー K は並進運動のエネルギーと回転運動のエネルギーの和である．

■回転角の関係式　図 23.1 から明らかなように，中心 O が進む距離 x と回転角 θ の間には回転角の関係式 $x = R\theta$ が成り立っている．したがって，$v = R\omega$，$a = R\beta$ も成り立っている．

§ 23.2　剛体の平面運動の例題

■運動方程式による解法

> **例題 23.1**（斜面を転がる円形体）　図 23.2(a) に示すように，円形体（質量 M，半径 R，慣性モーメント I）が，水平と角 θ をなす斜面を転がるときの重心の加速度 a はいくらか．また，斜面に沿って l だけ降下したときの重心の速さ v はいくらか．ただし，重力加速度 g とする．

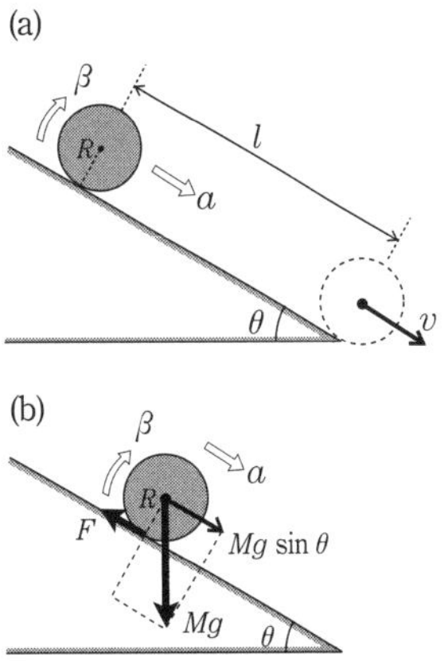

図 23.2　斜面を転がり下りる円形体

（解） 図 (b) のように，円形体には重心 G（中心）に重力 Mg と，円縁にころがり摩擦力 F がはたらく．

重心の並進運動の方程式は　$Ma = Mg\sin\theta - F \cdots$ ①

剛体の回転運動の方程式は　$I\beta = RF \cdots$ ②

回転角の関係式は　$a = R\beta \cdots$ ③

① ～ ③ 式を連立して解いて，重心の加速度は $a = \dfrac{\boldsymbol{g\sin\theta}}{\boldsymbol{1 + I/(MR^2)}}$

重心の運動は等加速度運動だから $v^2 - 0 = 2al$ より

重心の速さは $v = \sqrt{2al} = \sqrt{\dfrac{\boldsymbol{2gl\sin\theta}}{\boldsymbol{1 + I/(MR^2)}}}$ ■

■力学的エネルギー保存の法則による解法

> **例題 23.2**（斜面を転がる円形体）　図 23.3 に示すように，円形体（質量 M，半径 R，慣性モーメント I）が，水平と角 θ をなす斜面に沿って l だけ転がり下りたときの重心の速さを v，重心のまわりの剛体の回転の角速度を ω とする．
>
> (1) 力学的エネルギーの保存を表す関係式をかけ．
>
> (2) v，R，ω の関係式（回転角の関係式）をかけ．
>
> (3) v を g，R，I，l，θ で表せ．

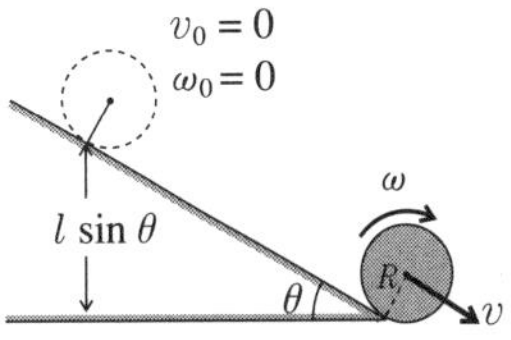

図 23.3　斜面を転がり下りる円形体

（解） (1) 剛体は並進運動のエネルギー $\frac{1}{2}Mv^2$ と回転運動のエネルギー $\frac{1}{2}I\omega^2$ を得るが，重心 G（中心）は $l\sin\theta$ だけ降下するので位置エネルギー $Mgl\sin\theta$ を失う．力学的エネルギーの保存の法則を適用して，

$$\boldsymbol{\frac{1}{2}Mv^2 + \frac{1}{2}I\omega^2 - Mgl\sin\theta = 0}$$

(2) 回転角の関係式は $\boldsymbol{v = R\omega}$

(3) (1) と (2) より ω を消去して，$v = \sqrt{\dfrac{\boldsymbol{2gl\sin\theta}}{\boldsymbol{1 + I/(MR^2)}}}$ ■

§ 23.3　剛体振り子（発展 *）

* 初めて力学を学ぶ人はこの節を飛ばしてもよい．

■剛体振り子の周期　図 23.4 に示すように，鉛直面内で固定軸のまわりに自由に回転でき，重力の作用によって小さく振動をする剛体を**剛体振り子**とよぶ．質量 M，軸のまわりの慣性モーメント I，軸と重心までの距離 h ならば，

$$\text{剛体振り子の周期 } T = 2\pi\sqrt{\frac{I}{Mgh}} \tag{23.5}$$

である．

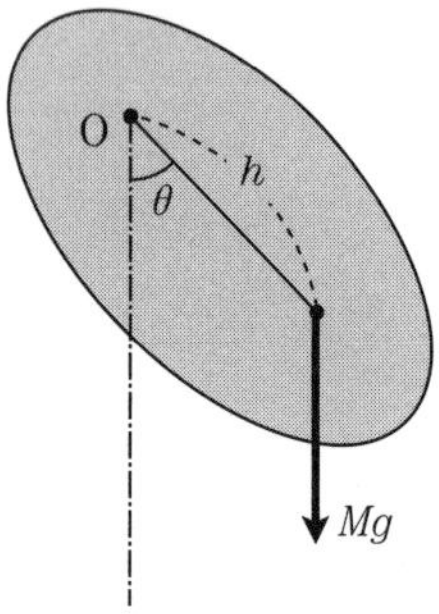

図 23.4　剛体振り子

例題 23.3（剛体振り子）　図 23.5 に示すように，固定軸 O のまわりで自由に回転できる棒（質量 M，軸のまわりの慣性モーメント I）がある．軸 O と重心 G までの距離を h，時刻 t で OG が鉛直線となす角を θ とし，重力加速度を g とする．

(1) 固定軸のまわりの力のモーメントはいくらか．

(2) 剛体の運動方程式をかけ．

(3) 振れの角が小さいとき $(\sin\theta \approx \theta)$，この運動は単振動であることを示し，その周期を求めよ．

(4) 長さ l の棒の端を軸として振らせたときの周期を求めよ．ただし，端のまわりの慣性モーメントは $I_{\mathrm{A}} = \frac{1}{3}Ml^2$ である．次に長さ $l = 1\,\mathrm{m}$ の棒の振動の周期を計算せよ．$g = 9.8\,\mathrm{m/s^2}$ とする．

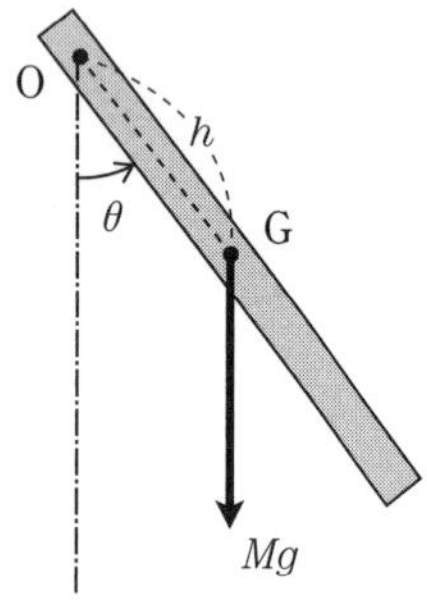

図 23.5

（解）固定軸 O のまわりの剛体の運動である．

(1)（腕の長さ $= h\sin\theta$ だから）軸 O のまわりの重力 Mg のモーメントは $\boldsymbol{N = -Mgh\sin\theta}$

(2) 軸 O のまわりの角加速度を $\beta = \dfrac{d^2\theta}{dt^2}$ とすると，剛体の回転運動の方程式は $I\beta = -Mgh\sin\theta$ つまり $\boldsymbol{I\dfrac{d^2\theta}{dt^2} = -Mgh\sin\theta}$

(3) 振れの角が小さいとして $\sin\theta \approx \theta$ を代入すると，運動方程式は

$$I\frac{d^2\theta}{dt^2} = -Mgh\theta \quad \text{つまり} \quad \omega = \sqrt{\frac{Mgh}{I}} \text{ として } \frac{d^2\theta}{dt^2} = -\omega^2\theta$$

この解は単振動で $\theta = A\sin(\omega t + \phi)$，

周期は $T = \dfrac{2\pi}{\omega} = \boldsymbol{2\pi\sqrt{\dfrac{I}{Mgh}}}$

(4) 長さ l の棒では $h = \frac{1}{2}l$，$I = I_{\mathrm{A}} = \frac{1}{3}Ml^2$ だから，

周期 $T = \boldsymbol{2\pi\sqrt{\dfrac{2l}{3g}}}$

$l = 1\,\mathrm{m}$，$g = 9.8\,\mathrm{m/s^2}$ として，$T = \mathbf{1.64\ s}$ **

■

** 比較：$l = 1\,\mathrm{m}$ の単振り子の周期は 2.0 s，同じ長さの棒の周期はその $\sqrt{(2/3)} = 0.816$ 倍

§ 23.4　慣性モーメントの計算 (2)（発展*）

■平行軸の定理　図 23.6 に示すように，質量 M の剛体内の点 A を通る回転軸のまわりの慣性モーメントを $I_{\rm A}$，その軸と平行で重心 G を通る慣性モーメントを $I_{\rm G}$ とすると，

$$\text{平行軸の定理: } I_{\rm A} = I_{\rm G} + Mh^2 \tag{23.6}$$

が成り立つ．一般に図表にまとめて示してあるのは $I_{\rm G}$ である（図 22.10 参照）．平行軸の定理を使えばその軸に平行な任意の軸のまわりの慣性モーメントが，積分計算することなしに求められる．

* 初めて力学を学ぶ人はこの節を飛ばしてもよい．

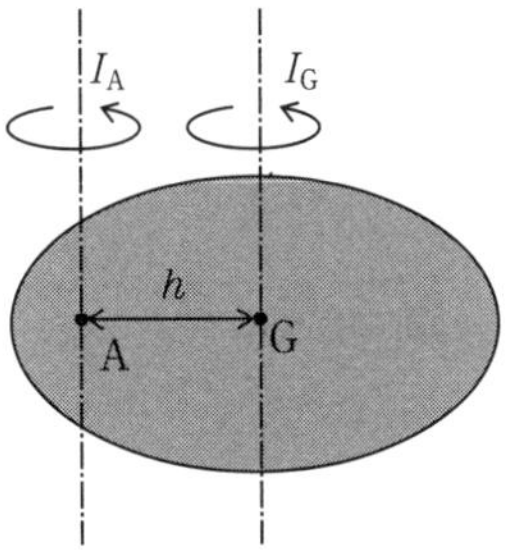

図 23.6　平行軸の定理

> **例題 23.4**（棒の慣性モーメント）　長さ l，質量 M の一様な棒がある．
>
> (1) 棒に垂直で一端 A を通る軸を中心にして回転するときの慣性モーメント $I_{\rm A}$ を求めよ．
>
> (2) 棒に垂直で重心 G を通る軸を中心にして回転するときの慣性モーメント $I_{\rm G}$ を求めよ．
>
> (3) 平行軸の定理 $I_{\rm A} = I_{\rm G} + M(l/2)^2$ が成り立っていることを示せ．

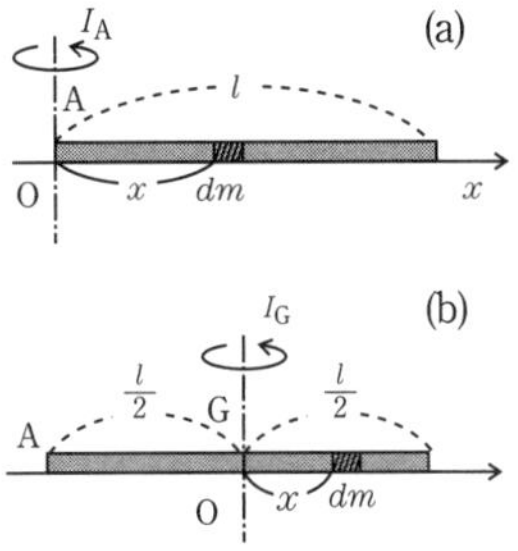

図 23.7　棒の慣性モーメント

（解）単位長さあたりの棒の質量（線密度）は $\lambda = M/l$ で，長さ dx あたりの質量は $dm = \lambda dx$ である．

(1) 図 23.7(a) に示すように，端 A を原点にとり，棒にそって x 軸をとると，積分範囲が $[0, l]$ であることに注意して，

$$I_{\rm A} = \int_0^l x^2 dm = \lambda \int_0^l x^2 dx = \frac{M}{l}\left[\frac{1}{3}x^3\right]_0^l = \boldsymbol{\frac{1}{3}Ml^2}$$

(2) 図 23.7(b) に示すように，重心 G を原点にとると，積分範囲が $[-l/2, l/2]$ となることに注意して，

$$I_{\rm G} = \int_{-l/2}^{l/2} x^2 dm = \lambda \int_{-l/2}^{l/2} x^2 dx = \frac{M}{l}\left[\frac{1}{3}x^3\right]_{-l/2}^{l/2} = \boldsymbol{\frac{1}{12}Ml^2}$$

(3) $h = {\rm AG} = l/2$，$I_{\rm G} = Ml^2/12$ として平行軸の定理を適用すると

$$I_{\rm A} = I_{\rm G} + Mh^2 = \frac{1}{12}Ml^2 + M\left(\frac{l}{2}\right)^2 = \frac{1}{3}Ml^2$$

となるので，(1) で求めた結果 ($I_{\rm A}$) に等しい．

※　問題 22.3 も参照のこと．　■

まとめ（23. 剛体の運動 (2)）

整理・確認問題

問題 23.1 剛体の平面運動は (1) 重心の [①] 運動と (2) 重心のまわりの [②] 運動に分かれる．剛体の質量を M，重心の加速度を a，剛体にはたらく外力の和を F とすると，(1) の運動方程式は [③] で与えられる．一方，重心のまわりの慣性モーメントを I，回転の角加速度を β，力のモーメントを N とすると，(2) の運動方程式は [④] で与えられる．運動エネルギーも 2 つに分けることができて，重心の速さが v，角速度が ω ならば，(1) のエネルギーは [⑤] で，(2) のエネルギーは [⑥] である．半径 R の円形体が平面上を転がるときには，a，R，β の間には [⑦] の関係式が成り立ち，v，R，ω の間には [⑧] の関係式が成り立っている．

基本問題

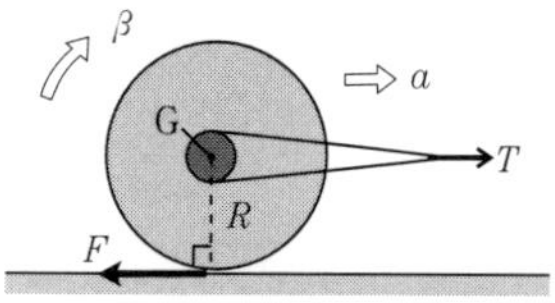

図 23.8

問題 23.2（平面運動と回転角の関係式） 図 23.8 に示すように，粗い平面上に質量 M，半径 R，慣性モーメント I の円形体を置き，両側に突き出した軸に糸をかけて力 T で水平方向に引いた．円形体は滑らずに転がるものとして転がり摩擦力を F とおく．また軸と糸の間には摩擦はないものとする．

(1) 重心の加速度を a として，並進運動の方程式を $Ma =$ [ ] の形にかけ．

(2) （重心のまわりの）角加速度 β として，回転運動の方程式を $I\beta =$ [ ] の形にかけ．

(3) a と R と β の間に成り立つ関係式をかけ．

(4) 円形体が円柱（慣性モーメント $I = \frac{1}{2}MR^2$）のとき，a，β，F を M，R，T で表せ．

(5) 円形体が質量 $M = 0.80$ kg，半径 $R = 0.50$ m の円柱で，引く力 $T = 0.90$ N のとき，a，β，F の値をそれぞれ求めよ．

問題 23.3（平面運動と回転角の関係式）　半径 0.30 m の車輪を持つ自転車が，動き始めて 10 秒後に 9.0 m/s の速さになった．このときの車輪の平均の角加速度はいくらか．またこの間に車輪は何回転したか．

ヒント：車輪の中心の並進は等加速度運動で，中心のまわりの回転は等角加速度運動である．

問題 23.4（斜面を転がる 2 球のエネルギーと速度）　質量 (M) も半径 (R) も等しい 2 球 A，B がある．A は中身が一様だが B は中空球なので，中心を通る軸に関する慣性モーメントは B の方が大きい $(I_{\mathrm{B}} > I_{\mathrm{A}})$．この 2 つの球が同じ斜面を滑らず転がり，下端まで達したときに，どちらの速度が速いかを知りたい．

(1) 仮に A と B が全く同じ速さだったとすれば，下端に着いたときのエネルギーはどちらが大きくなるか．

(2) 実際にはどちらが速いか．それはなぜか．

問題 23.5（糸を巻いて放した円柱の下降加速度と糸の張力）　図 23.9 のように，質量 M，半径 R の円柱（慣性モーメント I）のまわりに糸を巻きつけて，糸の他端を天井に固定して放した．円柱の重心（中心）の加速度を a，円柱の中心軸のまわりの角加速度を β，糸の張力を T とし，重力加速度を g とする．

(1) 円柱の重心の並進の運動方程式をかけ．

(2) 円柱の（重心のまわりの）回転の運動方程式をかけ．

(3) a と R と β の間に成り立つ関係式をかけ．

(4) 慣性モーメント $I = \dfrac{1}{2}MR^2$ のとき，a，β，T を M，R，g で表せ．

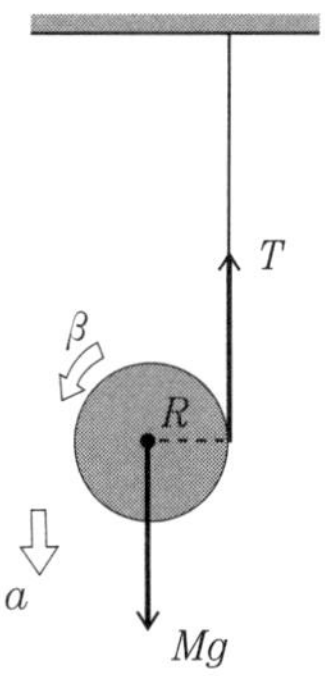

図 23.9

コーヒーブレイク

生卵とゆで卵

質量 M で半径 R の球体が 2 つあり，外見上は区別がつかないが，一方が内部の一様な球で，他方が内部に空洞をもつ薄い球殻だということが分かっているとする．この 2 つの球を区別するには，斜面を転がしてみればよい．一様な球の慣性モーメントは $(2/5)MR^2$ で，球殻の慣性モーメントは $(2/3)MR^2$ だから，一様な球は加速度 $(5/7)g\sin\theta$ で転がり，球殻は加速度 $(3/5)g\sin\theta$ で転がる．結局一様な球の方が先に下まで降りる．

では「生卵」と「ゆで卵」でこの実験をやったらどうなるだろう．ゆで卵の方が先に下りると書いてある教科書もあるが，著者が実験をした限りでははっきりと分からない．何よりも卵は完全な球ではないので，斜面をまっすぐ下らずコースを曲げてしまい，事実上実験にならない．「生卵」と「ゆで卵」を区別するには，スピンを加えコマのように回転させるとよい．同じように回したのなら「生卵」の方が先に止まる *．

* 生卵は内部が流動的だから，外殻が静止しても内部ではまだ少し動いていると考えれば理解できる．

24 問題演習（剛体の力学）

物理学は暗記科目ではない．まず法則に関する確実な理解が必要である．法則に対する理解を確実にするために，本書では小問からなる誘導形式の問題を多く用意している．最後に「単位（次元）は正しいだろうか？　極端な場合（例えば質量が 0 の場合）適正な値となるだろうか？」など，導いた答えを自らチェックする習慣も身につけて欲しい．

基本問題

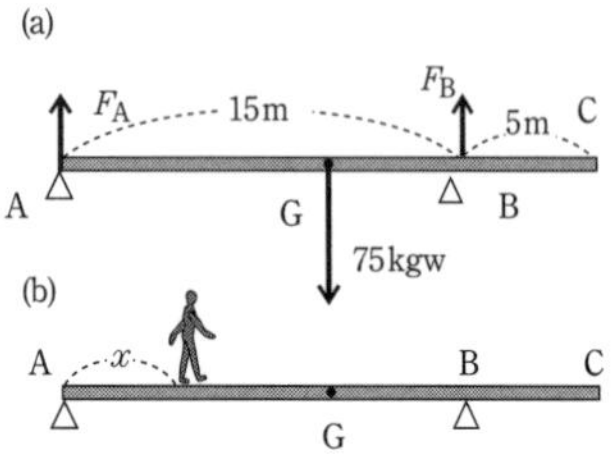

図 24.1

問題 24.1（2 点で支えられた水平な板） 図 24.1(a) に示すように，重さ 75 kgw，長さ 20 m の一様な板 AC があり，端 A とそこから 15 m 離れた点 B の 2 点で水平に支えられている．

(1) 支点 A と支点 B に加わる力 F_A と F_B はそれぞれ何 kgw か．

(2) 図 (b) に示すように，重さ 60 kgw の人が端 A から距離 x [m] の位置に立つとき，支点 A と支点 B に加わる力 F_A と F_B はそれぞれ何 kgw か．

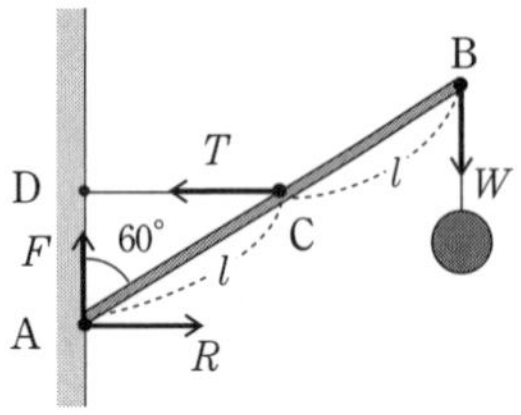

図 24.2

問題 24.2（固定軸を持つ剛体のつり合い） 図 24.2 に示すように，長さ $2l$ の軽い棒 AB の一端 A をちょうつがいで壁に取り付け，他端 B に重さ W のおもりをつるした．棒の中点 C につけた糸 CD を水平に引き，棒 AB が壁と 60° をなす状態に保った．

(1) 端 A のまわりの力のモーメントのつり合いから，糸の張力 T を求めよ．

(2) 端 A で棒がちょうつがいから受ける抗力の水平成分（垂直抗力）R と鉛直成分（摩擦力）F の大きさを求めよ．

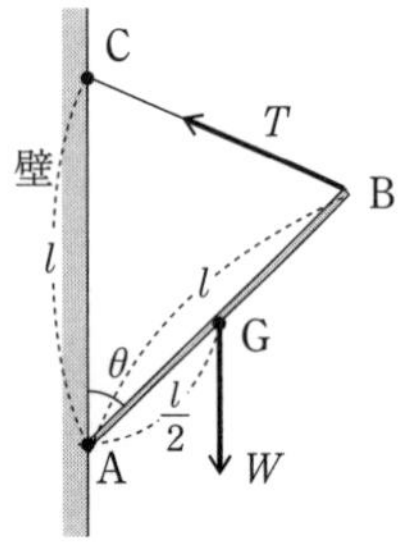

図 24.3

問題 24.3（糸でつながれた棒のつり合い） 図 24.3 に示すように，重さ W，長さ l の一様な棒 AB が，一端 A を軸としてなめらかに回転できるように鉛直な壁に取り付けてある．壁上で A から距離 l の点 C と棒の他端 B との間に糸を張って，棒と壁のなす角が θ となるようにした．このとき，BC 間の糸の張力は $T = W \sin\dfrac{\theta}{2}$ であることを示せ．

ヒント：△ABC は 2 等辺三角形だから，$\angle\mathrm{ABC} = 90° - \dfrac{\theta}{2}$．

また $\sin\theta = 2\sin\dfrac{\theta}{2}\cos\dfrac{\theta}{2}$

問題 24.4（糸巻きの進む向き） 図 24.4 に示すように，半径 b の外輪に半径 a の内軸がついた糸巻きが，粗い水平面上に置かれている．内軸に巻かれた糸を，水平面と角 θ をなす方向に引き出すとき，角 θ の大小によって糸巻きが転がる向きが異なることを示し，その条件を求めよ．ただし糸巻きはすべらないものとする．

ヒント：糸巻きが転がるときの瞬間的回転軸は接地点 P である．糸を点 Q から力 F で引き出すときの，点 P のまわりの力 F のモーメントが角 θ によってどう異なるかを考えよ．

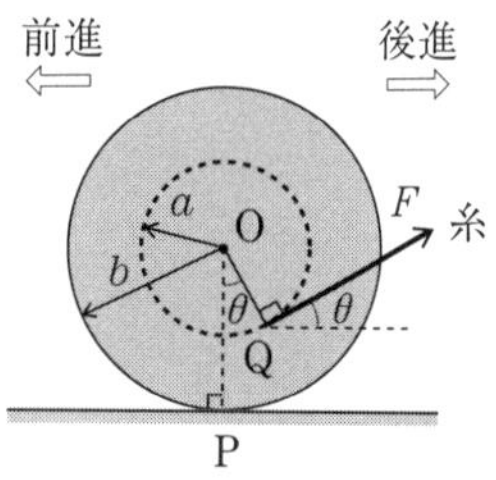

図 24.4

問題 24.5（箱が傾く条件） 図 24.5 に示すように，粗い水平面上に幅 $2a$，高さ b で，重さ W の一様な箱を置き，上端に糸を付けて，大きさ K の力で水平に引く．このとき箱には，垂直抗力 N と摩擦力 F もはたらいている．箱がすべらないものとして，次の問いに，a，b，W，K を使って答えよ．

(1) 摩擦力 F の大きさを求めよ．

(2) 垂直抗力 N の大きさを求めよ．

(3) 垂直抗力 N の作用点の位置（図中の x）を求めよ．

(4) K を大きくしていくと箱は傾く．箱が傾くときの K の最小値を求めよ．

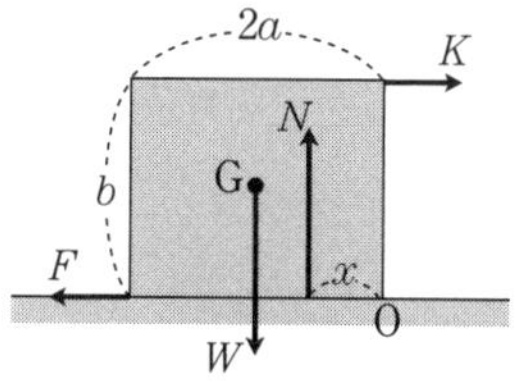

図 24.5

問題 24.6（固定軸で支えられた箱） 幅 $2a$，高さ $2b$，重さ W の長方形の一様な板がある．図 24.6 に示すように，下端 B を壁上のちょうつがいで支え，その上端 A を短い糸で壁に引き寄せて，板を鉛直な壁に据えつけた．点 A で短い糸が引く張力を T，点 B でちょうつがいの及ぼす力の大きさを F，力 F が水平となす角を θ として，

(1) 水平方向の力のつり合いの式をかけ．

(2) 鉛直方向の力のつり合いの式をかけ．

(3) 点 B のまわりの力のモーメントのつり合いの式をかけ．

(4) 力 T，F の大きさと $\tan\theta$ の値をそれぞれ，a，b，W で表せ．

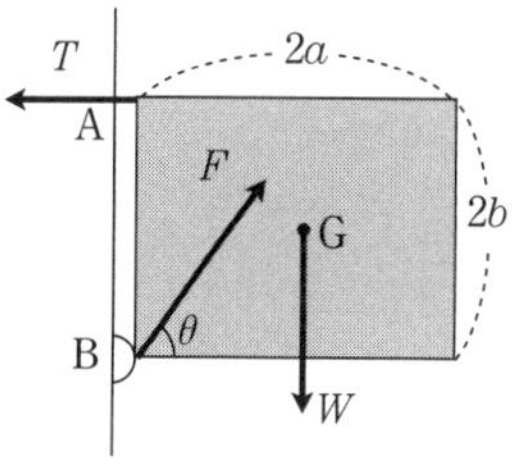

図 24.6

問題 24.7（やじろべえ） 図 24.7 に示すように，長さ a の細い棒 OC の一端 O に質量 m のおもりをつけ，その O のところに長さ l の 2 本の細い棒 OA と OB を接続した．これらの 2 本の棒の他端 A，B には質量 M のおもりがついている．点 O，A，B，C は同じ平面上にあり，$\angle AOC = \angle BOC = \theta$ で，棒 OC，OA，OB の質量は軽いので無視してよい．この系の重心 G はどこにあるか．点 O からの重心 G までの距離で答えよ．次に，点 C を支えて全体的に安定であるためには重心 G が点 C より下にあることが必要である（「やじろべえ」になる条件）．この条件を求めよ．

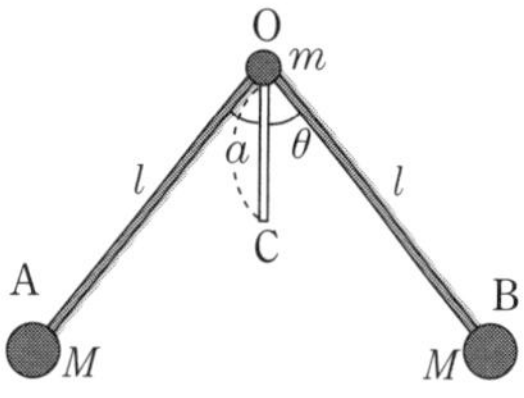

図 24.7

問題 24.8（コマを回す力） 半径 0.050 m，質量 0.080 kg のコマがある．このコマは周縁部に全質量が集まっている円輪とみなしてよい．はじめ静止していたこのコマに，円周にそって一定の力を 2 秒間加えたら，角速度が 60 rad/s になった．

(1) 回転の角加速度はいくらか．
(2) このコマの慣性モーメントはいくらか．
(3) このコマに加えられた力のモーメントはいくらか．
(4) 加えられた力の大きさはいくらか．

ヒント：円輪の慣性モーメントは $I = MR^2$

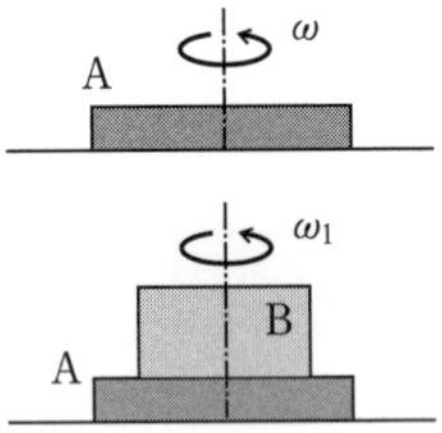

図 24.8

問題 24.9（剛体の角運動量）

(1) 原点 O のまわりを質量 m の小球が角速度 ω で半径 r の円運動をしているとき，角運動量の大きさ L はいくらか．
(2) 固定軸のまわりを慣性モーメント I の剛体が角速度 ω で回転しているとき，角運動量の大きさ L はいくらか．
(3) 図 24.8 に示すように，水平な床の上で角速度 ω で回転している慣性モーメント I_{A} の円板 A 上に，慣性モーメント I_{B} の円板 B を，両者の中心が一致するように静かに接着させると，付着後の角速度 ω_1 はいくらになるか．床と円板との摩擦はないものとする．

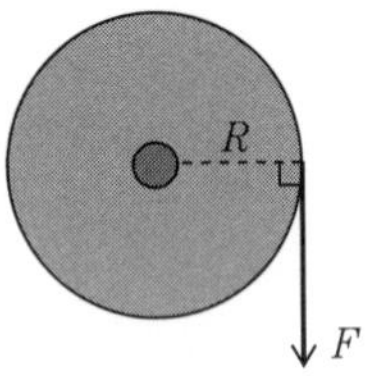

図 24.9

問題 24.10（糸を巻きつけた車輪の回転） 図 24.9 のように，固定軸のまわりに自由に回転できる車輪（質量 M，半径 R，慣性モーメント I）がある．この車輪に長さ l の細くて伸びない糸を全部巻きつけて静止させておき，糸の一端を車輪の接線方向に一定の力 F で引っ張る．力を加え始めた時点を $t = 0$ として，車輪に巻きつけられた糸はすべらないものとする．

(1) 糸が巻き付いている間，加えられている力のモーメントの大きさ N はいくらか．
(2) 糸が巻き付いている間の車輪の角加速度 β を求めよ．
(3) 糸の他端が車輪を離れるまでの車輪の回転角 θ_1 を求めよ．
(4) 糸の他端が車輪を離れるまでの時間 t_1 を求めよ．
(5) 糸の他端が車輪を離れた直後の車輪の角速度 ω_1 を求めよ．
(6) 車輪の角速度 ω を時間 t の関数として図示せよ（略図でよいが，図中に t_1 と ω_1 を記入せよ）．

問題 24.11（定滑車を通して結ばれ 2 つの物体の運動） 図 24.10 に示すように，なめらかな机の上に置いた質量 m の物体に糸をつけ，半径 R，慣性モーメント I の定滑車を通して糸の他端には質量 M のおもりをつけた．静かに放したら，物体 m とおもり M は加速度 a で運動を始め，定滑車は角加速度 β で回転を始めた．物体 m と滑車を結ぶ糸の張力を T_1，おもりをぶら下げた糸の張力を T_2 とおく*．重力加速度を g とし，摩擦は考えない．

(1) 物体の運動方程式を $ma =$ □ の形でかけ．

(2) おもりの運動方程式を $Ma =$ □ の形でかけ．

(3) 定滑車を回そうとする力のモーメントを求めよ．次に，滑車についての回転運動の方程式を，$I\beta =$ □ の形にかけ．

(4) a と β と R の関係式をかけ．

(5) 加速度 a を，m，M，g，I，R を使って表せ．

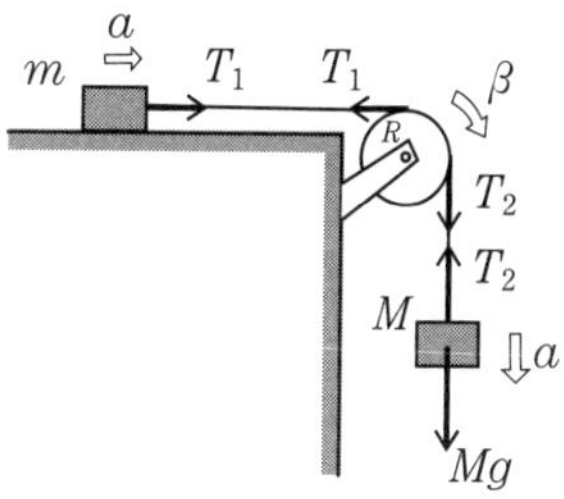

図 24.10

* 滑車が慣性モーメントをもつとき（つまり，滑車の質量が無視できないとき），滑車の両側で糸の張力は異なる．

コーヒーブレイク

人間社会の『力学』

ふざけているとお叱りを受けるかもしれないが，著者はあるときから，「**ニュートンの 3 法則は人間社会にもあてはまる**」と思い込むようになった．

第 1 法則（**慣性の法則**）は「人間は惰性で生きている」ことを意味している．日常の生活の中で，人も組織もなかなかその習慣やしきたりを変えるものではない．第 2 法則（**運動の法則**）は惰性を打ち破るには外からのきっかけ（外力）が必要だということを教えている．身近な大学生活を例にとると，多くの学生は平常時「なんとなく」授業に出席し，少数の学生は授業をサボっている．これに変化を起こして本気で勉強させるには「試験」という外力が有効である．しかし，学生にも言い分がある．教え方が悪かったり，試験問題が難しすぎて不本意な結果なら，学生も反逆したい．学生の授業アンケートや答案を見て，教師は時にひどく落ち込み後悔する．これは，第 3 法則（**作用・反作用の法則**）である．

大学改革も同様で，いくら内部で立派なことを言って長い時間かけて議論しても，大学の組織や体質はなかなか変わらない．今流行の「自己評価」も，それだけで終結するのなら，何の役にも立たない．大きな組織ほど変わりにくいから，組織の人数は「質量」に相当する．文部科学省が大学の設置基準を変えたり，予算の削減をちらつかせると，大学はこれらの外力によってすぐ変わる（この国の組織は外力に弱い）．

この 3 法則は，会社内の組織や，国と国との間の外交など，広範囲にわたって非常に応用が利く法則である（と，著者は思っている）．

B. 標準問題

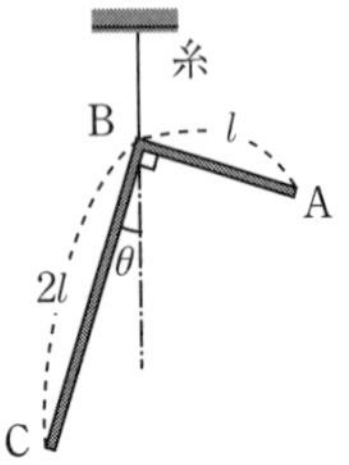

図 24.11

問題 24.12（つり下げられた L 字型定規の傾き） 図 24.11 のように，同じ太さと材質でできた 2 本の棒を直角に組み合わせて L 字型定規 ABC をつくった．AB の長さは l，BC の長さは $2l$ である．直角の頂点 B を糸で支えてつるしたら，BC は鉛直と角 θ をなした．$\tan\theta$ の値はいくらか．

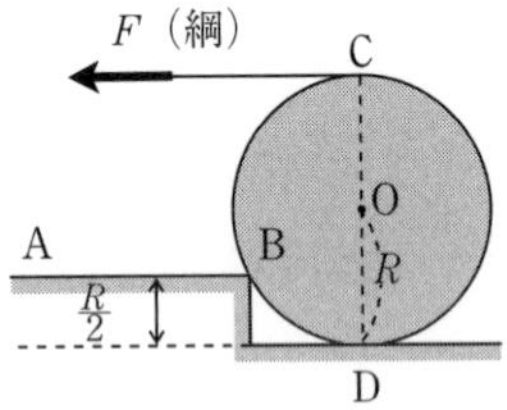

図 24.12

問題 24.13（円筒を引き上げる力） 図 24.12 のように，重さ W，半径 R の円筒に綱をつけ，この綱を水平に引いて高さ $\frac{1}{2}R$ の段の上に引き上げる．綱を引く力 F を大きくしていって，円筒が下の水平面からまさに離れようとしたときの F の値を求めよ．ただし，段の角 B ではすべらないものとする．

ヒント：下の水平面との接点 D での抗力は 0 という条件で，点 B のまわりでの引く力 F のモーメントと重力 W のモーメントのつり合いを考えよ．

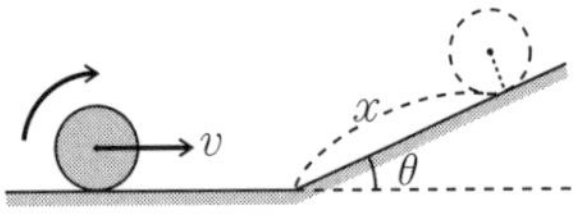

図 24.13

問題 24.14（転がりながら斜面を登る円形体） 球体（質量 M，半径 R，慣性モーメント $\frac{2}{5}MR^2$）が，粗い平面上を速さ v で運動している．球体はすべらずに転がる運動するものとして，

(1) （重心の）並進運動のエネルギーはいくらか．

(2) 重心のまわりの回転の角速度はいくらか．

(3) 球体の回転運動のエネルギーはいくらか．

(4) 図 24.13 のように，この球体が傾斜角 θ の粗い斜面を転がりながら上る．このとき，球体は斜面にそった距離 (x) で最高どこまで上るか．ただし重力加速度を g とし，斜面はなだらかに接続しているとする．

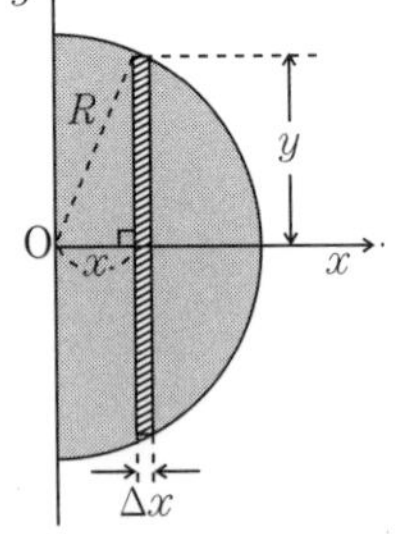

図 24.14

問題 24.15（半円の重心） 半径 R，質量 M の一様な半円板の重心 G の位置を次の手順にそって求めよ．

(1) 面密度 σ を求めよ．ただし面密度は単位面積あたりの板の質量で，「全質量 ÷ 全面積」で定義される．

(2) 図 24.14 に示すように x-y 座標をとるとき，頂点 O から x のところにとった狭い幅 Δx の帯状部分の面積 ΔS とその質量 Δm を求めよ．

(3) 対称性から重心 G は x 軸上にある．G の座標 x_G を求めよ．ただし $x_G = \dfrac{1}{M}\displaystyle\int x\,dm$

ヒント： $y = \sqrt{R^2 - x^2}$，　$\displaystyle\int x\sqrt{R^2 - x^2}\,dx = -\frac{1}{3}(R^2 - x^2)^{\frac{3}{2}}$

問題 24.16（2 つの定滑車に結ばれたおもり） 図 24.15 のように，定滑車 A に軽い糸を巻きつけ，定滑車 B を通して，糸の他端には質量 m のおもりをつけた．滑車 A と B はともに，半径 R，慣性モーメント I で，糸がすべらないので同時に回転する．落下するおもりの加速度を a，滑車 A と B の角加速度を β，滑車 A と B を結ぶ糸の張力を T_1，おもりをぶら下げた糸の張力を T_2 とおき，重力加速度を g とする．

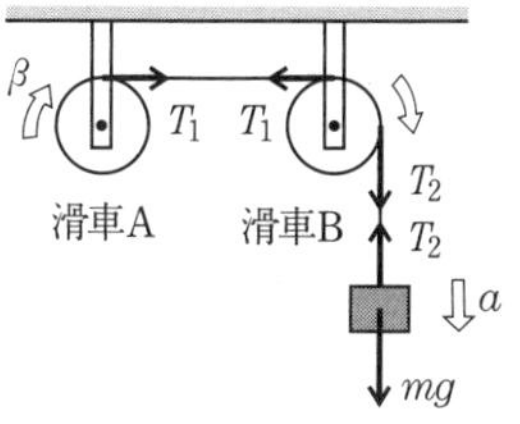

図 24.15

(1) おもりの運動方程式を $ma = \boxed{}$ の形でかけ．
(2) 滑車 A を回そうとする力のモーメントを求めよ．次に，滑車 A についての回転運動の方程式を，$I\beta = \boxed{}$ の形にかけ．
(3) 滑車 B を回そうとする力のモーメントを求めよ．次に，滑車 B についての回転運動の方程式を，$I\beta = \boxed{}$ の形にかけ．
(4) a と β の関係式をかけ．
(5) 加速度 a を，m，g，I，R を使って表せ．

コーヒーブレイク

虹の輪の中に

「虹の輪の真ん中には，この世で最も尊い人の姿が現れる」という『お釈迦様の伝説』を，皆さんは耳にしたことがあるだろうか？ 伝説の真偽を確かめるために，私達は虹の研究を行った *．

虹は太陽の光が水滴にあたって反射されるときに色づいて見える現象である．図 24.16 の説明図からわかるように，虹は太陽と自分を結ぶ直線を軸にして，太陽と反対方向に角度約 42° の円形に見える．虹が空に橋のようにかかって見えるのは，平らな地面に観測者が立っているので下半分が見えないからである．登山家の間でまるい虹の伝説が伝えられるのは，山の頂上だと虹の下のほうまで見えるからである．私達はスプリンクラー散水を使って，まるい虹の輪を観測した．図 24.17 は脚立の上に立って撮影した写真である．写真からわかるように，まるい虹の輪の真ん中に現れるのは，自分自身の影である．（写真は，広い角度を写すために魚眼レンズを使用している．）

「縁があってこの世に生まれてきた自分こそ，この世で最も尊い人である」と考えれば，「お釈迦様の伝説」は真実である．もしも 2 人の人が並び立つと，互いに自分が虹の輪に真ん中に見えて，相手は自分の影の傍らに並んで見える．つまり，遠くから見ると大きな橋に見える虹だが，実際は人の数だけ虹の輪があって，誰もがみんな虹の輪の中心に自分の姿を見ることができるのである．

世界中どこの国でも，虹は夢・希望・幸せのシンボルである．**「虹の輪の真ん中にはつねに自分の姿がある」**ことを是非皆さんにも知っておいて欲しい．

*「物理教育」第 54 巻第 2 号 (2006) p.83

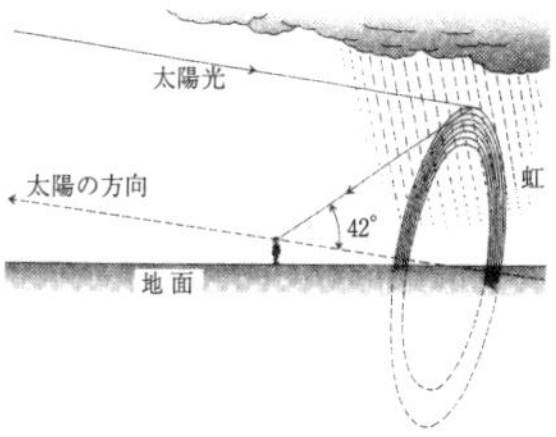

図 24.16 虹のしくみ

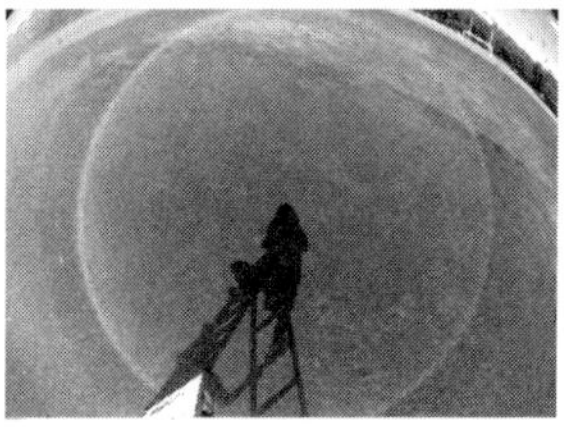

図 24.17 虹の輪の中には自分の姿(影)が見える

解　　答

0. 一般的注意

問題解法にあたっての一般的注意を以下に述べる．

■ まず問題文をよく読み，**題意を正確に汲み取る**．そのためには，

(1) **図を描き，必要な条件を図に書き込む．**

(2) **与えられた条件と求めるべき量(未知の量)を書き出す．**例えば条件に「質量 0.50 kg，速さ 2.0 m/s」とあったら

$$m = 0.5\,\mathrm{kg}, \qquad v = 2\,\mathrm{m/s}$$

のように，**物理量に対応する文字を添えて書き出す**方がよい．力学では慣例で，力には F，加速度には a，垂直抗力には N，張力や周期に T などの英文字を使う．

(3) 力学の「業界用語」に慣れる．例えば，

「**なめらかな面**」→「**摩擦のない面**」

「**粗い面**」→「**摩擦のある面**」

「**軽い糸**」→「**質量が無視できる糸**」

とすぐ理解できるようにする．

■ 問題を解くにあたり，**最初は文字（記号）を含む式で解法を表現・整理**してから，そのあとで各文字に数値を代入すること．この方が途中の計算過程がわかりチェックしやすいし，数値計算も楽で誤差も少ない．

■ **文字による解答を要求されているのか，数値による解答を要求されているかを区別して**答える．一般に文字を含む問題では無理数はそのままでよく，答えを $\sqrt{2}m$ のように書いてよい．数値を含む問題では m に与えられた数値を $\sqrt{2}$ に $1.41\cdots$ を代入して最終結果は数値で出す．ただし (計算誤差を防ぐため) **途中はできるだけ無理数のまま扱って**最後に数値を代入すること．なお大学では通常，授業中に電卓を使ってよい．特に断りがない限り，**有効数字 3 桁程度**で答えを示す．

■ **単位と位取り**に気をつける．

■ 非常に大きい数や，非常に小さい数を扱うときには 10^n を利用し，**10^n は 10^n どうしで計算する．**

（例 1） 2910000×0.000317

$= 2.91 \times 10^6 \times 3.17 \times 10^{-4}$

$= 2.91 \times 3.17 \times 10^{6-4} = 9.22 \times 10^2 = 922$

（例 2） $\sqrt{0.00000326} = \sqrt{3.26 \times 10^{-6}}$

$= \sqrt{3.26} \times 10^{-3} = 1.81 \times 10^{-3}$

■ **答え（結果）を吟味する．**

① 次元（単位）をチェックする

② 極端な場合物理的に矛盾は生じないか？例えば，質量が非常に大きい場合・ゼロの場合などをチェックする．

1. 三角比とベクトル

問題 1.1

三平方の定理より，

$\mathrm{AC}^2 = \mathrm{AB}^2 + \mathrm{BC}^2 = 4^2 + 3^2 = 25$

したがって，$\mathrm{AC} = \sqrt{25} = \mathbf{5}$

よって $\sin\theta = \dfrac{\mathrm{BC}}{\mathrm{AC}} = \dfrac{\mathbf{3}}{\mathbf{5}}$,

$\cos\theta = \dfrac{\mathrm{AB}}{\mathrm{AC}} = \dfrac{\mathbf{4}}{\mathbf{5}}$, $\qquad \tan\theta = \dfrac{\mathrm{BC}}{\mathrm{AB}} = \dfrac{\mathbf{3}}{\mathbf{4}}$

問題 1.2

三平方の定理より，$\mathrm{AC}^2 + 12^2 = 13^2$

したがって，$\mathrm{AC} = \sqrt{13^2 - 12^2} = \mathbf{5}$

よって $\sin\theta = \dfrac{\mathrm{AC}}{\mathrm{BC}} = \dfrac{\mathbf{5}}{\mathbf{13}}$,

$\cos\theta = \dfrac{\mathrm{AB}}{\mathrm{BC}} = \dfrac{\mathbf{12}}{\mathbf{13}}$, $\qquad \tan\theta = \dfrac{\mathrm{AC}}{\mathrm{AB}} = \dfrac{\mathbf{5}}{\mathbf{12}}$

問題 1.3

下の表の通り．ただし 360°(= π[rad]) は 0° と同じなので省略．

θ 度	0°	30°	45°	60°	90°	180°	270°
θ [rad]	0	$\frac{\pi}{6}$	$\frac{\pi}{4}$	$\frac{\pi}{3}$	$\frac{\pi}{2}$	π	$\frac{3\pi}{2}$
$\sin\theta$	0	$\frac{1}{2}$	$\frac{\sqrt{2}}{2}$	$\frac{\sqrt{3}}{2}$	1	0	-1
$\cos\theta$	1	$\frac{\sqrt{3}}{2}$	$\frac{\sqrt{2}}{2}$	$\frac{1}{2}$	0	-1	0
$\tan\theta$	0	$\frac{1}{\sqrt{3}}$	1	$\sqrt{3}$	$+\infty$	0	$-\infty$

問題 1.4

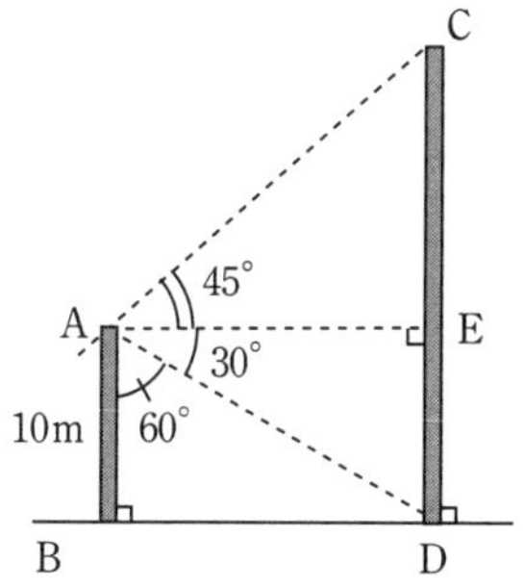

(1) 上の図に示すように，

$\mathrm{BD} = \mathrm{AB}\tan 60^\circ = 10\sqrt{3} = \mathbf{17.3\ m}$

(2) A から CD に垂線 AE を下すと，

$\mathrm{DE} = \mathrm{AB} = 10\ \mathrm{m}$

$\mathrm{AE} = \mathrm{BD} = 10\sqrt{3}\ \mathrm{m}$

$\mathrm{CE} = \mathrm{AE}\tan 45^\circ = 10\sqrt{3}\ \mathrm{m}$

$\mathrm{CD} = \mathrm{DE} + \mathrm{CE}$

$= \mathbf{10 + 10\sqrt{3} = 27.3\ m}$

問題 1.5

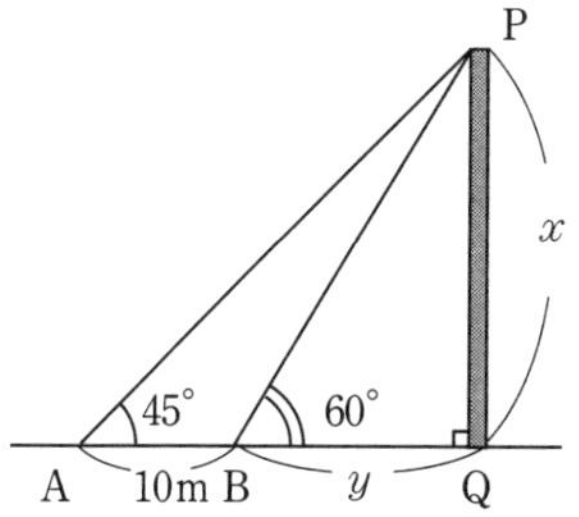

上の図に示すように，$\mathrm{PQ} = x$ [m]，$\mathrm{BQ} = y$ [m] とおく．このとき $\mathrm{AQ} = \mathrm{AB} + y$ だから，次の連立方程式が成り立つ．

$(10 + y)\tan 45^\circ = x \cdots$ ①

$y\tan 60^\circ = x \cdots$ ②

②から $y\sqrt{3} = x \ \therefore\ y = \dfrac{1}{\sqrt{3}}x = \dfrac{\sqrt{3}}{3}x$

これを①に代入して

$\left(10 + \dfrac{\sqrt{3}}{3}x\right) = x$

ゆえに $x = \dfrac{10}{1 - \frac{\sqrt{3}}{3}} = \dfrac{30}{3 - \sqrt{3}}$

$= \mathbf{5(3 + \sqrt{3}) = 23.7\ m}$

問題 1.6

(1) $\mathrm{BD} = \mathrm{BC} - \mathrm{DC} = \mathbf{\sqrt{3} - 1}$

(2) $\mathrm{DE} = \mathrm{BD}\sin 30^\circ = \dfrac{\mathbf{(\sqrt{3} - 1)}}{\mathbf{2}}$

(3) $\mathrm{AD} = \sqrt{2}$ だから

$\sin 15^\circ = \dfrac{\mathrm{DE}}{\mathrm{AD}} = \dfrac{\sqrt{3} - 1}{2\sqrt{2}} = \dfrac{\mathbf{\sqrt{6} - \sqrt{2}}}{\mathbf{4}}$

問題 1.7

ベクトルの和・差・実数倍の成分は，各成分ごとの和・差・実数倍である．$\boldsymbol{a} = (2, -1)$，$\boldsymbol{b} = (-2, 3)$ だから

(1) ① $\boldsymbol{a} + \boldsymbol{b} = \mathbf{(0, 2)}$

② その大きさは $|\boldsymbol{a} + \boldsymbol{b}| = \sqrt{0 + 2^2} = \mathbf{2}$

(2) ③ $3\boldsymbol{a} = 3(2, -1) = \mathbf{(6, -3)}$

④ 大きさは

$|3\boldsymbol{a}| = 3|\boldsymbol{a}| = 3\sqrt{2^2 + (-1)^2} = \mathbf{3\sqrt{5}}$

(3) ⑤ $-2\boldsymbol{a} + 3\boldsymbol{b} = \mathbf{(-10, 11)}$

⑥ 大きさは

$|-2\boldsymbol{a} + 3\boldsymbol{b}| = \sqrt{(-10)^2 + 11^2} = \mathbf{\sqrt{221}}$

問題 1.8

(1) 合成された速度の大きさは

$v = \sqrt{3^2 + 4^2} = \mathbf{5\ m/s}$

(2) AB：BC：AC = 4：3：5 だから，

$\mathrm{BC} = \mathbf{75\ m}, \quad \mathrm{AC} = \mathbf{125\ m}$

(3) AC（距離 125 m）を速さ $v = 5$ m/s の船で渡るのだから，川を渡る時間は

$t = \dfrac{125}{5} = \mathbf{25\ s}$

（別解） 川幅 AB（距離 100 m）を 4 m/s の速さで岸に近づくから，

$t = \dfrac{100}{4} = \mathbf{25\ s}$

問題 1.9

$V = 5$ m/s として，図 1.17 より，

$v\tan 30^\circ = V \quad \therefore v\left(\dfrac{1}{\sqrt{3}}\right) = V$

これから，地面に対する雨滴の速さは

$v = V\sqrt{3} = 5\sqrt{3} = \mathbf{8.65\ m/s}$

同様に $v'\sin 30^\circ = V$ だから，自動車から見る雨滴の速さは

$v' = V/\sin 30^\circ = 2V = \mathbf{10.0\ m/s}$

2. 力のはたらき

問題 2.1

まず図中に物体の重さ W，ひもの張力 T と糸の張力 F を書き込む．次に水平方向，鉛直

方向のつり合いの式をたてる．

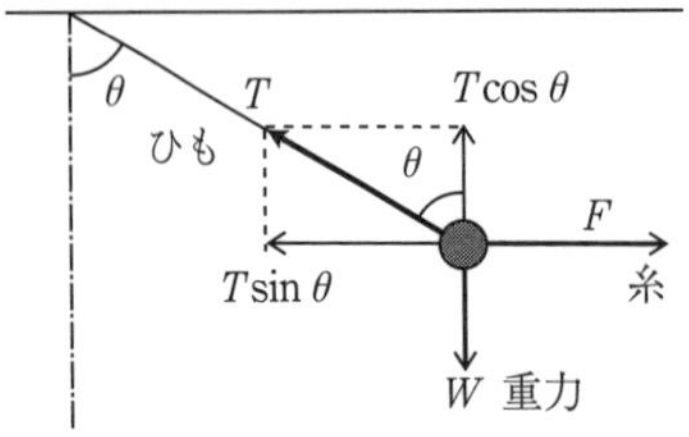

図を参照してつり合いの式を立てると，

水平方向： $T\sin\theta = F \cdots ①$

鉛直方向： $T\cos\theta = W \cdots ②$

②より $T = \dfrac{\boldsymbol{W}}{\boldsymbol{\cos\theta}}$

①に代入して

$F = \left(\dfrac{\boldsymbol{W}}{\boldsymbol{\cos\theta}}\right)\boldsymbol{\sin\theta = W\tan\theta}$

$\theta = 60°$，$W = 10\,\mathrm{kgw}$ を代入して

$T = \dfrac{10}{\cos 60°} = \mathbf{20\ kgw}$

$F = 10\tan 60° = \mathbf{10\sqrt{3} = 17.3\ kgw}$

問題 2.2

① 遠隔力

② 近接力（接触力）

③ 重力

④ 垂直抗力

⑤ 静止摩擦力

⑥ 張力

⑦ 弾性力

問題 2.3

① $F = 2\times \mathrm{OA}\cos 30° = 2\times 2\times \dfrac{\sqrt{3}}{2}$

$= \mathbf{2\sqrt{3} = 3.46}\ \mathrm{kgw}$

② $F_{1x} = \mathbf{2}\ (\mathrm{kgw})$

③ $F_{1y} = \mathbf{0}\ (\mathrm{kgw})$

④ $F_{2x} = 2\cos 60° = \mathbf{1}\ (\mathrm{kgw})$

⑤ $F_{2y} = 2\sin 60° = \boldsymbol{\sqrt{3}}\ (\mathrm{kgw})$

⑥ $F_x = F_{1x} + F_{2x} = 2 + 1 = \mathbf{3}\ \mathrm{kgw}$

⑦ $F_y = F_{1y} + F_{2y} = 0 + \sqrt{3} = \boldsymbol{\sqrt{3}}\ \mathrm{kgw}$

⑧ $F = \sqrt{F_x^2 + F_y^2} = \sqrt{9+3} = \sqrt{12}$

$= \mathbf{2\sqrt{3} = 3.46}\ \mathrm{kgw}$

（もちろん，①と⑧は同じになる．）

問題 2.4

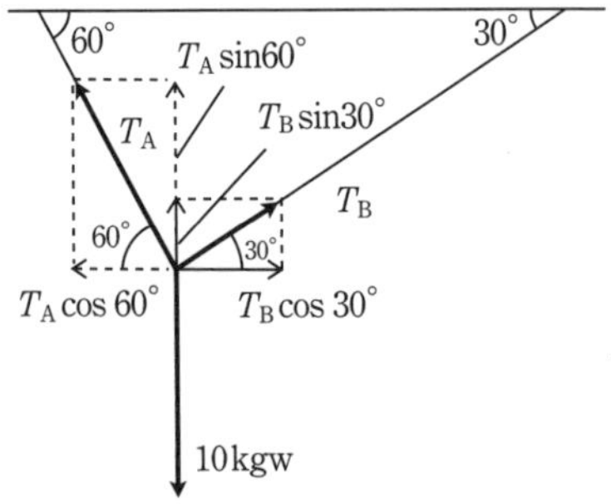

(1) 上図より，$T_A\cos 60° = T_B\cos 30°$

$T_A\left(\dfrac{1}{2}\right) = T_B\left(\dfrac{\sqrt{3}}{2}\right)$

$\therefore\quad \mathbf{T_A = \sqrt{3}T_B} \cdots ①$

(2) $T_A\sin 60° + T_B\sin 30° = 10$

$T_A\left(\dfrac{\sqrt{3}}{2}\right) + T_B\left(\dfrac{1}{2}\right) = 10$

$\therefore\quad \mathbf{\sqrt{3}T_A + T_B = 20} \cdots ②$

(3) ①，②を連立して解いて，

$T_A = \mathbf{5\sqrt{3} = 8.66\ kgw}$,

$T_B = \mathbf{5\ kgw}$

（別解）おもりの重さ 10 kgw とつり合う上向きの力 (10 kgw) を考え，それを下図のように糸の方向に分解すればよい．

$T_A = 10\cos 30° = \mathbf{5\sqrt{3} = 8.66\ kgw}$,

$T_B = 10\cos 60° = \mathbf{5\ kgw}$

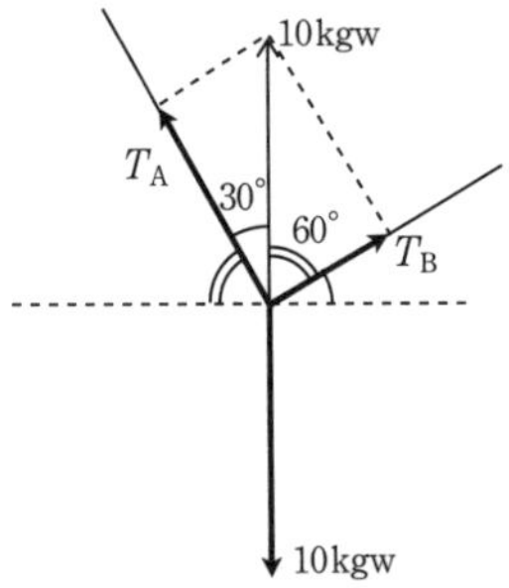

問題 2.5

ばね定数 $k = 3.0\,\mathrm{kgw/m}$ だから，

(1) 力 $F = 1.2\,\mathrm{kgw}$ の重さが加わるとき，
フックの法則 $F = ks$ より，
ばねの伸び $s = \dfrac{F}{k} = \dfrac{1.2}{3} = \mathbf{0.4\ m}$

(2) 下図のようにおもりの重力を斜面に平行と垂直に分解する．ばねの弾性力 F とつり合うのは斜面に平行な成分だから，

$F = 1.2\sin 60° = 0.6\sqrt{3}$ kgw である．フックの法則 $F = kx$ より，ばねの伸び

$$x = \frac{F}{k} = \frac{0.6\sqrt{3}}{3} = \mathbf{0.2\sqrt{3} = 0.346}\ \text{m}$$

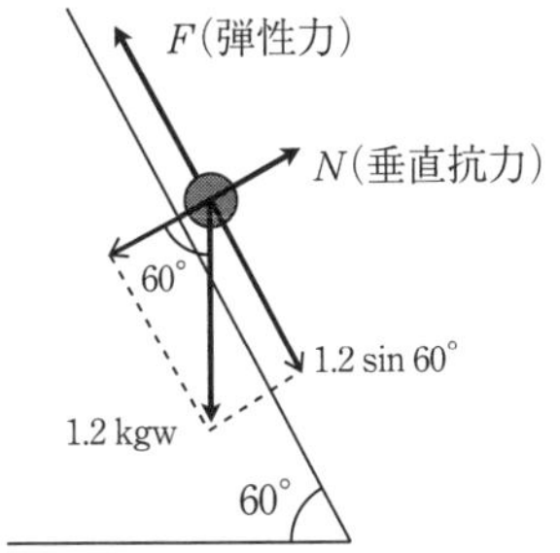

問題 2.6

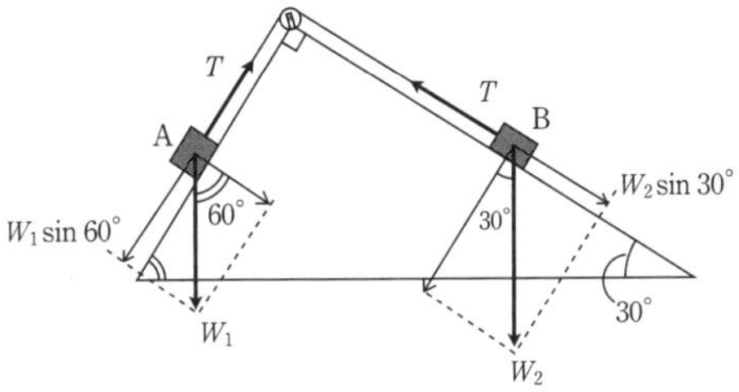

(1) 図より物体 A にはたらく力について，斜面と平行方向の力のつり合い：

$$\boldsymbol{W_1 \sin 60° = T}$$

$$\therefore \quad \boldsymbol{W_1 \left(\frac{\sqrt{3}}{2}\right) = T} \cdots ①$$

(2) 物体 B にはたらく力について，斜面と平行方向の力のつり合い：

$$\boldsymbol{W_2 \sin 30° = T}$$

$$\therefore \quad \boldsymbol{W_2 \left(\frac{1}{2}\right) = T} \cdots ②$$

(3) $W_1 = 10\,\text{kgw}$ のとき，①と②より，

$$T = \frac{\sqrt{3}}{2}W_1 = \mathbf{5\sqrt{3} = 8.66\ kgw}$$

$$W_2 = \sqrt{3}W_1 = \mathbf{10\sqrt{3} = 17.3\ kgw}$$

3. 運動の表し方 (1)

問題 3.1

まず与えられている条件を書き出すこと．

① **200** 秒後

初速度 $v_0 = 0$ m/s で，t [s] 後に速さ $v = 50$ m/s になっている．$v = v_0 + at$ に代入して，

$50 = 0 + 0.25t$

ゆえに $t = 200$ s 後（≅ 3 分後）

② **450** m

初速度 $v_0 = 0$ m/s，加速度 $a = 0.25$ m/s^2 として，時間 $t = 60$ s に進んだ距離は

$$x = \frac{1}{2}at^2 = \frac{1}{2} \times 0.25 \times 60^2 = 450\ \text{m}$$

③ **3200** m

速さは初速度 $v_0 = 0$ m/s から $v = 40$m/s になった．この間の距離を x [m] として，

$v^2 - v_0^2 = 2ax$ より，$40^2 - 0^2 = 2 \times 0.25 \times x$

ゆえに $x = 3200$ m

問題 3.2

(1) $v_0 = 2\,\text{m/s}$，$a = 3\,\text{m/s}^2$，$t = 4\,\text{s}$ として，

速さ $v = v_0 + at = \mathbf{14\ m/s}$

距離 $x = v_0 t + \dfrac{1}{2}at^2 = \mathbf{32\ m}$

(2) $v_0 = 12$ m/s，$v = 0$ m/s，$x = 18$ m として，$v^2 - v_0^2 = 2ax$ より

$$加速度\ a = \frac{v^2 - v_0^2}{2x} = \mathbf{-4.0\ m/s^2}$$

$v = v_0 + at$ に代入して $0 = 12 - 4t$

これから時間 $t = \mathbf{3.0\ s}$

(3) $v_0 = 5$ m/s，$a = 2$ m/s^2，$x = 50$ m

$x = v_0 t + \dfrac{1}{2}at^2$ に代入して

$$50 = 5t + \frac{1}{2} \times 2t^2$$

$t^2 + 5t - 50 = 0 \quad \therefore (t + 10)(t - 5) = 0$

$t > 0$ だから時間 $t = \mathbf{5.0\ s}$

速さ $v = v_0 + at = 5 + 2 \times 5 = \mathbf{15\ m/s}$

問題 3.3

放物運動は，「水平方向には等速度運動，鉛直方向には加速度 g の等加速度運動」であることをきちんと理解すること．

初速度 $v_0 = 10$ m/s だから

(1) 投げた直後の速度の水平成分：

$v_x = v_0 \cos\theta = 10 \times 3/5 = \mathbf{6.0\ m/s}$

投げた直後の速度の鉛直成分：

$v_y = v_0 \sin\theta = 10 \times 4/5 = \mathbf{8.0\ m/s}$

(2) $t = 0.5$ 秒後の速度の水平成分：

（等速度運動）

$v_x = v_0 \cos\theta = \mathbf{6.0\ m/s}$

$t = 0.5$ 秒後の速度の鉛直成分：

（等加速度運動）

$v_y = v_0 \sin\theta - gt$

$= 8.0 - 9.8 \times 0.5 = \mathbf{3.1\ m/s}$

(3) $t = 0.5$ 秒後の水平到達距離：

x 方向は等速度運動だから

$x = v_0 \cos\theta \times t = 6.0 \times 0.5 = \mathbf{3.0\ m}$

投げてから $t = 0.5$ 秒後の高さ：

y 方向は等加速度運動だから

$$y = v_0 \sin\theta \times t - \frac{1}{2}gt^2$$
$$= 8.0 \times 0.5 - \frac{1}{2} \times 9.8 \times 0.5^2$$
$$= \mathbf{2.78\ m}$$

(4) 地上に落ちるのは高さ $y = 0$ のときだから，条件式

$$y = v_0 \sin\theta \times t - \frac{1}{2}gt^2$$
$$= (v_0 \sin\theta - \frac{1}{2}gt)t = 0$$

を解いて，解は $t = 0$ と $t = \dfrac{2v_0 \sin\theta}{g}$

$t = 0$ は投げ上げた時だから，地上に落ちた時刻は

$$t = \frac{2v_0 \sin\theta}{g} = \frac{2 \times 10 \times (4/5)}{9.8} = \mathbf{1.63\,s}$$

投げた地点から落ちた地点までの距離は

$$x = v_0 \cos\theta \times t = v_0 \cos\theta \times \frac{2v_0 \sin\theta}{g}$$
$$= \frac{2v_0^2 \sin\theta \cos\theta}{g} = \mathbf{9.80\ m}$$

4．運動の表し方 (2)

問題 4.1

(1) $\dfrac{d}{dx}(5x^3 - 3x^2 - 2x + 7) = \boldsymbol{15x^2 - 6x - 2}$

(2) $\dfrac{d}{dx}\{(2x^2 - 3)(x + 5)\}$

$$= \frac{d}{dx}\{2x^3 + 10x^2 - 3x - 15\}$$
$$= \boldsymbol{6x^2 + 20x - 3}$$

(3) $\dfrac{d}{dx}(\sqrt{x}) = \dfrac{d}{dx}(x^{\frac{1}{2}}) = \boldsymbol{\dfrac{1}{2}x^{-\frac{1}{2}}} = \boldsymbol{\dfrac{1}{2\sqrt{x}}}$

(4) $\dfrac{d}{dx}\left(\dfrac{1}{x^2}\right) = \dfrac{d}{dx}(x^{-2})$

$$= \boldsymbol{-2x^{-3}} = \boldsymbol{-\frac{2}{x^3}}$$

問題 4.2

(1) $\boldsymbol{x}$

(2) $\boldsymbol{\dfrac{4}{3}x^3}$

(3) $\boldsymbol{\dfrac{1}{3}x^3 + \dfrac{1}{2}x^2}$

(4) $\boldsymbol{\dfrac{2}{3}x^{\frac{3}{2}} = \dfrac{2}{3}x\sqrt{x}}$

(5) $\boldsymbol{-x^{-1} = -\dfrac{1}{x}}$

問題 4.3

位置 $x = x(t) = 2t^3 - 3t^2 + 4t - 5$

① $x = x(t)$ を時間 t で微分して，

速度 $v = v(t) = \dfrac{dx}{dt}$

$$= \boldsymbol{6t^2 - 6t + 4}$$

② $v = v(t)$ を時間 t で微分して，

加速度 $a = a(t) = \dfrac{dv}{dt} = \boldsymbol{12t - 6}$

③ これらの式に，$t = 2$ s を代入して，

位置は $x(2) = \mathbf{7\ m}$

④ 速度は $v(2) = \mathbf{16\ m/s}$

⑤ 加速度は $a(2) = \mathbf{18\ m/s^2}$

問題 4.4

(1) $\dfrac{ds}{dt} = 4.9 \times \dfrac{d}{dt}(t^2) = 4.9 \times 2t = \boldsymbol{9.8t}$

(2) $\dfrac{dS}{dr} = \pi \times \dfrac{d}{dr}(r^2) = \pi \times 2r = \boldsymbol{2\pi r}$

コメント：円の面積 $S = \pi r^2$ を r で微分すると，円周の長さ $l = 2\pi r$ が得られる．

(3) $\dfrac{dV}{dr} = \dfrac{4}{3}\pi \times \dfrac{d}{dr}(r^3) = \dfrac{4}{3}\pi \times 3r^2 = \boldsymbol{4\pi r^2}$

コメント：球の体積 $V = \dfrac{4}{3}\pi r^3$ を r で微分すると，球の表面積 $S = 4\pi r^2$ が得られる．

(4) $\dfrac{dV}{dr} = \pi h \times \dfrac{d}{dr}(r^2) = \pi h \times 2r = \boldsymbol{2\pi hr}$

問題 4.5

$y(t) = 30 + 25t - 5t^2$ だから，t 秒後の速さは

$$v(t) = \frac{dy}{dt} = 25 - 10t$$

(1) $t = 1$ s での速度は $v(1) = \mathbf{15\ m/s}$

$t = 3$ s での速度は $v(3) = \mathbf{-5\ m/s}$

コメント：1 秒後の速さは 15 m/s（上昇），3 秒後の速さは 5 m/s（下降）．

(2) 地上に落下するときは $y = 0$，よって

$$y = 30 + 25t - 5t^2 = 0$$
$$\therefore\ t^2 - 5t - 6 = (t - 6)(t + 1) = 0$$

ゆえに落下するのは 6 秒後で，その速度は　$v(6) = \mathbf{-35\ m/s}$

(3) 最高点に達したときは $v = 0$，よって $v = 25 - 10t = 0$ より $t = \dfrac{5}{2} = 2.5\,\mathrm{s}$，

このときの高さは　$y(2.5) = \mathbf{61.25\ m}$

(4) 加速度は $a = \dfrac{dv}{dt} = \mathbf{-10\ m/s^2}$

5. 運動の法則

問題 5.1

(1) 平面上での垂直抗力は $N = mg$ だから，摩擦力は $F' = -\mu' N = -\mu' mg$．加速度を a として，運動方程式をたてると，
$ma = -\mu' mg$ ∴ 加速度 $a = \boldsymbol{-\mu' g}$
動摩擦力が運動の向き（初速度の向き）と反対だから，加速度は負となる．

(2) 初速度 v_0 で動いていた物体が加速度 $a = -\mu' g$ で運動して距離 x だけ移動して止まる $(v = 0)$ のだから，等加速度運動の公式 $v^2 - v_0^2 = 2ax$ に代入して
$0^2 - v_0^2 = -2\mu' gx$ ∴ 距離 $x = \boldsymbol{\dfrac{v_0^2}{2\mu' g}}$

問題 5.2

① **9.8** （特に断りがない限り 1 kgw = 9.8 N として扱うこと）
② **kg·m/s²**
③ **c; 10 N**
（1 l の水は約 1 kg だから重力 9.8 N≈ 10 N）

問題 5.3

① **慣性**（の法則）
② **運動**（の法則）
③ **作用・反作用**（の法則）
④ **比例**
⑤ **質量**

問題 5.4

① **鉛直下**（向き）
② $\boldsymbol{mg}$
③ $\boldsymbol{g}$
④ **等加速度運動**
⑤ **等速度**（運動）
⑥ **初期**（条件）

問題 5.5

運動方程式 $ma = F$ に数値を代入する．
(1) ①: **5**　　②：**m/s²**
(2) ③: **12**　　④：**N**
(3) ⑤: **6**　　⑥：**kg**

問題 5.6

① **作用・反作用**（の法則）
② $Ma = \boldsymbol{F - f}$
③ $ma = \boldsymbol{f}$
④ $a = \boldsymbol{\dfrac{F}{M+m}}$
⑤ $f = \boldsymbol{\dfrac{m}{M+m}F}$

問題 5.7

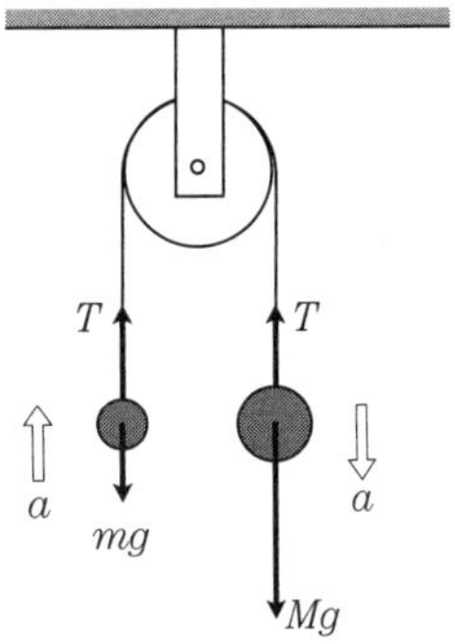

(1) 図の通り．まず遠隔力（重力 mg と Mg）を描き，次に近接力（糸の張力 T）を描き入れる．「軽い滑車」は力の向きを変えるだけなので，運動方程式を立てる必要はない．

(2) 加速度 a の向きを図のようにとり，物体にはたらく力の向きが加速度の向きと同じなら正，反対向きならば負の符号をつける．運動方程式は

m： $\boldsymbol{ma = T - mg}$ ···①
M： $\boldsymbol{Ma = Mg - T}$ ···②

(3) ①と②を未知数が a と T の連立方程式とみて解くと

$$a = \boldsymbol{\frac{M-m}{M+m}g} \qquad T = \boldsymbol{\frac{2mM}{M+m}g}$$

問題 5.8

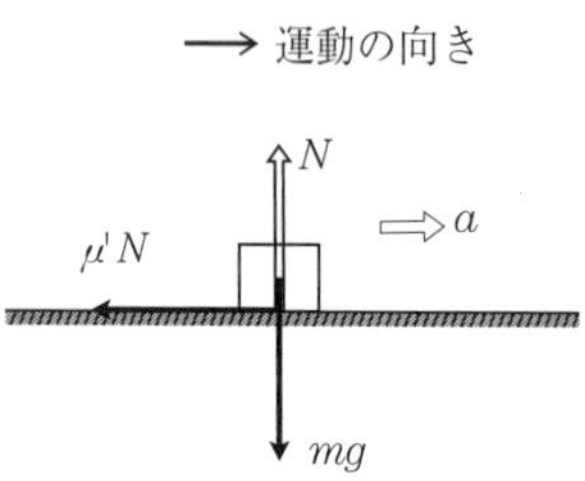

$m = 0.5$ kg，$g = 9.8$ m/s^2，$\mu' = 0.4$ として

(1) 鉛直方向でのつり合いから

垂直抗力 $N = mg = \mathbf{4.9\ N}$

(2) 動摩擦力 $F' = \mu' N = \mathbf{1.96\ N}$

(3) 図のように，運動の方向を加速度の正の向きに定めると，摩擦力は運動の向きと反対だから負になる．したがって運動方程式は　$ma = -\mu' N = -\mu' mg$

$\therefore$加速度 $a = -\mu' g = \mathbf{-3.92\ m/s^2}$

（a が負になるのは減速することを表す.）

(4) 等加速度運動の公式 $v^2 - v_0^2 = 2ax$ で，$v_0 = 14$ m/s，$v = 0$ m/s として

$$x = \frac{0 - v_0^2}{2a} = \frac{v_0^2}{2\mu' g} = \mathbf{25\ m}$$

6. 問題演習（力と運動）

A. 基本問題

問題 6.1

(1) 図 (a) に示すように，重力 W を，斜面に平行方向の成分 $(W \sin\theta)$ と斜面に垂直方向の成分 $(W \cos\theta)$ に分けて力のつり合いを考える．斜面に平行方向のつり合いより

加えた力：$F = \boldsymbol{W \sin\theta}$

斜面に垂直方向のつり合いより

垂直抗力：$N = \boldsymbol{W \cos\theta}$

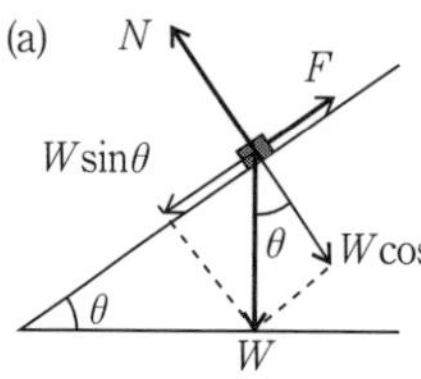

(2) 図 (b) に示すように，垂直抗力 N を，水平方向の成分 $(N \sin\theta)$ と鉛直方向の成分 $(N \cos\theta)$ に分けて，力のつり合いを考える．鉛直方向のつり合い $N \cos\theta = W$ より

垂直抗力 $N = \dfrac{\boldsymbol{W}}{\boldsymbol{\cos\theta}}$

水平方向のつり合いより

外から加えた力 $F = N \sin\theta = \boldsymbol{W \tan\theta}$

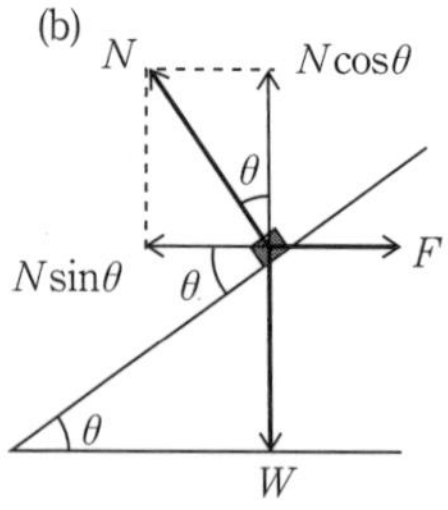

（**(2) の別解**）　力を斜面に垂直か平行かに分けてつり合いの式をたてると，

斜面に平行方向：$F \cos\theta = W \sin\theta \cdots$ ①

斜面に垂直方向：$N = W \cos\theta + F \sin\theta$ ②

①より F が，②より N が得られる．

問題 6.2

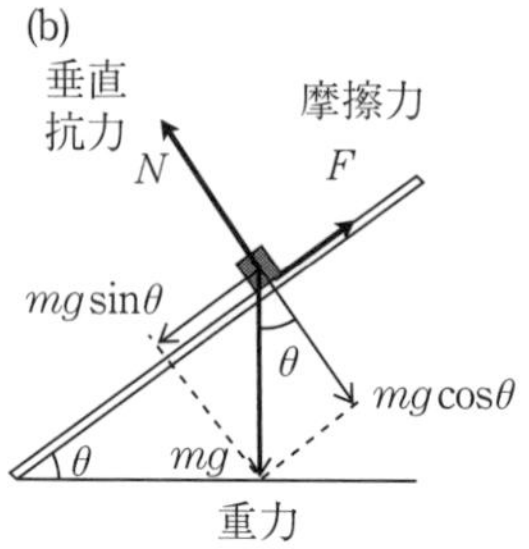

(1) 図に示すように，**重力** $\boldsymbol{mg}$ を，斜面に平行方向の成分 $(mg \sin\theta)$ と斜面に垂直方向の成分 $(mg \cos\theta)$ に分けて力のつり合いを考える．

斜面に平行方向のつり合いより

摩擦力：$F = \boldsymbol{mg \sin\theta}$

斜面に垂直方向のつり合いより

垂直抗力：$N = \boldsymbol{mg \cos\theta}$

(2) 摩擦力 F が最大摩擦力 $F_0 = \mu N$ を超えるとすべり出す．このときの条件は角度 $\theta = \theta_1$ だから，$mg \sin\theta_1 = \mu mg \cos\theta_1$. ゆえに，静止摩擦係数 $\mu = \boldsymbol{\tan\theta_1}$.

（すべり始める角度 θ_1 を**摩擦角**とよぶ.）

問題 6.3

位置 $x = x(t) = t^3 - 3t^2 - 9t + 10$

$x = x(t)$ を時間 t で微分して,

$$速度\ v = v(t) = \frac{dx}{dt} = 3t^2 - 6t - 9 = 3(t+1)(t-3)$$

$v = v(t)$ を時間 t で微分して,

$$加速度\ a = a(t) = \frac{dv}{dt} = 6t - 6 = 6(t-1)$$

これらの式に, $t = 2$ s を代入して,

速度は $v(2) = \mathbf{-9\ m/s}$

加速度は $a(2) = \mathbf{6\ m/s^2}$

問題 6.4

(1) $v = v_0 + at$ より, 加速度 $a = \dfrac{v - v_0}{t}$

これに $v_0 = 0$, $t = 5$ s, $v = 20$ m/s を代入して, 加速度 $a = \mathbf{4\ m/s^2}$

進んだ距離 $s = v_0 t + \dfrac{1}{2}at^2 = \mathbf{50\ m}$

(2) $v^2 - v_0^2 = 2as$ より, 加速度 $a = \dfrac{v^2 - v_0^2}{2s}$

これに $v_0 = 10$ m/s, $v = 20$ m/s, $s = 100$ m を代入して,

加速度 $a = \mathbf{1.5\ m/s^2}$

(3) $v^2 - v_0^2 = 2as$ より, 加速度 $a = \dfrac{v^2 - v_0^2}{2s}$

これに $v_0 = 15$ m/s, $v = 0$, $s = 75$ m を代入して,

加速度 $a = \mathbf{-1.5\ m/s^2}$

$v = v_0 + at$ より,

止まるまでの時間 $t = \dfrac{v - v_0}{a} = \mathbf{10\ s}$

問題 6.5

初速度 $v_0 = 0$ m/s で落下するから, $t = 3$ 秒間の落下距離 x [m] は

$$x = \frac{1}{2}gt^2 = \frac{1}{2} \times 9.8 \times 3^2 = \mathbf{44.1\ m}$$

水面に到達したときの小石の速さ v [m/s] は

$$v = gt = 9.8 \times 3 = \mathbf{29.4\ m/s}$$

問題 6.6

小石の運動を水平方向と鉛直方向に分けて考える.

(1) 高さ $h = 10$ m, 重力加速度 $g = 9.8$ m/s^2 とおく. 鉛直方向は, 自由落下運動と同じだから, $h = \dfrac{1}{2}gt^2$ より,

落下時間 $t = \sqrt{\dfrac{2h}{g}} = \dfrac{10}{7} = \mathbf{1.43\ s}$

(2) 水平方向は, 速さ $v_0 = 14$ m/s の等速運動だから,

水平到達距離 $x = v_0 t = \mathbf{20\ m}$

(3) 水面に到達したときの水平方向の速さは

$v_x = v_0 = 14$ m/s

鉛直方向の速さは $v_y = gt = 14$ m/s.

したがって

速さ $v = \sqrt{v_x^2 + v_y^2} = 14\sqrt{2} = \mathbf{19.8\ m/s}$

水平面となす角 θ は

$\tan\theta = \dfrac{v_y}{v_x} = 1$ より $\theta = \mathbf{45°}$

問題 6.7

小石の運動を水平 (x) 方向と鉛直 (y) 方向に分けて考える.

(1) 初速度 $v_0 = 9.8$ m/s をわけると,

水平方向：

$v_{0x} = v_0 \cos 30° = \mathbf{4.9\sqrt{3} = 8.49\ m/s}$

鉛直方向： $v_{0y} = v_0 \sin 30° = \mathbf{4.9\ m/s}$

(2) 鉛直方向の速さ $v_y = v_{0y} - gt_1 = 0$ より

最高点に達する時間 $t_1 = \dfrac{v_{0y}}{g} = \mathbf{0.5\ s}$

(3) 時刻 t のときの高さは, $y = v_{0y}t - \dfrac{1}{2}gt^2$ だから, この式に $y = -29.4$ m, $v_{0y} = 4.9$ m/s, $g = 9.8$ m/s^2 を代入して

$$-29.4 = 4.9t - 4.9t^2$$

$$\therefore -6 = t - t^2$$

よって $(t-3)(t+2) = 0$ より $t = \mathbf{3\ s}$

（$t = -2$ は不適）

(4) 水平到達距離は

$x = v_{0x}t = 4.9\sqrt{3} \times 3 = \mathbf{25.5\ m}$

(5) 放物運動の水平方向の速さは一定で,

$v_x = v_{0x} = 4.9\sqrt{3}$ m/s

鉛直方向は等加速度運動で, その速さは

$t = 3$ s で $v_y = v_{0y} - gt = -24.5$ m/s

ゆえに $t = 3$ s で

$v = \sqrt{v_x^2 + v_y^2} = 9.8\sqrt{7} = \mathbf{25.9\ m/s}$

問題 6.8

$x = (v_0 \cos\theta)\ t \cdots$ ①

$$y=-\frac{1}{2}gt^2+(v_0\sin\theta)\,t\cdots②$$

(1) 式①より $t=\dfrac{x}{v_0\cos\theta}$

式②に代入して整理すれば

$$\boldsymbol{y=-\left(\frac{g}{2v_0^2\cos^2\theta}\right)x^2+(\tan\theta)x}$$

(2) 式②を時間 t で微分して

速度の y 成分：$v_y=\dfrac{dy}{dt}=-gt+v_0\sin\theta$

最高点では $v_y=0$ だから

$v_y=-gt_1+v_0\sin\theta=0$　これから

最高点に達するまでの時間 $t_1=\boldsymbol{\dfrac{v_0\sin\theta}{g}}$

(3) $t_1=\dfrac{v_0\sin\theta}{g}$ を式②に代入して

最高点の高さ $y=\boldsymbol{\dfrac{v_0^2\sin^2\theta}{2g}}$

(4) 速度の x 成分は：

$$v_x=\frac{dx}{dt}=v_0\cos\theta\ (=\text{一定})$$

∴ 水平方向には速さ $v_0\cos\theta$ の等速運動

速度の y 成分：$v_y=\dfrac{dy}{dt}=-gt+v_0\sin\theta$

加速度の y 成分は

$$a_y=\frac{dv_y}{dt}=-g\ (=\text{一定})$$

∴ 鉛直方向には加速度 $-g$ の等加速度運動

(5) (1) の軌道の方程式で $y=0$ とおくと，

$$y=-x\left\{\left(\frac{g}{2v_0^2\cos^2\theta}\right)x-\tan\theta\right\}=0$$

この方程式の解は

$$x=\boldsymbol{\frac{2v_0^2}{g}\cos\theta\sin\theta=\frac{v_0^2}{g}\sin2\theta}$$

と $x=0$（$x=0$ は不適）

(6) (5) の x が最大となるのは $\sin2\theta=1$

つまり角 $\theta=\boldsymbol{45°}$ のときで，

最大飛距離 $x=\boldsymbol{\dfrac{v_0^2}{g}}$

問題 6.9

(1) 質量 m [kg] の気球にはたらく力は，浮力 F [N]（上向き）と重力 mg [N]（下向き）で，その合力は上向きを正として $F-mg$ [N] である．よって運動方程式は $ma=\boldsymbol{F-mg}\cdots①$.

(2) ①に質量 $m=420\,\mathrm{kg}$，加速度 $a=0.2\,\mathrm{m/s^2}$，重力加速度 $g=9.8\,\mathrm{m/s^2}$ を代入して，$420\times0.2=F-420\times9.8$.

$F=ma+mg=m(a+g)=\mathbf{4200\ N}$

$1\,\mathrm{N}=1/9.8\,\mathrm{kgw}$ だから，

$F=4200/9.8=\mathbf{429\ kgw}$

(3) 質量 $m_1=400\,\mathrm{kg}$ の気球本体に，浮力 $F=4200\,\mathrm{N}$（上向き）と，重力 m_1g（下向き）がはたらいているから，

運動方程式は $m_1a_1=F-m_1g$.

したがって砂袋を分離投下後の気球本体の加速度は

$$a_1=\frac{F-m_1g}{m_1}=\mathbf{0.70\ m/s^2}$$

問題 6.10

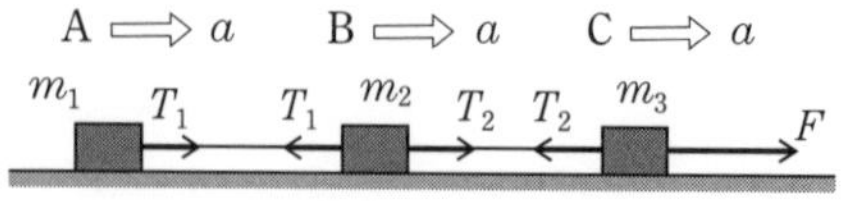

(1) 各物体にはたらく力は図のようになるから，運動方程式は

A: $\boldsymbol{m_1a=T_1}\cdots①$

B: $\boldsymbol{m_2a=T_2-T_1}\cdots②$

C: $\boldsymbol{m_3a=F-T_2}\cdots③$

(2) ①＋②＋③ を行うと，（内力 T_1，T_2 が消去されて）

$$(m_1+m_2+m_3)a=F$$

$m_1=10\,\mathrm{kg}$，$m_2=15\,\mathrm{kg}$，$m_3=20\,\mathrm{kg}$，$F=36\,\mathrm{N}$ だから，

$$a=\frac{F}{m_1+m_2+m_3}=\mathbf{0.8\ m/s^2}$$

①より $T_1=m_1a=\mathbf{8\ N}$

②より $T_2=T_1+m_2a=\mathbf{20\ N}$

問題 6.11

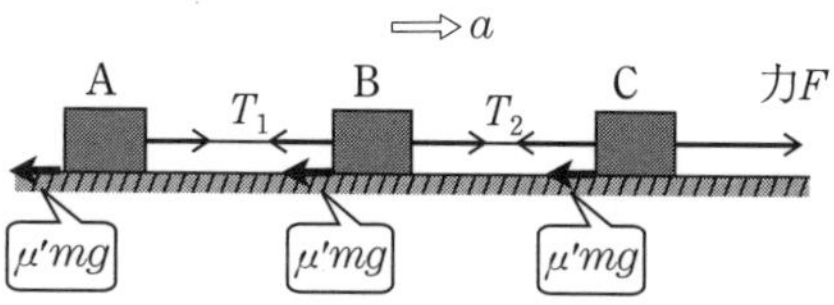

(1) 面から物体 A にはたらく抗力は $N=mg$

動摩擦力の大きさは $F'=\mu'N=\boldsymbol{\mu'mg}$

動摩擦力の向きは，**左向き**（運動を妨げる方向）.

(2) 図を参考にして，運動方程式は

A: $\boldsymbol{ma=T_1-\mu'mg}\cdots①$

B: $\boldsymbol{ma=T_2-T_1-\mu'mg}\cdots②$

C: $\boldsymbol{ma=F-T_2-\mu'mg}\cdots③$

(3) ①～③ の辺々を加えて（T_1，T_2 を消去して）$3ma = F - 3\mu' mg$

$\therefore\ F = \boldsymbol{3m(a + \mu' g)}$

(4) $a = \dfrac{g}{2}$，$\mu' = 0.5$ を代入して

$F = \boldsymbol{3mg}$

①～③を使って，

$T_1 = \boldsymbol{mg}$

$T_2 = \boldsymbol{2mg}$

問題 6.12

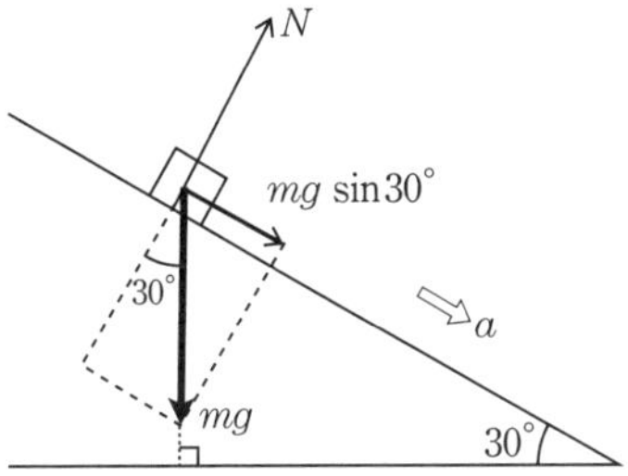

(1) 重力 mg を分解すると，斜面に平行な成分は $mg\sin 30°$，垂直な成分は $mg\cos 30°$．斜面に平行成分の運動方程式は，

$\boldsymbol{ma = mg\sin 30°}$

（参考）斜面に垂直成分の運動方程式は，$0 = N - mg\cos 30°$ となり，つり合いの式を与える．

(2) (1) より，$a = g\sin 30° = \mathbf{4.9\ m/s^2}$

(3) 初速度 0，加速度 $a = 4.9\,\mathrm{m/s^2}$ の等加速度運動だから，距離 $x = 1.8\,\mathrm{m}$ 下ったときの速さは $v = \sqrt{2ax} = \mathbf{4.2\,m/s}$

時間は $t = \sqrt{\dfrac{2x}{a}} = \dfrac{6}{7} = \mathbf{0.857\ s}$

問題 6.13

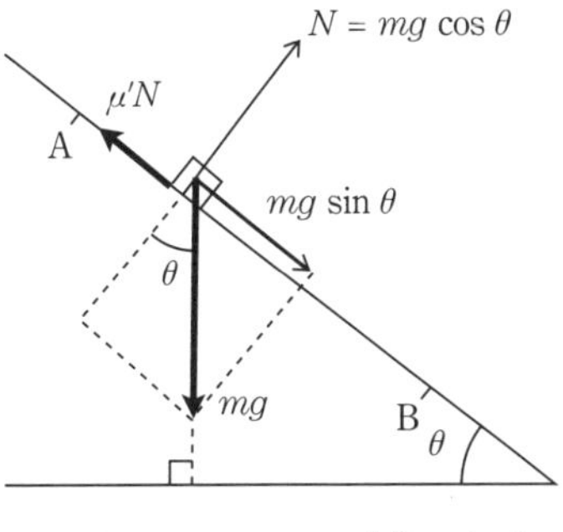

(1) $m = 5\,\mathrm{kg}$，$g = 9.8\,\mathrm{m/s^2}$，$\sin\theta = 0.6$，$\cos\theta = 0.8$ とする．図を参考にして

重力の大きさは $W = mg = \mathbf{49\,N}$

垂直抗力は $N = mg\cos\theta = \mathbf{39.2\,N}$

動摩擦力は

$F' = \mu' N = \mu' mg\cos\theta = \mathbf{9.8\,N}$

(2) 図を参考にして，運動方程式は

$ma = mg\sin\theta - \mu' mg\cos\theta$

これから加速度は

$a = g(\sin\theta - \mu'\cos\theta) = \mathbf{3.92\ m/s^2}$

(3) 初速度 0，加速度 $a = 3.92\,\mathrm{m/s^2}$，AB 間の距離 $l = 0.36\,\mathrm{m}$ として，等加速度運動の公式を適用する．

速さは $v = \sqrt{2al} = \mathbf{1.68\ m/s}$

時間は $t = \sqrt{\dfrac{2l}{a}} = \dfrac{3}{7} = \mathbf{0.428\ s}$

B. 標準問題

問題 6.14

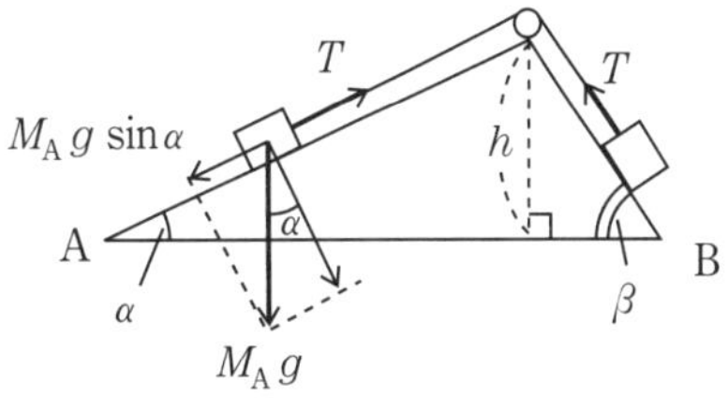

図のように水平な辺 AB から頂点 C までの高さを h とし，$\angle\mathrm{A} = \alpha$，$\angle\mathrm{B} = \beta$ とおくと，

$\sin\alpha = \dfrac{h}{a}\cdots①$　　$\sin\beta = \dfrac{h}{b}\cdots②$

糸の張力を T として，質量 M_A の物体の斜面と平行方向の力のつり合いの式を立てると

$M_\mathrm{A} g\sin\alpha = T\cdots③$

同様に，

$M_\mathrm{B} g\sin\beta = T\cdots④$

式 ③ と ④ より，

$M_\mathrm{A}\sin\alpha = M_\mathrm{B}\sin\beta$

これに式 ① と ② を代入して

$M_\mathrm{A}\dfrac{h}{a} = M_\mathrm{B}\dfrac{h}{b}$ より　$\dfrac{M_\mathrm{A}}{M_\mathrm{B}} = \dfrac{a}{b}$

よって　$M_\mathrm{A} : M_\mathrm{B} = a : b$　　（証終）

問題 6.15

(1) 図より初速度 $v_0 = 3\ \mathrm{m/s}$ で加速度 $a = (0-3)/(5-0) = -0.6\ \mathrm{m/s^2}$

等加速度運動だから $v = v_0 + at$ に代入

して　$\boldsymbol{v = 3 - 0.6t}$ **[m/s]**

(2) 向きを変えるのは v の符号が（正から負へ）変わるとき，つまり図より $v = 0$ となる時刻 $t =$ **5 s.**

その間に進んだ距離 s_1 は図で $0 \leqq t \leqq 5$ [s] での「面積」だから $s_1 =$ **7.5 m**

（別解）$s_1 = v_0 t + \dfrac{1}{2}at^2$

$= 3 \times 5 + \dfrac{1}{2} \times (-0.6) \times 5^2 =$ **7.5 m**

(3) 等加速度運動の公式に $v_0 = 3$ m/s，$a = -0.6$ m/s^2, $t = 7$ s を代入して, $0 \leqq t \leqq 7$ [s] の間の「変位」は

$s = v_0 t + \dfrac{1}{2}at^2 =$ **6.3 m**

(4) $0 \leqq t \leqq 5$ [s] での移動距離は (2) で求めた $s_1 = 7.5$ m．時間 $5 \leqq t \leqq 7$ [s] の 2 秒間は反対向きに進む．この間の移動距離は v-t 図の面積（$t \geqq 5$ s で $v < 0$ となる三角形の面積）から求めることができて，$|s_2| = 1.2$ m.

結局「移動距離」は

$l = |s_1| + |s_2| = 7.5 + 1.2 =$ **8.7 m**

コメント： $0 \leqq t \leqq 5$ [s] の間に 7.5 m 進み，$5 \leqq t \leqq 7$ [s] の間に 1.2 m 戻るから，この間の「移動距離」は $7.5 + 1.2 = 8.7$ m で，「変位」は (3) で求めた $s = 7.5 - 1.2 = 6.3$ m となる．

問題 6.16

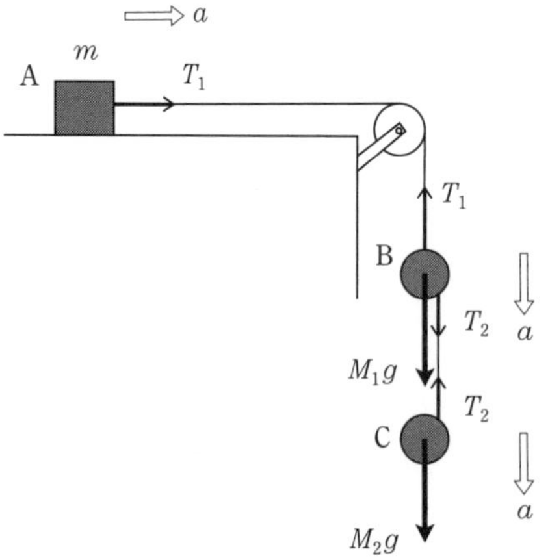

(1) 各物体にはたらく力は図のようになるから，運動方程式は

A: $\boldsymbol{ma = T_1} \cdots$ ①

B: $\boldsymbol{M_1 a = M_1 g + T_2 - T_1} \cdots$ ②

C: $\boldsymbol{M_2 a = M_2 g - T_2} \cdots$ ③

(2) ① + ② + ③ を行なうと，

$(m + M_1 + M_2)a = (M_1 + M_2)g$

$\therefore\ a = \boldsymbol{\dfrac{(M_1 + M_2)g}{m + M_1 + M_2}}$

①より $T_1 = ma = \boldsymbol{\dfrac{m(M_1 + M_2)g}{m + M_1 + M_2}}$

③に代入して $T_2 = \boldsymbol{\dfrac{mM_2 g}{m + M_1 + M_2}}$

問題 6.17

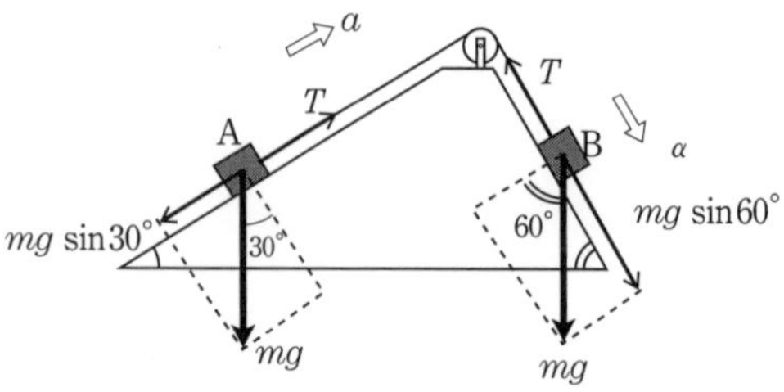

(1) 図を参考にして，運動方程式は

A: $\boldsymbol{ma = T - mg\sin 30^\circ}$

または $\boldsymbol{ma = T - \dfrac{1}{2}mg} \cdots$ ①

B: $\boldsymbol{ma = mg\sin 60^\circ - T}$

または $\boldsymbol{ma = \dfrac{\sqrt{3}}{2}mg - T} \cdots$ ②

(2) ①と②より T を消去して

$a = \boldsymbol{\dfrac{g}{4}(\sqrt{3} - 1)}$

(3) 等加速度運動だから $v^2 - v_0^2 = 2al$

初速度 $v_0 = 0$ として

$v = \sqrt{2al} = \boldsymbol{\sqrt{\dfrac{(\sqrt{3} - 1)gl}{2}}}$

問題 6.18

(1) 等加速度運動の公式を適用して

$0^2 - v_0^2 = -2gh$ よって $v_0 = \boldsymbol{\sqrt{2gh}}$

（別解：力学的エネルギー保存の法則を適用して $\dfrac{1}{2}mv_0^2 = mgh$ からも導ける.）

(2) 地面に到着した時間を $t\ (> 0)$ とすると，

水平：$h = (v_0 \cos\theta)t \cdots$ ①

鉛直：$y = 0 = (v_0 \sin\theta)t - \dfrac{1}{2}gt^2 \cdots$ ②

②より到着時間は $t = \dfrac{2v_0 \sin\theta}{g}$

①に代入して $h = \dfrac{2v_0^2 \sin\theta\cos\theta}{g}$

(1) の結果より $v_0^2 = 2gh$ だから，代入し

て $4\sin\theta\cos\theta = 1$．よって $\sin 2\theta = \dfrac{1}{2}$．
これを満たすのは $2\theta = 30°$，$150°$
よって　$\theta = \mathbf{15°}$，$\mathbf{75°}$

問題 6.19

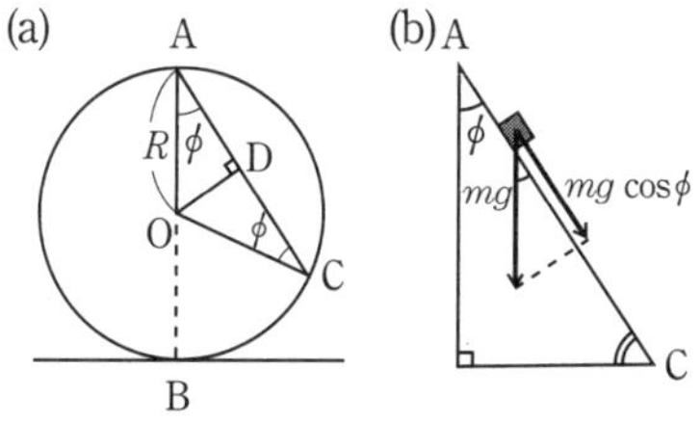

(1) 高さ $2R$ からの自由落下だから
$$2R = \frac{1}{2}gt^2$$
よって落下時間は $t = \mathbf{2}\sqrt{\dfrac{\boldsymbol{R}}{\boldsymbol{g}}}$

(2) 図 (a) より $\mathrm{AC} = 2 \times \mathrm{AD} = \boldsymbol{2R\cos\phi}$

(3) 図 (b) より運動方程式は
$$ma = mg\sin(90 - \phi)$$
加速度の大きさは
$$a = g\sin(90° - \phi) = \boldsymbol{g\cos\phi}$$

(4) 距離 $s = 2R\cos\phi$ を初速度 0，加速度 $a = g\cos\phi$ ですべるのだから，等加速度運動の公式 $s = \dfrac{1}{2}at^2$ より
$$t = \sqrt{\frac{2s}{a}} = \sqrt{\frac{4R\cos\phi}{g\cos\phi}} = \mathbf{2}\sqrt{\frac{\boldsymbol{R}}{\boldsymbol{g}}}$$
∴ 到達時間は，角 ϕ によらない．

7. 仕　事

問題 7.1

① $\boldsymbol{Fs}$
② **J**（ジュール）
③ $\boldsymbol{Fs\cos\theta}$

問題 7.2

$F = 10$ N，$t = 5$ s，$s = 2$ m とおき，$\cos\theta = 4/5 = 0.8$ であることに注意する．
① 仕事 $W = Fs\cos\theta = \mathbf{16}\,\mathrm{J}$
② 仕事率 $P = W/t = \mathbf{3.2}$ W（ワット）
③ **W**（仕事率の単位はワット）

問題 7.3

ばね定数 $k = 800\,\mathrm{N/m}$，初めの伸び $x_1 = 0.3\,\mathrm{m}$，外から仕事をされた後の伸び $x_2 = 0.5\,\mathrm{m}$ とおく．

① 自然のばねの長さ $x = 0$ の状態から伸び $x_1 = 0.3\,\mathrm{m}$ の状態にするまでに加えた力のした仕事は
$$W_1 = \frac{1}{2}kx_1^2 = \frac{1}{2} \times 800 \times 0.3^2 = \mathbf{36\,J}$$
② 自然のばねの長さ $x = 0$ の状態から伸び $x_2 = 0.5\,\mathrm{m}$ の状態にするまでに加える力の仕事は
$$W_2 = \frac{1}{2}kx_1^2 = \frac{1}{2} \times 800 \times 0.5^2 = 100\,\mathrm{J}$$
結局，伸び $x_1 = 0.3\,\mathrm{m}$ の状態から伸び $x_2 = 0.5\,\mathrm{m}$ の状態にするまでの間に加える力の仕事 W は
$$W = W_2 - W_1 = 100 - 36 = \mathbf{64\,J}$$

問題 7.4

各ベクトルの大きさは $a = |\boldsymbol{a}| = 3$，$b = |\boldsymbol{b}| = 2$，$c = |\boldsymbol{c}| = 2$．
① $\boldsymbol{a}$ と $\boldsymbol{b}$ のなす角が $60°$ だから
$$\boldsymbol{a}\cdot\boldsymbol{b} = ab\cos 60° = 3 \times 2 \times (1/2) = \mathbf{3}$$
成分表示で計算すると
$$\boldsymbol{a}\cdot\boldsymbol{b} = 3 \times 1 + 0 \times \sqrt{3} = \mathbf{3}$$
② $\boldsymbol{a}\cdot\boldsymbol{c} = ac\cos 135°$
$$= 3 \times 2 \times (-\sqrt{2}/2) = \boldsymbol{-3\sqrt{2}}$$
成分表示では
$$\boldsymbol{a}\cdot\boldsymbol{c} = 3 \times (-\sqrt{2}) + 0 \times \sqrt{2} = \boldsymbol{-3\sqrt{2}}$$
③ $\boldsymbol{b}\cdot\boldsymbol{c} = bc\cos 75°$
$$= 2 \times 2 \times (\sqrt{6} - \sqrt{2})/4 = \boldsymbol{\sqrt{6} - \sqrt{2}}$$
成分表示では
$$\boldsymbol{b}\cdot\boldsymbol{c} = 1 \times (-\sqrt{2}) + \sqrt{3} \times \sqrt{2} = \boldsymbol{\sqrt{6} - \sqrt{2}}$$

問題 7.5

$m = 5.0$ kg，$s = 4.0$ m，$g = 9.8$ m/s^2 とおく．

(1) ゆっくり引き上げたのだから
引く力 $F = mg\sin 30° = \mathbf{24.5\ N}$
(2) 引く力 F がした仕事は
$$W = Fs = \mathbf{98\,J}$$
(3) 重力 $mg = 49$ N だが，重力と反対向き（上向き）に $h = s\sin 30° = 2\,\mathrm{m}$ 移動し

ているから，重力のした仕事は

$$W_1 = -mg \times h = \mathbf{-98\ J}$$

(4) 垂直抗力は仕事しないので，**0 J**

8. 仕事とエネルギー

問題 8.1

① $v^2 - v_0^2 = \boldsymbol{2ax}$

② $\frac{1}{2}mv^2 - \frac{1}{2}mv_0^2 = \boldsymbol{max}$

③ **運動エネルギー**

④ $a = \boldsymbol{\frac{F}{m}}$

⑤ $\frac{1}{2}mv^2 - \frac{1}{2}mv_0^2 = max = \boldsymbol{Fx}$

問題 8.2

質量 $m = 2.0\,\mathrm{kg}$，初速度 $v_0 = 4.0\,\mathrm{m/s}$ として

① 運動エネルギーは

$$K_0 = \frac{1}{2}mv_0^2 = \frac{1}{2} \times 2 \times 4^2 = \mathbf{16\ J}$$

② 外力による仕事 $W = 9.0\,\mathrm{J}$ をされた後の運動エネルギーは

$$K = K_0 + W = 16 + 9 = \mathbf{25\ J}$$

③ 仕事 W をされた後の物体の速さを v とすると，$K = \frac{1}{2}mv^2$ より，

$$\therefore \quad v = \sqrt{\frac{2K}{m}} = \mathbf{5.0\ m/s}$$

問題 8.3

質量 $m = 2\,\mathrm{kg}$，初速度 $v_0 = 5\,\mathrm{m/s}$，移動距離 $s = 4\,\mathrm{m}$，重力加速度 $g = 9.8\,\mathrm{m/s^2}$ とする．

(1) はじめ物体が持っていた運動エネルギーは $K_0 = \frac{1}{2}mv_0^2 = \mathbf{25\ J}$

(2) 摩擦力のした負の仕事 W によって物体が停止した（運動エネルギーが 0 になった）のだから，エネルギーの原理（運動エネルギーの変化高=外力のした仕事）より，　$0 - K_0 = W$

$$\therefore W = -K_0 = -\frac{1}{2}mv_0^2 = \mathbf{-25\ J}$$

(3) 動摩擦力 F' のする仕事は $W' = -F' \cdot s$
これが (2) の W に等しいから，$W = W'$ とおいて

動摩擦力 $F' = -\frac{W'}{s} = \mathbf{6.25\ N}$

(4) $F' = \mu' mg$ だから，

$$\mu' = \frac{F'}{mg} = \frac{6.25}{2 \times 9.8} = \mathbf{0.319}$$

(5) $-W' = F's = \mu' mgs = K_0 = \frac{1}{2}mv_0^2$ より，すべる距離は $s = \frac{v_0^2}{2\mu' g}$ ．

よって v_0 を 2 倍にするとすべる距離 s は **4 倍**になる．

問題 8.4

質量 $m = 8\,\mathrm{kg}$，初速度 $v_0 = 4\,\mathrm{m/s}$，加えた力 $F = 6\,\mathrm{N}$，角 $\theta = 60°$，移動距離 $s = 12\,\mathrm{m}$ としてする．

(1) はじめの運動エネルギーは

$$K_0 = \frac{1}{2}mv_0^2 = \mathbf{64\,J}$$

(2) 仕事 $W = Fs\cos 60° = \mathbf{36\ J}$

(3) 12 m 移動した（外から仕事をされた）後の運動エネルギーは

$$K = K_0 + W = 64 + 36 = \mathbf{100\ J}$$

(4) そのときの速さは $K = \frac{1}{2}mv^2$ より

$$v = \sqrt{\frac{2K}{m}} = \sqrt{\frac{2 \times 100}{8}} = \mathbf{5.0\ m/s}$$

9. 力学的エネルギー保存の法則

問題 9.1

①と② **運動**エネルギー，**位置**エネルギー
（順不同）

③ **保存力**

④ $\boldsymbol{mgh}$

⑤ $\boldsymbol{\frac{1}{2}mv^2}$

⑥ $\frac{1}{2}mv^2 = mgh$ より $v = \sqrt{\boldsymbol{2gh}}$

問題 9.2

質量 $m = 0.20\,\mathrm{kg}$，初速度 $v_0 = 14\,\mathrm{m/s}$，重力加速度 $g = 9.8\,\mathrm{m/s^2}$ とおく．位置エネルギーの基準を地上にとり，力学的エネルギー保存の法則 $\frac{1}{2}mv_0^2 + 0 = \frac{1}{2}mv^2 + mgh$ の適用を考える．

(1) 投げた瞬間の物体の運動エネルギーは

$$K_0 = \frac{1}{2}mv_0^2 = \mathbf{19.6\ J}$$

(2) 最高点の高さを H として，力学的エネルギー保存の法則を適用する．最高点では速さ 0 で，運動エネルギーも 0 だから，

$$\frac{1}{2}mv_0^2+0=0+mgH$$

これから $H=\dfrac{v_0^2}{2g}=\mathbf{10\ m}$

(3) 速さ $v_1=7.0\,\mathrm{m/s}$ となる位置での高さを $h_1[\mathrm{m}]$ とおくと

$\dfrac{1}{2}mv_1^2+mgh_1=\dfrac{1}{2}mv_0^2$ より,

$$h_1=\frac{v_0^2-v_1^2}{2g}=\mathbf{7.5\ m}$$

(4) 高さ $h_2=6.4\,\mathrm{m}$ の位置での速さを v_2 [m/s] とおくと

$\dfrac{1}{2}mv_2^2+mgh_2=\dfrac{1}{2}mv_0^2$ より,

$$v_2=\sqrt{v_0^2-2gh_2}=\mathbf{8.4\,m/s}$$

問題 9.3

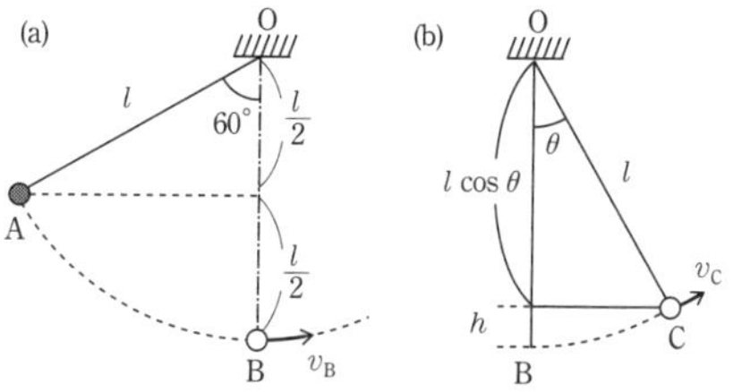

(1) 図 (a) に示すように点 A は点 B より, $l(1-\cos 60°)=\dfrac{l}{2}$ だけ高い. ∴ おもりの位置エネルギー $U_\mathrm{A}=\boldsymbol{\dfrac{1}{2}mgl}$

運動エネルギー $K_\mathrm{A}=\mathbf{0}$

(2) 点 B でのおもりの

位置エネルギー $U_\mathrm{B}=\mathbf{0}$（基準点）

運動エネルギー $K_\mathrm{B}=\boldsymbol{\dfrac{l}{2}mg}$

（点 A での位置エネルギーが点 B での位置エネルギーに変換）

(3) おもりが A から B に移動する間に,

重力のした仕事: $W_\mathrm{AB}=U_\mathrm{A}-U_\mathrm{B}=\boldsymbol{\dfrac{mgl}{2}}$

糸の張力がした仕事 $W_t=\mathbf{0}$（張力はおもりの移動方向に常に垂直だから）

(4) 点 B でのおもりの速さを v_B とおくと, 力学的エネルギー保存の法則より

$\dfrac{1}{2}mv_\mathrm{B}^2=\dfrac{1}{2}mgl$ だから, $v_\mathrm{B}=\boldsymbol{\sqrt{gl}}$

(5) 図 (b) に示すように, 点 C は点 B より $h=l(1-\cos\theta)$ だけ高い. 点 C でのおもりの速さを v_C とすると, 力学的エネルギー保存の法則より

$$\frac{1}{2}mv_\mathrm{C}^2+mgl(1-\cos\theta)=\frac{mgl}{2}$$

$$\therefore\ v_\mathrm{C}=\boldsymbol{\sqrt{gl(2\cos\theta-1)}}$$

(6) A→B→C と移動したおもりはその後, 点 A と同じ高さの点 D まで上がり, D→C→B→A→B→ ··· と往復運動を繰り返す. この間に, 運動中の位置エネルギーと運動エネルギーの和は一定に保たれている（力学的エネルギー保存の法則). つまり, 点 A でもっていた位置エネルギーは点 B で運動エネルギーへと変換され, さらにその運動エネルギーが点 D では位置エネルギーへと変換されている.

問題 9.4

ばね定数 $k=49\,\mathrm{N/m}$, 小球の質量 $m=0.010\,\mathrm{kg}$, 押し縮めた距離 $s=0.020\,\mathrm{m}$, 重力加速度を $g=9.8\,\mathrm{m/s^2}$ とおく.

(1) ばねに蓄えられたエネルギー

$$U_\mathrm{A}=\frac{1}{2}ks^2=\mathbf{0.0098=9.8\times10^{-3}\ J}$$

(2) 力学的エネルギー保存の法則を適用して

$$\frac{1}{2}mv_\mathrm{B}^2+0=0+\frac{1}{2}ks^2$$

$$\therefore\quad v_\mathrm{B}=s\sqrt{\frac{k}{m}}=\mathbf{1.4\ m/s}$$

(3) 力学的エネルギー保存の法則を適用して

$$\frac{1}{2}ks^2=\frac{1}{2}mv_\mathrm{B}^2=mgh$$

$$\therefore\quad h=\frac{ks^2}{2mg}=\mathbf{0.10\,m}$$

(4) ばねの縮みが x [m] のとき $h'=0.40\,\mathrm{m}$ まで上がったとすると, 力学的エネルギー保存の法則を適用して

$$\frac{1}{2}kx^2=mgh'$$

$$\therefore\quad x=\sqrt{\frac{2mgh'}{k}}=\mathbf{0.040\ m}$$

問題 9.5

(1) M が基準の位置（位置エネルギー 0）から距離 h だけ落下したから,

位置エネルギーは $\boldsymbol{-Mgh}$

(2) 初めの状態は,

- 運動エネルギーは 0（静止）
- 位置エネルギーも 0（基準点）

結局初めの状態の力学的エネルギーは 0 である.

h だけ落下した状態で，質量 m と M の両者の速さを v とすると，

- 運動エネルギーは $\frac{1}{2}(m+M)v^2$
- 位置エネルギーは $-Mgh$

結局落下した状態の力学的エネルギーは $\frac{1}{2}(m+M)v^2 - Mgh$ である．

力学的エネルギー保存の法則より

$$\frac{1}{2}(m+M)v^2 - Mgh = 0$$

$$\therefore \quad v = \sqrt{\boldsymbol{\frac{2Mgh}{m+M}}}$$

10．運動量保存の法則 (1)

問題 10.1

① $\boldsymbol{mv}$

② **kg·m/s**

③ $\boldsymbol{2mv}$（運動量が $-mv$ から mv へと変化したから）

④ **N·s**

問題 10.2

① 運動量保存の法則：

（衝突前の運動量の和）

＝（衝突後の運動量の和）

$\therefore 4 \times 2 + 0 = 0 + 5v'_{\mathrm{B}}$

衝突後の B の速さは $v'_{\mathrm{B}} = \mathbf{1.6}$ m/s

② 反発係数の定義：

$$e = \frac{\text{遠ざかる速さ } 1.6\,\mathrm{m/s}}{\text{近づく速さ } 2.0\,\mathrm{m/s}} = \mathbf{0.8}$$

問題 10.3

① $\boldsymbol{ev}$

② 直前の速さ $v = \boldsymbol{\sqrt{2gh}}$

③ 直後の速さ $v' = ev = \boldsymbol{e\sqrt{2gh}}$

④ はね上がった最高の高さを h' として，力学的エネルギー保存の法則を適用する．

$\frac{1}{2}mv'^2 = mgh'$ より

最高の高さ $h' = \frac{v'^2}{2g} = \frac{e^2 \times 2gh}{2g} = \boldsymbol{e^2 h}$

問題 10.4

ボールの質量 $m = 0.15\,\mathrm{kg}$，衝突前の速さ $v = 40\,\mathrm{m/s}$ とおく．

(1) 力積は F-t 図の面積で与えられる．

力積：$\int F dt = \frac{1}{2} \times 900 \times 0.02 = \mathbf{9.0\ N{\cdot}s}$

(2) はね返った直後の速さを v' として，「力積の法則」（運動量の変化＝力積）を適用する．力積の向きを正とすれば，衝突後の速度は正で，衝突前は負であることに注意して

$$mv' - m(-v) = \int F dt$$

$$0.15 \times v' + 0.15 \times 40 = 9$$

$$\therefore v' = \mathbf{20\ m/s}$$

(3) 反発係数 $= \dfrac{\text{遠ざかる相対的速さ}}{\text{近づく相対的速さ}}$ だから

$$e = \frac{v'}{v} = \mathbf{0.5}$$

(4) $v'_1 = ev_1$ に $e = 0.5$，$v_1 = 10\,\mathrm{m/s}$ を代入して，はね返った直後の速さ $v'_1 = \mathbf{5\,m/s}$

問題 10.5

右向きを正として，

小球 A について $m_{\mathrm{A}} = 3\,\mathrm{kg}$，$v_{\mathrm{A}} = 4\,\mathrm{m/s}$，$v'_{\mathrm{A}} = -1\,\mathrm{m/s}$，

小球 B について $m_{\mathrm{B}} = 5\,\mathrm{kg}$，$v_{\mathrm{B}} = -2\,\mathrm{m/s}$

とおく．

(1) 力積 $\overline{F_{\mathrm{A}}} \cdot \Delta t = m_{\mathrm{A}}v'_{\mathrm{A}} - m_{\mathrm{A}}v_{\mathrm{A}} = -15\,\mathrm{N{\cdot}s}$

$\therefore$ 力積の大きさは $|\overline{F_{\mathrm{A}}} \cdot \Delta t| = \mathbf{15\ N{\cdot}s}$

(2) 衝突後の B の速さを v'_{B} として運動量保存の法則を適用する．

$m_{\mathrm{A}}v_{\mathrm{A}} + m_{\mathrm{B}}v_{\mathrm{B}} = m_{\mathrm{A}}v'_{\mathrm{A}} + m_{\mathrm{B}}v'_{\mathrm{B}}$ より

$3 \times 4 + 5 \times (-2) = 3 \times (-1) + 5v'_{\mathrm{B}}$

$\therefore v'_{\mathrm{B}} = \mathbf{1.0\,m/s}$（右向き）

(3) 反発係数 $= \dfrac{\text{遠ざかる相対的速さ}}{\text{近づく相対的速さ}}$ より

$$e = \frac{v'_{\mathrm{B}} - v'_{\mathrm{A}}}{v_{\mathrm{A}} - v_{\mathrm{B}}} = \frac{1-(-1)}{4-(-2)} = \mathbf{\frac{1}{3}} = \mathbf{0.333}$$

11．運動量保存の法則 (2)

問題 11.1

① **弾性**（衝突）

② **保存される**（「変化しない」「一定である」）．

③ **非弾性**（衝突）

④ **保存されない**（「減少する」）

⑤ **合体する**（「同じ速さで運動する」）

問題 11.2

質量 $m = 0.6\,\mathrm{kg}$，速さ $v = 4$ m/s とおく．

(1) はじめの運動量の大きさ：

$$mv = \mathbf{2.4\ kg{\cdot}m/s}$$

(2) はじめに持っていた運動エネルギー：

$$K = \frac{1}{2}mv^2 = \mathbf{4.8\ J}$$

(3) 平面と平行方向の運動量は保存されるから，$mv\sin 45° = mV\sin\theta$

$$\therefore\ V\sin\theta = \mathbf{2\sqrt{2}} = \mathbf{2.83\ m/s}$$

(4) 反発係数の定義より $e = \dfrac{V\cos\theta}{v\cos 45°}$

$$\therefore\ V\cos\theta = ev\cos 45° = \frac{\sqrt{3}}{3} \times 4 \times \frac{\sqrt{2}}{2}$$

$$= \mathbf{\frac{2\sqrt{6}}{3}} = \mathbf{1.63\ m/s}$$

(5) $V^2 = (V\cos\theta)^2 + (V\sin\theta)^2 = \dfrac{32}{3}$

$$\therefore\ V = \mathbf{4\sqrt{\frac{2}{3}}} = \mathbf{3.27\ m/s}$$

$$\tan\theta = \frac{V\sin\theta}{V\cos\theta} = \frac{2\sqrt{2}}{2\sqrt{6}/3} = \sqrt{3}$$

$$\therefore\quad \theta = \mathbf{60°}$$

(6) 衝突後の運動エネルギー：

$K' = \dfrac{1}{2}mV^2 = 3.2$ J

失われた力学的エネルギーは

$$\varDelta E = K - K' = \mathbf{1.6\ J}$$

問題 11.3

質量：$m_\mathrm{A} = 4\,\mathrm{kg}$，$m_\mathrm{B} = 3\,\mathrm{kg}$

初速：$V_\mathrm{A} = 3$ m/s，$V_\mathrm{B} = 6$ m/s とおく．

(1) x 方向の運動量保存の法則：

$$m_\mathrm{A}V_\mathrm{A} - m_\mathrm{B}V_\mathrm{B}$$
$$= -m_\mathrm{A}v_\mathrm{A}\cos 30° + m_\mathrm{B}v_\mathrm{B}\cos 60°$$

$$\therefore\ \mathbf{4 \times 3 - 3 \times 6}$$
$$\mathbf{= -4 \times v_A \times \frac{\sqrt{3}}{2} + 3 \times v_B \times \frac{1}{2}}$$

$$\therefore\ \mathbf{-4\sqrt{3}v_A + 3v_B = -12} \cdots ①$$

(2) y 方向の運動量保存の法則：

$$0 = m_\mathrm{A}v_\mathrm{A}\sin 30° - m_\mathrm{B}v_\mathrm{B}\sin 60°$$

$$\therefore\ \mathbf{0 = 4v_A \times \frac{1}{2} - 3v_B \times \frac{\sqrt{3}}{2}}$$

$$\therefore\quad \mathbf{4v_A - 3\sqrt{3}v_B = 0} \cdots ②$$

(3) ①と②を連立して解いて

$$v_\mathrm{A} = \mathbf{\frac{3\sqrt{3}}{2}} = \mathbf{2.60\ m/s}$$

$$v_\mathrm{B} = \mathbf{2.0\,m/s}$$

問題 11.4

燃料噴出後に，本体（質量 $M - m$）が速さ V' で動き，燃料ガス（質量 m）は本体に対して後方に相対的速さ v で動く．つまり，静止系で見た燃料ガスの速さは $V' - v$ である．したがって，

燃料噴射前の運動量：MV

燃料噴射後の運動量：$m(V' - v) + (M - m)V'$

∴ 運動量保存の法則より，

$$MV = m(V' - v) + (M - m)V'$$

$$\therefore\quad V' = \boldsymbol{V + \frac{m}{M}v}$$

12. 問題演習（力と運動）

A. 基本問題

問題 12.1

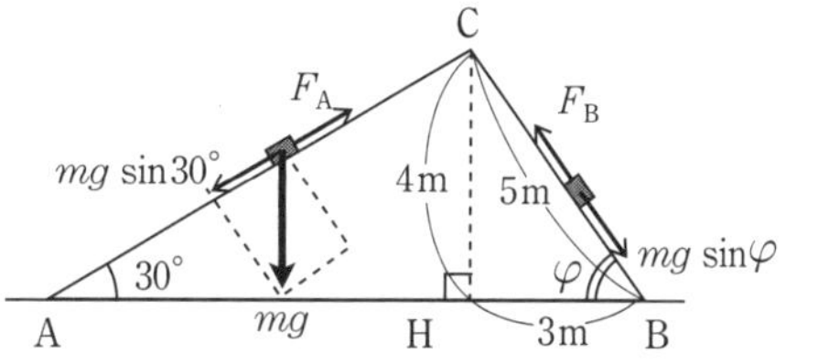

$m = 20\,\mathrm{kg}$，$g = 9.8\,\mathrm{m/s^2}$ とおく．

(1) 各物体にははたらく力は図のようになるから，$F_\mathrm{A} = mg\sin 30° = \mathbf{98\ N}$

(2) 角 30° の直角三角形だから，

距離 AC $= l_\mathrm{A} = \mathbf{8\,m}$

力 F_A のした仕事は

$$W_\mathrm{A} = F_\mathrm{A} \cdot l_\mathrm{A} = \mathbf{784\ J}$$

(3) 仕事 $W_\mathrm{A} = 784$ J をするのに時間は $t = 160$ s かかっているから，仕事率は

$$P = \frac{W_\mathrm{A}}{t} = \mathbf{4.9\ W}$$

(4) 図の △BCH は，辺の比が 3 : 4 : 5 の直角三角形だから，斜面 BC が水平となす角 ∠ABC $= \varphi$ とおくと，$\sin\varphi = \dfrac{4}{5} = 0.8$

ゆえに $F_\mathrm{B} = mg\sin\varphi = \mathbf{156.8\ N}$

距離 BC $= l_\mathrm{B} = 5$ m だから，力 F_B のした仕事は $W_\mathrm{B} = F_\mathrm{B} \cdot l_\mathrm{B} = \mathbf{784\ J}$

※ (2) の結果と一致する．

問題 12.2

力学的エネルギー保存の法則が成り立ち，

運動エネルギーと位置エネルギーの和は一定だから，$K_A + U_A = K_B + U_B = K_C + U_C$

まず位置エネルギーを計算してから，運動エネルギーを求める．

(1) $U_A = \boldsymbol{mgh}$，$U_B = \boldsymbol{0}$，$U_C = \boldsymbol{\frac{1}{2}mgh}$

$K_A = \boldsymbol{0}$，$K_B = \boldsymbol{mgh}$，$K_C = \boldsymbol{\frac{1}{2}mgh}$

(2) 運動エネルギーは $K = \frac{1}{2}mv^2$ だから，速さは $v = \sqrt{\frac{2K}{m}}$．(1) で求めた各点での K を代入して，速さを求めると

$$v_A = \boldsymbol{0},\ v_B = \boldsymbol{\sqrt{2gh}},\ v_C = \boldsymbol{\sqrt{gh}}$$

問題 12.3

(1) 高度差 $h = \boldsymbol{l \sin\theta}$

(2) 力学的エネルギー保存の法則より

$$\frac{1}{2}mv^2 = mgh = mgl\sin\theta$$

これから，点 B での速さは

$$v = \boldsymbol{\sqrt{2gl\sin\theta}}$$

(3) 等加速度運動だから $v^2 - v_0^2 = 2al$

$v_0 = 0$ を代入して，

$$a = \frac{v^2}{2l} = \boldsymbol{g\sin\theta}$$

$v = v_0 + at = at$ （ただし $v_0 = 0$）より

距離 l だけ滑るのに要した時間は

$$t = \frac{v}{a} = \sqrt{\boldsymbol{\frac{2l}{g\sin\theta}}}$$

（別解） $l = \frac{1}{2}at^2$ より

$$t = \sqrt{\frac{2l}{a}} = \sqrt{\boldsymbol{\frac{2l}{g\sin\theta}}}$$

コメント：このように保存力だけがはたらく場合，一般に力学の問題は，運動方程式を使ってもエネルギー保存則を使っても解ける．もちろんどちらも同じ結果になる．

問題 12.4

(1) 力学的エネルギー保存の法則より

$$\frac{1}{2}mv^2 = mgh_1$$

これから，点 B での速さは

$$v = \boldsymbol{\sqrt{2gh_1}}$$

(2) 水平投射だから，鉛直方向は自由落下とおなじ．よって $h_2 = \frac{1}{2}gt^2$ より，

$$t = \sqrt{\boldsymbol{\frac{2h_2}{g}}}$$

(3) 水平投射だから，水平方向は等速度運動

$$x = vt = \boldsymbol{2\sqrt{h_1h_2}}$$

問題 12.5

力学的エネルギー保存の法則より

$$mgh_A = \frac{1}{2}mv_B^2 = \frac{1}{2}mv_C^2 + mgh_C$$

が成り立つので，$h_A = 2.5\,\mathrm{m}$，$v_C = 4.2\,\mathrm{m/s}$，$g = 9.8\,\mathrm{m/s^2}$ を代入する．

(1) 点 B での速さは

$$v_B = \sqrt{2gh_A} = \mathbf{7.0\ m/s}$$

(2) 点 C の高さ h_C は

$\frac{1}{2}mv_C^2 + mgh_C = mgh_A$ より

$$h_C = h_A - \frac{v_C^2}{2g} = \mathbf{1.6\ m}$$

問題 12.6

小球の質量 $m = 0.5\,\mathrm{kg}$，ばね定数 $k = 800\,\mathrm{N/m}$，ばねの縮み $s = 0.1\,\mathrm{m}$ とおく．

(1) $s = 0.1\,\mathrm{m}$ 押し縮めた状態で，小球が受ける力の大きさは $F = ks = \mathbf{80\,N}$

このとき，ばねに蓄えられた弾性エネルギーは

$$U = \frac{1}{2}ks^2 = \mathbf{4.0\ J}$$

(2) ばねが自然の長さ（伸び 0）のときの小球の速さを v_0 とすると，力学的エネルギー保存則より

$$\frac{1}{2}ks^2 = \frac{1}{2}mv_0^2$$

ゆえに，

$$v_0 = s\sqrt{\frac{k}{m}} = \mathbf{4.0\ m/s}$$

(3) ばねの伸び $x = 0.08$ [m] のときの小球の速さを v [m/s] とすると，力学的エネルギー保存則より

$$\frac{1}{2}ks^2 = \frac{1}{2}mv^2 + \frac{1}{2}kx^2$$

ゆえに，

$$v = \sqrt{\frac{k}{m}(s^2 - x^2)} = \mathbf{2.4\ m/s}$$

問題 12.7

(1) 位置エネルギーの原点を地面 O にとると球を放したときの位置エネルギーは mgh.

ばねの縮みが x のとき，弾性エネルギーは $\frac{1}{2}kx^2$ で位置エネルギーは $mg(l-x)$，運動エネルギーは $\frac{1}{2}mv^2$.
このとき力学的エネルギーは保存されるから，

$$\boldsymbol{mgh = \frac{1}{2}mv^2 + mg(l-x) + \frac{1}{2}kx^2}$$

(2) 最下点では停止し $v=0$ となるから，

$$mgh = mg(l-x) + \frac{1}{2}kx^2$$

この式を x の 2 次方程式とみて解くと

$$x = \frac{mg \pm \sqrt{(mg)^2 + 2mgk(h-l)}}{k}$$

解は $x>0$ でなければならないから，最大縮む距離は

$$\boldsymbol{x = \frac{mg + \sqrt{(mg)^2 + 2mgk(h-l)}}{k}}$$

問題 12.8

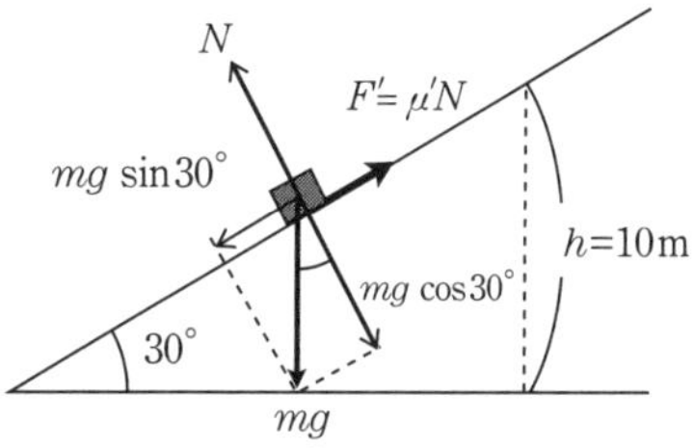

質量 $m = 5\,\mathrm{kg}$，距離 $l = 20\,\mathrm{m}$，速さ $v = 6\,\mathrm{m/s}$，重力加速度 $g = 9.8\,\mathrm{m/s^2}$ とし，始点 A から 20 m 滑り降りた点 B を位置エネルギーの原点とする．高度差は $h = l\sin 30° = 20\sin 30° = 10\,\mathrm{m}$ である．

(1) 摩擦がなければ力学的エネルギー保存則が成り立つから，$mgh = \frac{1}{2}mv^2$

$$\therefore \quad v = \sqrt{2gh} = \mathbf{14\ m/s}$$

(2) 最大静止摩擦力 $F_0 = \mu N = \mu mg\cos 30°$ が重力の斜面方向成分 $mg\sin 30°$ よりも小さいことが条件だから，

$$\mu mg\cos 30° < mg\sin 30°$$

$$\boldsymbol{\mu < \tan 30° = \frac{\sqrt{3}}{3} = 0.577}$$

(3) 動き始めたときの力学的エネルギーは $E_\mathrm{A} = mgh = 490\,\mathrm{J}$ で，斜面を 20 m 滑り降りたときの力学的エネルギーは $E_\mathrm{B} = \frac{1}{2}mv^2 = 90\,\mathrm{J}$ である．よって，摩擦力による力学的エネルギーの変化高は，

$$\Delta E = E_\mathrm{B} - E_\mathrm{A} = \mathbf{-400}\,\mathrm{J}$$

（負の符号は力学的エネルギーが失われたことを表す.）

(4) エネルギーの原理より，力学的エネルギーの変化高 ΔE は動摩擦力 F' のした仕事 $W' = -F'\cdot l = -\mu' mgl\cos 30°$ に等しい．よって動摩擦力は

$$F' = \frac{(-\Delta E)}{l} = \mathbf{20\ N}$$

動摩擦係数は

$$\mu' = \frac{(-\Delta E)}{mgl\cos 30°} = \mathbf{0.471}$$

問題 12.9

ボールの速さ $v = 90\,\mathrm{km/時} = 25\,\mathrm{m/s}$，質量 $m = 0.14\,\mathrm{kg}$ とおく．力積の法則（力積＝運動量の変化）より，

力積の大きさ $(\overline{F}\cdot\Delta t) = mv - 0 = \mathbf{3.5\ N{\cdot}s}$

このボールを時間 $\Delta t' = 0.05\,\mathrm{s}$ で受け止めるときの平均の力は

$$\overline{F'} = \frac{(\overline{F}\cdot\Delta t)}{\Delta t'} = \mathbf{70\ N}$$

問題 12.10

質量 $m = 0.2\,\mathrm{kg}$，速さ $v_0 = 4\,\mathrm{m/s}$，$v_1 = 3\,\mathrm{m/s}$ とする．

(1) 衝突前の運動エネルギーは

$$K = \frac{1}{2}mv_0^2 = \mathbf{1.6\ J}$$

衝突後の運動エネルギーは

$$K' = \frac{1}{2}mv_1^2 = 0.90\ \mathrm{J}$$

ゆえに，失った力学的エネルギーは

$$\Delta E = K - K' = \mathbf{0.70\ J}$$

(2) はじめに持っていた運動量は

$$p_0 = mv_0 = \mathbf{0.80\ kg{\cdot}m/s}$$

衝突後の運動量は（はじめの向きを正として） $p_1 = mv_1 = -0.60\ \mathrm{kg{\cdot}m/s}$
「力積＝運動量の変化」だから，力積の大きさは

$$\overline{F}\Delta = 0.8 - (-0.6) = \mathbf{1.4\ N{\cdot}s}$$

(3) 反発係数 $e = \dfrac{\text{衝突後遠ざかる速さ}}{\text{衝突前近づく速さ}}$ だから，

$$e = \frac{v_1}{v_0} = \mathbf{0.75}$$

ボールが $v_0' = 2\,\mathrm{m/s}$ で衝突したとき，衝突後にはね返る速さは

$$v_1' = ev_0' = \mathbf{1.5\ m/s}$$

問題 12.11

右向きを正として，衝突前の速さは

$v_A = 0.8\,\mathrm{m/s}$，$v_B = -1.6\,\mathrm{m/s}$，

衝突後の速さは

$v'_A = -0.64\,\mathrm{m/s}$，$v'_B = 0.56\,\mathrm{m/s}$

である．小球 A の質量は $m_A = 0.9\,\mathrm{kg}$ で，B の質量を m_B [kg] とおく．

(1) 反発係数の定義から

$$e = \frac{\text{衝突後の遠ざかる速さ}}{\text{衝突前の近づく速さ}} = \frac{v'_B - v'_A}{v_A - v_B} = \frac{0.56 + 0.64}{0.8 + 1.6} = \mathbf{0.5}$$

(2) 運動量保存の法則が成り立つから

$$m_A v_A + m_B v_B = m_A v'_A + m_B v'_B$$

数値を代入して

$$0.90 \times 0.80 + m_B \times (-1.6) = 0.90 \times (-0.64) + m_B \times 0.56$$

これから小球 B の質量は $m_B = \mathbf{0.60\ kg}$

問題 12.12

(1) ① 運動量保存の法則は

$$\boldsymbol{mv_0 = mv_A + Mv_B}$$

② 反発係数の定義から

$$\boldsymbol{e = \frac{v_B - v_A}{v_0}}$$

(2) ①，②の式から

$$\boldsymbol{v_A = \left(\frac{m - eM}{m + M}\right)v_0}$$

$$\boldsymbol{v_B = \frac{(1+e)mv_0}{m + M}}$$

(3) A が反対向きに進む条件は $v_A < 0$

よって，$\boldsymbol{m < eM}$

(4) 衝突前の運動エネルギー K は

$$K = \frac{1}{2}mv_0^2$$

衝突後の運動エネルギー K' は

$$K' = \frac{1}{2}mv_A^2 + \frac{1}{2}Mv_B^2 = \frac{1}{2}mv_0^2 \cdot \left(\frac{m + e^2M}{m + M}\right)$$

失われた力学的エネルギー ΔE は

$$\Delta E = K - K' = \boldsymbol{\frac{1}{2}mv_0^2 \cdot \frac{M(1 - e^2)}{m + M}}$$

問題 12.13

合体した物体の質量は 5 kg である．

(1) 衝突後の速さを V [m/s] として，各方角ごとに運動量保存の法則「(衝突前の運動量の和) = (衝突後の運動量の和)」の式をたてる．

東西方向：$2 \times 2 = 5V\cos\theta \cdots$ ①

南北方向：$3 \times 1 = 5V\sin\theta \cdots$ ②

①と②より，

速さ $V = \mathbf{1.0\ m/s}$

向き $\tan\theta = \mathbf{\dfrac{3}{4}} = \mathbf{0.75}$

(2) 衝突前東向きに進む球（質量 2 kg，速さ 2 m/s）の運動エネルギーは $K_1 = 4.0$ J. 衝突前北向きに進む球（質量 3 kg，速さ 1 m/s）の運動エネルギーは $K_2 = 1.5$ J. 衝突後合体した物体（質量 5 kg，速さ 1 m/s）の運動エネルギーは $K' = 2.5$ J. よって衝突により失われた力学的エネルギーは

$$\Delta E = (K_1 + K_2) - K' = \mathbf{3.0\ J}$$

B. 標準問題

問題 12.14

質量 $m = 0.4\,\mathrm{kg}$，初速度 $v_0 = 14\,\mathrm{m/s}$，重力加速度 $g = 9.8\,\mathrm{m/s^2}$ とおく．

(1) 位置エネルギー $U_0 = 0$ J（原点）

運動エネルギー $K_0 = \frac{1}{2}mv_0^2 = 39.2$ J

よって，

力学的エネルギー $E = K_0 + U_0 = \mathbf{39.2\ J}$

(2) 初速度の水平成分は

$$v_x = v_0\cos 60^\circ = \mathbf{7.0\ m/s}$$

鉛直成分は

$$v_y = v_0\sin 60^\circ = \mathbf{7\sqrt{3} = 12.1\ m/s}$$

(3) 放物運動では水平方向の速度は一定で，最高点では鉛直方向の速さは 0 である．したがって最高点では速度の向きは水平方向で速さは v_x となり，運動エネルギーは

$$K = \frac{1}{2}mv_x^2 = \mathbf{9.8\ J}$$

(4) 力学的エネルギー保存の法則 $(K + U = K_0 + U_0 = E)$ より最高点での位置エネルギーは

$$U = E - K = 39.2 - 9.8 = \mathbf{29.4\ J}$$

(5) 最高点で高さを H [m] とすると，位置エネルギーは $U = mgH$ [J]

$\therefore$　最高点の高さ $H = \dfrac{U}{mg} = \mathbf{7.5\ m}$

問題 12.15

(1) 衝突する直前の P の速さを v とすると，力学的エネルギー保存の法則より

$$\frac{1}{2}mv_0^2 + mgl = \frac{1}{2}mv^2$$

よって $v = \boldsymbol{\sqrt{v_0^2 + 2gl}}$

(2) 衝突直後の速さを v' とすると高さ l まではね上がるから $v' = \sqrt{2gl}$

反発係数 e は

$$e = \frac{v'}{v} = \boldsymbol{\sqrt{\frac{2gl}{v_0^2 + 2gl}}}$$

(3) 点 A を速さ v_0 で出発し，速さ 0 で戻ってきたから，失われた力学的エネルギーは

$$\Delta E = \boldsymbol{\frac{1}{2}mv_0^2}$$

問題 12.16

放物運動は, 水平方向と鉛直方向に分けて考える．水平方向は等速運動で, 鉛直方向は（下向きの）加速度 g の等加速度運動である．壁との衝突は鉛直方向の運動には影響を与えない．

(1) 衝突前 の速さは $v_x = \boldsymbol{V\cos\theta}$

衝突後 の速さは $v_x' = ev_x = \boldsymbol{eV\cos\theta}$

(2) 水平方向は速さ $V\cos\theta$ の等速運動だから，壁に到達するまでの時間は

$$t_1 = \boldsymbol{\frac{l}{V\cos\theta}}$$

(3) 滑らかな鉛直壁との衝突は，鉛直方向の運動には変化を与えない．言い換えると，鉛直 (y) 方向には初速度 $V\sin\theta$ の鉛直投げ上げと同じである．

つまり，$y = V\sin\theta t - \dfrac{1}{2}gt^2$

$y = 0$ とおいて，落下する時間 t (> 0) は

$$t = \boldsymbol{\frac{2V\sin\theta}{g}}$$

(4) 壁に衝突してから地面に達するまでの時間 t_2 は

$$t_2 = t - t_1 = \frac{2V\sin\theta}{g} - \frac{l}{V\cos\theta}$$

衝突後の水平方向の速さは $v_x' = eV\cos\theta$ だから，点 O に落下する条件は $v_x' t_2 = l$.

つまり

$$eV\cos\theta \times \left(\frac{2V\sin\theta}{g} - \frac{l}{V\cos\theta}\right) = l$$

$$\therefore\ \frac{2eV^2\cos\theta\sin\theta}{g} - el = l$$

$2\sin\theta\cos\theta = \sin 2\theta$ だから

$$V^2\sin 2\theta = \boldsymbol{gl\left(\frac{1+e}{e}\right)}$$

問題 12.17

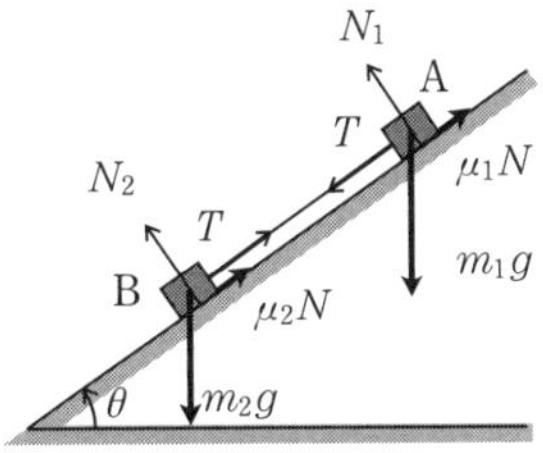

滑り出す直前はそれぞれ最大静止摩擦力:

A: $\mu_1 N_1 = \mu_1 m_1 g\cos\theta$

B: $\mu_2 N_2 = \mu_2 m_2 g\cos\theta$

を受けている．糸の張力を T とすると，つり合いの式はそれぞれ,

A: $T + m_1 g\sin\theta = \mu_1 m_1 g\cos\theta \cdots$ ①

B: $m_2 g\sin\theta = T + \mu_2 m_2 g\cos\theta \cdots$ ②

① と②から T を消去すると,

$$m_1 g(\mu_1\cos\theta - \sin\theta) = m_2 g(\sin\theta - \mu_2\cos\theta)$$

これを整理して,

$$\tan\theta = \boldsymbol{\frac{\mu_1 m_1 + \mu_2 m_2}{m_1 + m_2}}$$

問題 12.18

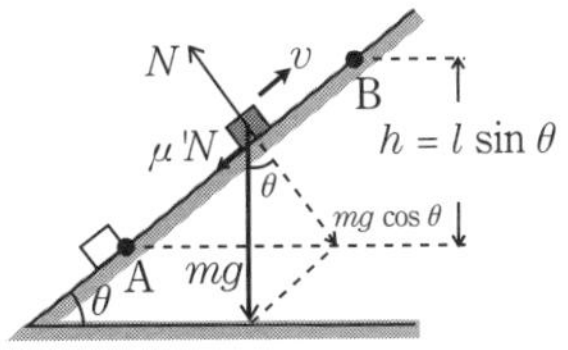

(1) 摩擦力のした仕事 (W') の分だけ力学的エネルギーが減少する．

$$E_{\mathrm{A}} - E_{\mathrm{B}} = W'$$

垂直抗力は $N = mg\cos\theta$ だから, 動摩擦力は $F' = \mu' N = \mu' mg\cos\theta$．したがって，摩擦力のした仕事は

$$W' = F'l = \mu' mgl\cos\theta.$$

位置エネルギーの原点を A 点にとれば,

$$E_{\mathrm{A}} = \frac{1}{2}mv_0^2$$
$$E_{\mathrm{B}} = mgh = mgl\sin\theta$$
したがって
$$\frac{1}{2}mv_0^2 - mgl\sin\theta = \mu' mgl\cos\theta$$
これから
$$l = \boldsymbol{\frac{v_0^2}{2g(\sin\theta + \mu'\cos\theta)}}$$

(2) 最高点Bで一瞬停止して再び滑り下りる条件は，傾斜角 θ が摩擦角 α より大きいことである．$\tan\alpha = \mu$ だから，その条件は，　$\boldsymbol{\tan\theta > \mu}$

(3) (1) と同様に考える．力学的エネルギーが $E_{\mathrm{B}} = mgl\sin\theta$ から $E'_{\mathrm{A}} = \frac{1}{2}mv_1^2$ へと減少したのは摩擦によって仕事 $(\mu' mgl\cos\theta)$ をされたからである．したがって
$$mgl\sin\theta - \frac{1}{2}mv_1^2 = \mu' mgl\cos\theta$$
(1) で求めた l を使って整理すると
$$v_1 = \sqrt{2gl(\sin\theta - \mu'\cos\theta)}$$
$$= \boldsymbol{v_0\sqrt{\frac{\sin\theta - \mu'\cos\theta}{\sin\theta + \mu'\cos\theta}}}$$

問題 12.19

運動量保存の法則と力学的エネルギー保存の法則を組み合わせる．

(1) 斜面上の点Hで停止した小球は，台車とともに速さ V_1 で右向きに運動している．運動の過程で運動量保存の法則が成立するから，$mv_0 = (m+M)V_1$

よって，

台車の速さ：$V_1 = \boldsymbol{\frac{m}{m+M}v_0} \cdots$ ①

(2) 力学的エネルギー保存の法則が成立するから，
$$\frac{1}{2}mv_0^2 = \frac{1}{2}(m+M)V_1^2 + mgh \cdots ②$$
式 ② に ① を代入して整理すると，

高度差：$h = \boldsymbol{\frac{v_0^2}{2g}\left(\frac{M}{m+M}\right)}$

(3) 再び降下して点Aを左向きに通過するときの小球の速さを v_2，そのときの台車の速さ（右向き）を V_2 とすると，運動量保存の法則より
$$mv_0 = MV_2 - mv_2 \cdots ③$$
力学的エネルギー保存の法則は
$$\frac{1}{2}mv_0^2 = \frac{1}{2}MV_2^2 + \frac{1}{2}mv_2^2 \cdots ④$$
③，④ より，小球が下降した後の台車の速さは
$$V_2 = \boldsymbol{\frac{2mv_0}{m+M}}$$

問題 12.20

(1) 運動量保存の法則が成り立つから
$$mv_0 = (m+M)V_1$$
∴一体になった小物体と板の速さは
$$V_1 = \boldsymbol{\frac{mv_0}{m+M}}$$

(2) 失われた力学的エネルギーは
$$\Delta E = \frac{1}{2}mv_0^2 - \frac{1}{2}(m+M)V_1^2$$
$$= \boldsymbol{\frac{1}{2}mv_0^2\left(\frac{M}{m+M}\right)}$$

(3) 力学的エネルギーの減少分は，摩擦のした仕事に等しいから，
$$\mu' mgl = \frac{1}{2}mv_0^2\left(\frac{M}{m+M}\right)$$
よって板上で滑った距離は
$$l = \boldsymbol{\frac{v_0^2}{2\mu' g}\left(\frac{M}{m+M}\right)}$$

(4) 小物体の運動方程式は $ma = -\mu' mg$ だから，加速度は $a = -\mu' g$

初速度 v_0 を与えられて，板上で停止する（速さ $v = V_1$ となる）までの間は，加速度 $a = -\mu' g$ の等加速度運動をするから，
$$V_1 = v_0 + at_1 = v_0 - \mu' g t_1$$
(1) で求めた V_1 を使って，停止するまでの時間 t_1 は，
$$t_1 = \frac{v_0 - V_1}{\mu' g} = \boldsymbol{\frac{v_0 M}{\mu' g(m+M)}}$$

（別解）この問題はいくつかの別解が存在する．運動方程式を立てて加速度を求めれば

小物体：$ma = -\mu' mg$ より加速度 $a = -\mu' g$

板：$MA = \mu' mg$ より加速度 $A = \frac{\mu' mg}{M}$

小物体も板もそれぞれ等加速度運動だから，速さは

小物体 $v = v_0 + at = v_0 - \mu' gt$

板：$V = 0 + At = \frac{\mu' mg}{M}t$

ここで $v = V_1$ となるときの時間が $t = t_1$ である．速度と時間の関係は次の図の通り．

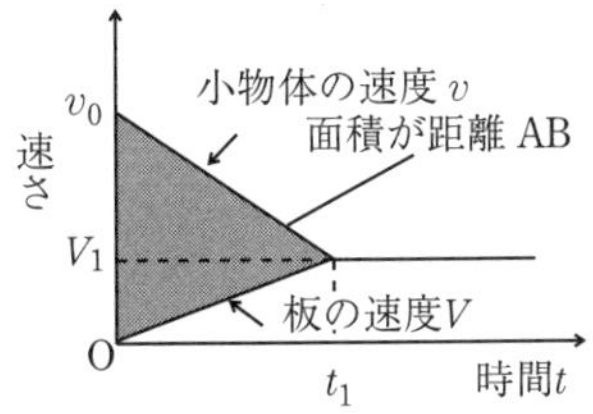

13. 三角関数

問題 13.1

変数 t が周期 T 変化するとき位相が 2π だけ変化するから

① $2T = 2\pi$ より周期 $T = \boldsymbol{\pi}$

② $\dfrac{1}{2}T = 2\pi$ より周期 $T = \boldsymbol{4\pi}$

問題 13.2

① 図より周期 $T = \boldsymbol{3\pi}$

②（振幅）$A = \boldsymbol{2}$

③ 周期の条件 $\omega T = 2\pi$ より

（角振動数）$\omega = \dfrac{2\pi}{T} = \boldsymbol{\dfrac{2}{3}}$

問題 13.3

グラフをかくときは，三角関数の値が 0 や ±1 になる θ をきちんとチェックしておく．

(1) $y = -\sin\theta$ のグラフは $y = \sin\theta$ のグラフを θ 軸について対称に移動したもので下図．周期は $\boldsymbol{2\pi}$

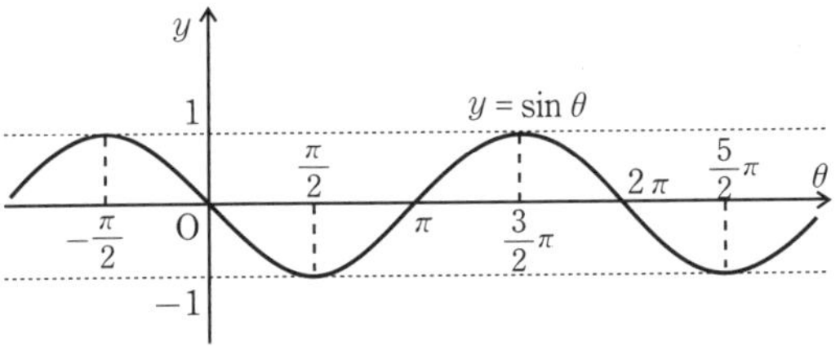

(2) $y = \cos\left(\theta - \dfrac{\pi}{3}\right)$ のグラフは $y = \cos\theta$ のグラフを θ 軸方向に $\dfrac{\pi}{3}$ だけ平行移動したもので下図．周期は $\boldsymbol{2\pi}$

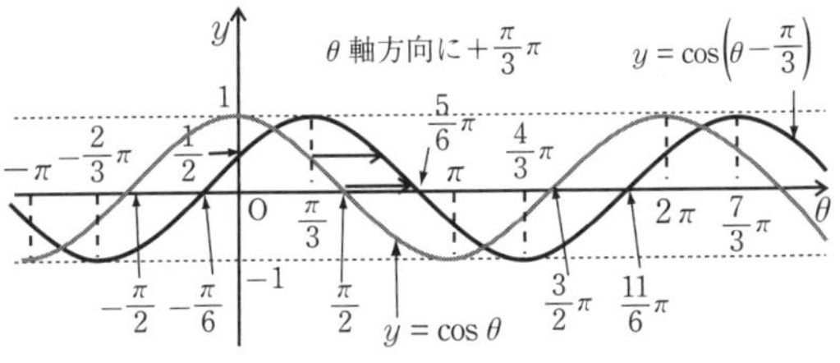

(3) $y = \dfrac{1}{2}\cos 3\theta$ のグラフは $y = \cos\theta$ のグラフを y 軸方向に $\dfrac{1}{2}$ 倍，θ 軸方向に $\dfrac{1}{3}$ 倍に縮小したもので下図．周期は $\dfrac{2\pi}{3} = \boldsymbol{\dfrac{2}{3}\pi}$

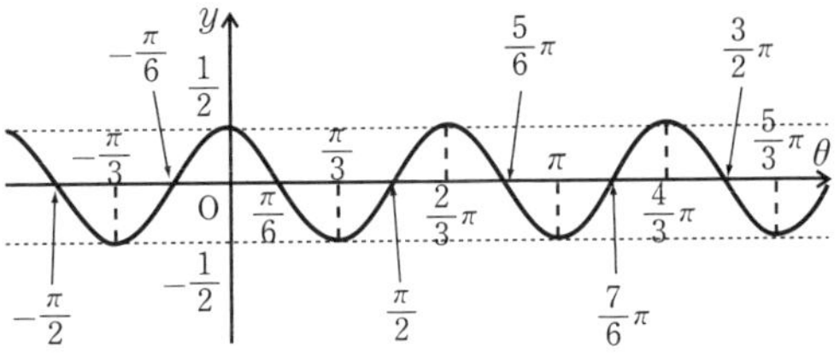

(4) $y = \sin\left(2\theta - \dfrac{\pi}{3}\right) = \sin 2\left(\theta - \dfrac{\pi}{6}\right)$ のグラフは，$y = \sin\theta$ を θ 軸方向に $\dfrac{1}{2}$ 倍に縮小し，さらに $\dfrac{\pi}{6}$ だけ平行移動したもので，下図．周期は $\dfrac{2\pi}{2} = \boldsymbol{\pi}$.

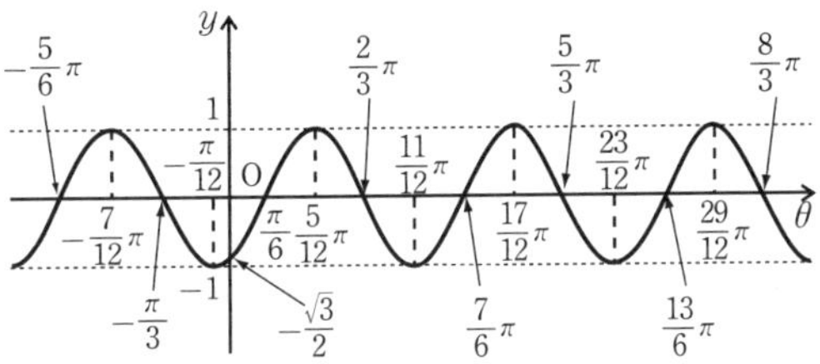

問題 13.4

(1) ① 変位 $x = B\sin\omega t$ のとき

速度 $v = \dfrac{d}{dt}[B\sin\omega t] = \omega B\cos\omega t$

加速度 $a = \dfrac{d}{dt}[\omega B\cos\omega t]$

$= -\omega^2 B\sin\omega t = -\omega^2 x$

$$\therefore\ \frac{d^2x}{dt^2} = -\omega^2 x$$

② 変位 $x = C\cos\omega t$ のとき

速度 $v = \dfrac{d}{dt}[C\cos\omega t] = -\omega C\sin\omega t$

加速度 $a = \dfrac{d}{dt}[-\omega C\sin\omega t]$

$= -\omega^2 C\cos\omega t = -\omega^2 x$

$$\therefore\ \frac{d^2x}{dt^2} = -\omega^2 x$$

③ $\sin\omega t$，$\cos\omega t$ が解になっているので，それらの**線形結合**の $B\sin\omega t + C\cos\omega$ もまた微分方程式 $\dfrac{d^2x}{dt^2} = -\omega^2 x$ の解である（実際に微分して確かめよ）．

(2) 2 階微分方程式の解は一般に不定定数を 2 つ含み，それらは初期条件によって決まる．だから，

$x = A\sin(\omega t + \phi)$（$A$，$\phi$ は定数）も

$x = B\sin\omega t + C\cos\omega t$（$B$，$C$ は定数）も

微分方程式 $\dfrac{d^2x}{dt^2} = -\omega^2 x$ の**一般解**である．時刻 t によらず常に

$$\begin{aligned} &A\sin(\omega t+\phi) \\ &= (A\cos\phi)\sin\omega t + (A\sin\phi)\cos\omega t \cdots \text{(i)} \\ &= B\sin\omega t + C\cos\omega t \qquad \cdots \text{(ii)} \end{aligned}$$

が成り立つ条件は，(i) と (ii) の両辺で t を含む $\sin\omega t$ と $\cos\omega t$ の項の係数が等しいことである．よって，

$$\boldsymbol{B = A\cos\phi \qquad C = A\sin\phi}$$

または，

$$\boldsymbol{A = \sqrt{B^2 + C^2} \qquad \tan\phi = \frac{C}{B}}$$

14. 単振動・単振り子

問題 14.1

ばね振り子の運動方程式：$m\dfrac{d^2x}{dt^2} = -kx$ を変形して，$\dfrac{d^2x}{dt^2} = -\dfrac{k}{m}x = -\omega^2 x$.

これより $\omega = \sqrt{\dfrac{k}{m}}$ となり，

周期は $T = \dfrac{2\pi}{\omega} = 2\pi\sqrt{\dfrac{m}{k}}$

これから，ばね定数は $k = \dfrac{4\pi^2 m}{T^2}$.

これに $T = 4.0$ s，$m = 20$ kg を代入して，

ばね定数 $k = \dfrac{4\pi^2 m}{T^2} = \mathbf{49.3\ N/m.}$

コメント：単振動の周期 T の式を暗記するより，このように

「運動方程式 → 微分方程式 → 解は単振動 → $\boldsymbol{\omega}$ を求める→ $\boldsymbol{T}$ を求める」という手順を覚える方を強く勧める．

問題 14.2

$g = 9.8\ \text{m/s}^2$，$T = 2$ s とおく．

周期は $T = 2\pi\sqrt{\dfrac{l}{g}}$ だから

振り子の長さ $l = \dfrac{gT^2}{4\pi^2} = \mathbf{0.9929 \cong 1.0\ m}$

コメント：長さが 1 m になるのは偶然ではない．**秒打ち振り子**といって，周期 2 秒の振り子の長さが **1 m の起源**なのである（1780 年フランス大革命後の国会で決議）．その後，g が地域によって若干異なることが指摘され，1 m は地球の円周の 4 万分の 1 に訂正された．現在では光が 1 秒間に進む距離の 299,792,458 分の 1 を 1 m として定義している．

問題 14.3

$T = 2\pi\sqrt{\dfrac{l}{g}}$ だから，周期を $T/2$ にするには単振り子の長さを $\boldsymbol{l/4}$ にする．

問題 14.4

$x = A\sin\omega t = 0.2\sin\pi t$ だから，

① 振幅 $A = \mathbf{0.2}$ m

② 角振動数 $\omega = \boldsymbol{\pi} = \mathbf{3.14}$ rad/s

③ 周期 $T = \dfrac{2\pi}{\omega} = \mathbf{2.0}$ s

④ 振動数 $f = \dfrac{1}{T} = \mathbf{0.5}$ Hz

⑤ 最大速さ $v_{\max} = A\omega = \boldsymbol{0.2\pi}$
$= \mathbf{0.628}$ m/s

⑥ 最大加速度は

$$a_{\max} = A\omega^2 = \boldsymbol{0.2\pi^2} = \mathbf{1.97}\ \text{m/s}^2$$

問題 14.5

単振動の式 $x = A\sin(\omega t + \phi)$ に諸条件を代入する．

(1) 振動数 $f = 20$ Hz より角振動数 $\omega = 2\pi f = 40\pi$ [rad/s].
条件 $t = 0$ で $x = 0.5\sin\phi = 0.5$ より，$\phi = \pi/2$ [rad]．よって

$$\boldsymbol{x = 0.5\sin\left(40\pi t + \frac{\pi}{2}\right)}$$

(2) 振幅 $A = 0.5$ m．条件 $t = 0$ で $x = A\sin\phi = 0$ より，$\phi = 0$ またはπ [rad].
条件 $t = 0$ で $v_0 = \omega A\cos(\omega t + \phi) = \omega A\cos\phi = 0.2 > 0$ より，まず $\phi = 0$ [rad]．次に角振動数 $\omega = \dfrac{v_0}{A} = \dfrac{0.2}{0.5} = 0.4$ [rad/s]．よって

$$\boldsymbol{x = 0.5\sin(0.4t)}$$

問題 14.6

変位 $x = A\sin\omega t$

(1) 速度は

$$v = \frac{dx}{dt} = \frac{d}{dt}A\sin\omega t = \boldsymbol{\omega A\cos\omega t}$$

(2) 加速度は

$$a = \frac{dv}{dt} = \frac{d}{dt}\omega A\cos\omega t$$

$= -\omega^2 A \sin\omega t = -\omega^2 x$

このとき物体にはたらいている力は

$F = ma = -m\omega^2 x$

ばねの弾性力 $F = -kx$ と比較して，

ばね定数 $k = \boldsymbol{m\omega^2}$

(3) 単振動の力学的エネルギーは

$$E = \frac{1}{2}mv^2 + \frac{1}{2}kx^2 = \frac{1}{2}m\omega^2 A^2\cos^2\omega t + \frac{1}{2}m\omega^2 A^2 \sin^2\omega t = \boldsymbol{\frac{1}{2}m\omega^2 A^2}$$

15. 等速円運動

問題 15.1

① $v = \boldsymbol{\dfrac{2\pi r}{T}}$　② $\omega = \boldsymbol{\dfrac{2\pi}{T}}$

③ 上の 2 式より T を消去して $\boldsymbol{v = r\omega}$

問題 15.2

半径 r，角速度 ω の等速円運動だから，

① 向心加速度 $a = \boldsymbol{r\omega^2}$

② 向心力 $F = ma = \boldsymbol{mr\omega^2}$

③ 速さ $v = \boldsymbol{r\omega}$

④ 向心力 $F = \boldsymbol{\dfrac{mv^2}{r}}$

問題 15.3

質量 $m = 0.2$ kg, 半径 $r = 0.6$ m, 速さ $v = 3.0$ m/s だから，

① 角速度 $\omega = \dfrac{v}{r} = \mathbf{5.0}$ rad/s

② 周期 $T = \dfrac{2\pi r}{v} = \boldsymbol{0.4\pi} = \mathbf{1.26}$ s

③ 加速度 $a = \dfrac{v^2}{r} = \mathbf{15}$ m/s^2

④ **中心向き**

⑤ 向心力 $F = \dfrac{mv^2}{r} = \mathbf{3.0}$ N

問題 15.4

質量 $m = 0.5$ kg，半径 $r = 0.4$ m，角速度 $\omega = 6$ rad/s として，

(1) おもりの速さ $v = r\omega = \mathbf{2.4\ m/s}$

(2) 周期 $T = \dfrac{2\pi}{\omega} = \mathbf{1.05\ s}$

(3) 加速度の大きさは $a = \dfrac{v^2}{r} = r\omega^2 = \mathbf{14.4\ m/s^2}$ （**円の中心向き**）

(4) 糸の張力 $S = mr\omega^2 = \mathbf{7.2\ N}$

16. 万有引力・角運動量

問題 16.1

① **ケプラー**

② **焦点**

③ 点 **A.**

理由：面積速度一定の法則（角運動量保存の法則）より $v_A r_A = v_B r_B$．題意より $r_A < r_B$ だから，$v_A > v_B$．よって点 A での速度の方が速い．

④ 惑星 $\mathbf{P_2}$.

理由：調和の法則 ($T^2/r^3 = k =$ 一定値) より

$$\frac{T_1^2}{r_1^3} = \frac{T_2^2}{r_2^3}\ (= k = \text{一定値}).$$

惑星 P_1 の長半径 r_1 は惑星 P_2 の長半径 r_2 より小さい ($r_1 < r_2$) ので，$T_1 < T_2$.

∴惑星 P_2 の公転周期 T_2 の方が長い．

問題 16.2

① 周期 $T = \boldsymbol{\dfrac{2\pi r}{v}}$

② 向心力 $F = \boldsymbol{\dfrac{mv^2}{r}}$

③ ①より $v = \dfrac{2\pi r}{T}$　これを代入して

$$F = \frac{mv^2}{r} = \frac{m}{r}\left(\frac{2\pi r}{T}\right)^2 = \boldsymbol{\frac{4\pi^2 mr}{T^2}}$$

④ 上の結果に $T^2 = kr^3$ を代入して

$$F = \boldsymbol{\frac{4\pi^2 m}{kr^2}}$$

問題 16.3

① $\boldsymbol{G\dfrac{mM}{r^2}}$

② 質量 m の物体が地球の表面 $r = R$ で受ける万有引力 $G\dfrac{mM}{R^2}$ が地表での重力 mg だから，

$$mg = G\frac{mM}{R^2} \quad \therefore \quad g = \boldsymbol{\frac{GM}{R^2}}$$

③ 上の結果より $M = \dfrac{gR^2}{G}$

これに $g = 9.8$ m/s^2，$R = 6.4 \times 10^6$ m，$G = 6.67 \times 10^{-11}$ N·m^2/kg^2 を代入して

地球の質量　$M = \mathbf{6.02 \times 10^{24}}$ kg

問題 16.4

質量 $m = 3$ kg，半径 $r = 5$ m，角速度 $\omega = 2$ rad/s とおいて，諸量を計算する．

① 周期 $T = \dfrac{2\pi}{\omega} = \boldsymbol{\pi} = \mathbf{3.14}$ s

② 回転数 $f = \dfrac{1}{T} = \dfrac{\omega}{2\pi} = \dfrac{\mathbf{1}}{\boldsymbol{\pi}} = \mathbf{0.318}$ 回/s [Hz]

③ 速さ $v = r\omega = \mathbf{10}$ m/s

④ 運動量の大きさ $p = mv = mr\omega = \mathbf{30}$ kg·m/s

⑤ 角運動量の大きさ $L = r \times p = mr^2\omega = \mathbf{150}$ kg·m^2/s

⑥ 向心加速度の大きさ $a = r\omega^2 = \mathbf{20}$ m/s^2

⑦ 向心力の大きさ $a = mr\omega^2 = \mathbf{60}$ N

問題 16.5

(1) 1 周 $2\pi R$ を速さ v で回る時間が周期 T だから

$$\boldsymbol{T = \frac{2\pi R}{v}}$$

(2) 向心力になっているのは地表での**重力**で，その大きさは $\boldsymbol{mg}$

(3) 円運動の方程式は $\boldsymbol{\dfrac{mv^2}{R} = mg}$

$$\therefore \quad \boldsymbol{v = \sqrt{gR}}$$

これから $\boldsymbol{T = \dfrac{2\pi R}{v} = 2\pi\sqrt{\dfrac{R}{g}}}$

(4) $g = 9.8\,\mathrm{m/s^2}$，$R = 6.4 \times 10^6$ m を代入して，

速さ $v = \mathbf{7.92 \times 10^3\ m/s = 7.92\ km/s}$

周期 $T = \mathbf{5.08 \times 10^3\ s}$

$= \mathbf{85}$ **分** $=$ **1 時間 25 分**

コメント：人類初の有人衛星は 1961 年ソ連（現在のロシア）によって打ち上げられたが，このときの飛行時間は 1 時間 48 分であった．宇宙飛行士ガガーリンの「地球は青かった」は有名．

問題 16.6

(1) 人工衛星の円運動の方程式は，

$$m\frac{v^2}{r} = G\frac{mM}{r^2}$$

ゆえに　速さ $v = \sqrt{\boldsymbol{\dfrac{GM}{r}}}$

周期　$T = \dfrac{2\pi r}{v} = \boldsymbol{\dfrac{2\pi\sqrt{r^3}}{\sqrt{GM}}}$

(2) 運動エネルギー $K = \dfrac{1}{2}mv^2 = \boldsymbol{\dfrac{GmM}{2r}}$

(3) 力学的エネルギーは

$$E = K + U$$
$$= \frac{GmM}{2r} - \frac{GmM}{r} = -\boldsymbol{\frac{GmM}{2r}}$$

（注：位置エネルギーの基準を無限遠方にとっているから，$E < 0$ となる．）

17. 慣性力（見かけの力）

問題 17.1

(1) 糸を切られた後のおもりは，慣性力 ma と重力 mg の合力（=**見かけの重力**mg'）を受けて「自由落下」する．つまり，図 17.2(b) で O→C の方向に見かけの重力加速度 $g' = \dfrac{g}{\cos\theta}$ で**等加速度直線運動**をする．

(2) おもりは糸が切られた時点で，そのときの電車の速さ v_0 をもっている．糸が切られた後は電車の速度・加速度には無関係で，地上の人から見ると，図 17.2(c) に示すように，初速度 v_0 の**水平投射の放物運動**となる．

問題 17.2

質量 $m = 50$ kg，重力加速度 $g = 9.8$ m/s^2

(a) 加速度 $a = 2.0$ m/s^2，

① 慣性力 $F' = ma = \mathbf{100}$ N

② 慣性力 $F' = 100\mathrm{N} = 100/9.8 = \mathbf{10.2}$ kgw

③ エレベーター内で受ける力は重力と慣性力の和だから体重計は，

$W' = 50 + 10.2 = \mathbf{60.2}$ kgw を指す．

(b) 慣性力は $F'' = 46 - 50 = -4.0\,\mathrm{kgw} = -4.0 \times 9.8 = \mathbf{-39.2}$ N

④ 慣性力 $ma = F''$ より，

$$a = F''/m = -39.2/50 = -0.784\ \mathrm{m/s^2}$$

∴ 加速度の大きさは $\mathbf{0.784}$ m/s ^{2}

⑤ 体重の測定値は減少しているから，上向きに慣性力を受けている．つまりエレベーターは加速度 -0.784 m/s^2 で **減速**運動をしている．

問題 17.3

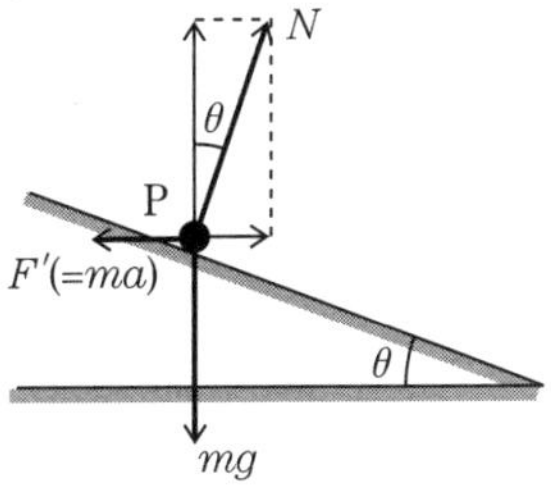

慣性力 $F'(=ma)$ は上図のように水平後ろ向きにはらくので，

水平方向：$ma = N\sin\theta \cdots$ ①

鉛直方向：$mg = N\cos\theta \cdots$ ②

この 2 式から N を消去して，

加速度の大きさ $a = \boldsymbol{g\tan\theta}$

問題 17.4

質量 $m = 50$ kg，重力加速度 $g = 9.8$ m/s^2，半径 $r = 4$ m，周期 $T = 5$ s とおくと "遠心力の大きさ=向心力の大きさ" だから

遠心力 $F' = mr\omega^2 = mr\left(\dfrac{2\pi}{T}\right)^2 = \mathbf{316\ N}$

人の体重は $W = mg = 490$ N だから，遠心力 F' は体重 W の $\dfrac{F'}{W} = \mathbf{0.64}$ **倍**

18. 問題演習（振動と円運動）

A. 基本問題

問題 18.1

三角関数の微分が分からない人はもう一度確認すること．

① $v_x = \dfrac{d}{dt}(r\cos\omega t) = \boldsymbol{-\omega r\sin\omega t}$

② $v_y = \dfrac{d}{dt}(r\sin\omega t) = \boldsymbol{\omega r\cos\omega t}$

③ $v^2 = v_x^2 + v_y^2$
$= (-\omega r\sin\omega t)^2 + (\omega r\cos\omega t)^2 = \boldsymbol{(\omega r)^2}$

④ $v = \boldsymbol{\omega r}$

⑤ $a_x = \dfrac{d}{dt}v_x = \dfrac{d}{dt}(-\omega r\sin\omega t)$
$= \boldsymbol{-\omega^2 r\cos\omega t}$

⑥ $a_x = \boldsymbol{-\omega^2 x}$

⑦ $a_y = \dfrac{d}{dt}v_y = \dfrac{d}{dt}(\omega r\cos\omega t)$
$= \boldsymbol{-\omega^2 r\sin\omega t}$

⑧ $a_y = \boldsymbol{-\omega^2 y}$

⑨ $a = \sqrt{a_x^2 + a_y^2}$
$= \sqrt{(-\omega^2 r\cos\omega t)^2 + (-\omega^2 r\sin\omega t)^2}$
$= \boldsymbol{\omega^2 r}$

⑩ $a = \boldsymbol{\dfrac{v^2}{r}}$

⑪ $\boldsymbol{v\cdot r} = v_x x + v_y y$
$= (-\omega r\sin\omega t)(r\cos\omega t)$
$\quad +(\omega r\cos\omega t)(r\sin\omega t)$
$= \mathbf{0}$

問題 18.2

10 秒間に 2 回転する等速円運動だから

1 周する時間（周期）は $T = \mathbf{5.0\ s}$

1 秒間に回転する数（回転数）は

$f = \dfrac{1}{T} = \mathbf{0.2\,Hz}$

1 周 (2π [rad]) まわるのに時間 $T = 5$ s かかるから角速度は

$\omega = \dfrac{2\pi}{T} = \boldsymbol{\dfrac{2}{5}\pi = 0.4\pi = 1.26}$ **rad/s**

半径 $r = 0.4$ m なので速さは

$v = \dfrac{2\pi r}{T} = r\omega = \boldsymbol{0.16\pi = 0.502}$ **m/s**

加速度の大きさは

$a = \dfrac{v^2}{r} = r\omega^2 = \boldsymbol{0.064\pi^2 = 0.632}$ **m/s^2**

問題 18.3

$x = 2\sin 0.5\pi t = A\sin\omega t$ として対比．

(1) 振幅 $A = \mathbf{2.0\ m}$

角振動数 $\omega = \boldsymbol{0.5\pi = 1.57}$ **rad/s**

周期 $T = \mathbf{4.0\ s}$

(2) 速度 $v = \dfrac{dx}{dt} = \omega A\cos\omega t = \boldsymbol{\pi\cos 0.5\pi t}$

速さの最大値は $\boldsymbol{\pi = 3.14}$ **m/s**

時刻は $|\cos 0.5\pi t| = 1$ より $t = \mathbf{0}$，**2 s**

(3) 加速度 $a = \dfrac{dv}{dt} = -\omega^2 A\sin\omega t$

$= \boldsymbol{-0.5\pi^2\sin 0.5\pi t}$

大きさの最大値は $\boldsymbol{0.5\pi^2 = 4.93}$ **m/s^2**

時刻は $|\sin 0.5\pi t| = 1$ より

$t = \mathbf{1}$，**3 s**

(4) $t = 0.5$ s で，速さは

$v = \pi\cos 0.25\pi = \boldsymbol{\dfrac{\sqrt{2}\pi}{2} = 2.22}$ **m/s**

加速度の大きさは

$a = |-0.5\pi^2\sin 0.25\pi|$

$$= \frac{\sqrt{2}\pi^2}{4} = \mathbf{3.49\ m/s^2}$$

問題 18.4

時刻 $t = 0$ で変位 $x = A$ であることに注意すると，時刻 t [s] のときの変位 x [m] は

$$x = A\cos\omega t = A\cos\left(\frac{2\pi}{T}t\right)$$

とおくことができる．このとき，

速度 $v = \dfrac{dx}{dt} = \dfrac{d}{dt}[A\cos\omega t] = -A\omega\sin\omega t$

加速度 $a = \dfrac{dv}{dt} = \dfrac{d}{dt}[-A\omega\sin\omega t]$

$= -A\omega^2\cos\omega t$

となる．

(1) グラフより

① 振幅 $A = \mathbf{0.30\ m}$

② 周期 $T = \mathbf{4.0\ s}$

③ 角振動数

$\omega = \dfrac{2\pi}{T} = \mathbf{0.5\pi = 1.57\ rad/s}$

(2) ばね定数 k の振り子の運動方程式は，つり合いの位置からの変位を x として，$m\dfrac{d^2x}{dt^2} = -kx$．これから，

$\dfrac{d^2x}{dt^2} = -\left(\dfrac{k}{m}\right)x = -\omega^2 x$

おもりの質量 $m = 0.4$ kg を代入して，

ばね定数 $k = m\omega^2 = m\left(\dfrac{2\pi}{T}\right)^2$

$= \mathbf{0.1\pi^2 = 0.987\ N/m}$

(3) ① グラフより $t = 1$ s のとき変位 $x = \mathbf{0\ m}$

② $t = 1$ s のとき $\omega t = \dfrac{\pi}{2}$ だから

速度 $v = -A\omega\sin\omega t = -A\omega\sin\dfrac{\pi}{2}$

$= -A\omega = \mathbf{-0.15\pi = -0.471\ m/s}$

③ 加速度 $a = -A\omega^2\cos\omega t$

$= -A\omega^2\cos\dfrac{\pi}{2} = \mathbf{0\ m/s^2}$

④ はたらく力 $F = ma = \mathbf{0\ N}$

(4) ① $t = 2$ s のとき変位 $x = -A = \mathbf{-0.3\ m}$

② $t = 2$ s のとき $\omega t = \pi$ だから

速度 $v = -A\omega\sin\omega t$

$= -A\omega\sin\pi = \mathbf{0\ m/s}$

③ 加速度 $a = -A\omega^2\cos\omega t$

$= -A\omega^2\cos\pi = +A\omega^2$

$= \mathbf{0.075\pi^2 = 0.740\ m/s^2}$

④ $m = 0.4$ kg だから，

はたらく力 $F = ma = \mathbf{0.296\ N}$

問題 18.5

単振動の

変位 $x = A\sin(\omega t + \phi) = A\sin\left(\dfrac{2\pi}{T}t + \phi\right)$

速度 $v = \omega A\cos(\omega t + \phi)$

$= \dfrac{2\pi A}{T}\cos\left(\dfrac{2\pi}{T}t + \phi\right)$

だから，題意より $V = \dfrac{2\pi A}{T}$

振幅 $A = \boldsymbol{\dfrac{TV}{2\pi}}$

問題 18.6

$x = A\sin\omega t$ だから，

(1) 速度 $v = \dfrac{dx}{dt} = \dfrac{d}{dt}[A\sin\omega t]$

$= \boldsymbol{\omega A\cos\omega t}$

加速度 $a = \dfrac{dv}{dt} = \dfrac{d}{dt}[\omega A\cos\omega t]$

$= \boldsymbol{-\omega^2 A\sin\omega t}$

(2) 運動方程式は $\boldsymbol{ma = N - mg}$

加速度 $a = -\omega^2 A\sin\omega t$ を代入して

$N = mg + ma = \boldsymbol{m(g - \omega^2 A\sin\omega t)}$

(3) $-1 \leqq \sin\omega t \leqq 1$ だから，垂直抗力の最小値は $\sin\omega t = 1$ のとき，$N_0 = m(g - \omega^2 A)$．

$N_0 > 0$ ならば物体は台からつねに離れないから，その条件は

$\boldsymbol{g > \omega^2 A}$

問題 18.7

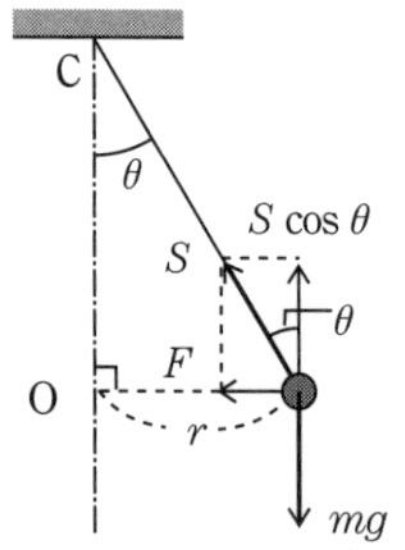

(1) 上図のように糸の張力を S とおけば，鉛直方向のつり合いより，$S\cos\theta = mg$

∴　張力 $S = \boldsymbol{\dfrac{mg}{\cos\theta}}$

(2) 糸の張力と重力の合成力 F が向心力となって円運動を引き起こしている．

$F = S\sin\theta = \boldsymbol{mg\tan\theta}$

(3) 円運動の半径は $r = \boldsymbol{l\sin\theta}$

円運動の方程式 $mr\omega^2 = F = mg\tan\theta$ より

角速度 $\omega = \sqrt{\dfrac{\boldsymbol{g}}{\boldsymbol{l\cos\theta}}}$

(4) 周期は $T = \dfrac{2\pi}{\omega} = \boldsymbol{2\pi\sqrt{\dfrac{l\cos\theta}{g}}}$

問題 18.8

(a) 向心力

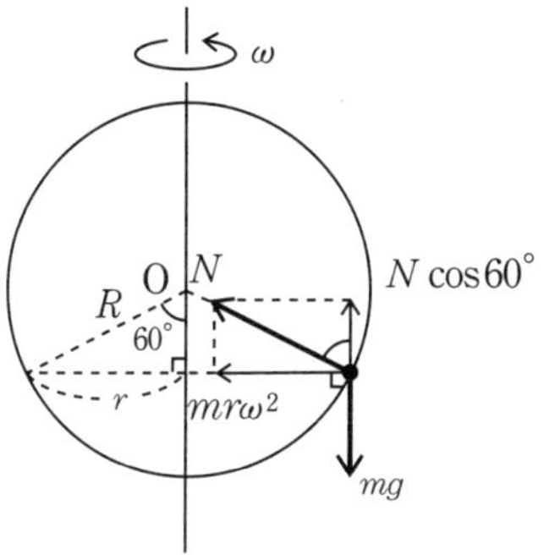

(b) 遠心力

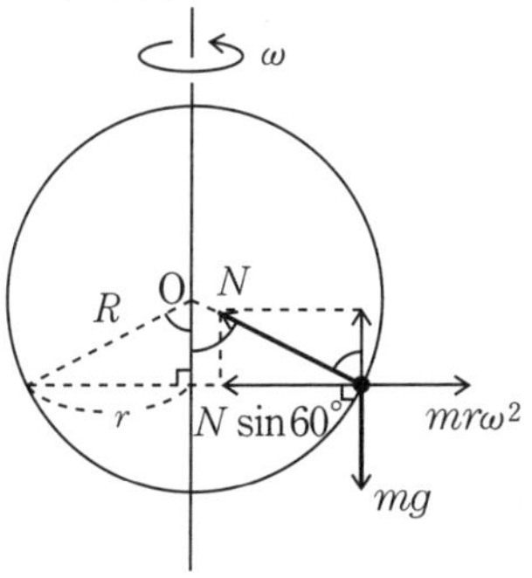

(1) 垂直抗力 N は図の通り（中心 O に向く）．鉛直方向のつり合い $N\cos 60° = mg$ より，

$$N = \frac{mg}{\cos 60°} = \boldsymbol{2mg}$$

(2) 図よりリングの円軌道の半径は

$$r = R\sin 60° = \boldsymbol{\frac{\sqrt{3}}{2}R}$$

図 (a) は垂直抗力の成分 $N\sin 60°$ が向心力 $mr\omega^2$ となって円運動をしているという考え方で，図 (b) は垂直抗力の成分 $N\sin 60°$ が遠心力 $mr\omega^2$ とつり合っているとする考え方である．どちらの考え方でも，$mr\omega^2 = N\sin 60°$.

$$mR(\sin 60°)\omega^2 = N\sin 60°$$

$$\therefore mR\omega^2 = N$$

(1) の $N = 2mg$ を代入して，

$$mR\omega^2 = 2mg$$

$$\omega = \boldsymbol{\sqrt{\frac{2g}{R}}}$$

問題 18.9

(1) 遠心力の大きさは $F = \boldsymbol{mr\omega^2}$ [N]

(2) 遠心力の大きさが重力 mg の 2000 倍という条件から，　$mr\omega^2 = 2000mg$

$$\therefore \omega = \sqrt{\frac{2000g}{r}}$$

半径 $r = 0.04$ m，重力加速度 $g = 9.8$ m/s^2 を代入して，$\omega = 700$ rad/s

1 秒あたりの回転数は $f = \dfrac{\omega}{2\pi}$ だから

1 分あたりの回転回数 (rpm) は

$$n = 60 \times \frac{\omega}{2\pi} = \textbf{6685 回}$$

（1 分あたりの回転回数は rpm と略記され，遠心分離機の性能表示に使われている.）

問題 18.10

地球の半径を R，質量を M，地表の重力加速度を g とすると，「地表での万有引力＝重力」より

$$G\frac{mM}{R^2} = mg \quad \therefore g = \frac{GM}{R^2} \cdots ①$$

月の半径を R_1，質量を M_1，地表の重力加速度を g_1 とすると，同様に，$g_1 = \dfrac{GM_1}{R_1^2} \cdots ②$

②÷①より，万有引力定数 G は消去できて

$$\frac{g_1}{g} = \left(\frac{M_1}{M}\right)\left(\frac{R}{R_1}\right)^2 = \left(\frac{M_1}{M}\right)/\left(\frac{R_1}{R}\right)^2$$

一方題意より，$M_1/M = 0.0123$，$R_1/R = 0.272$.

よって，　$\dfrac{g_1}{g} = \dfrac{0.0123}{0.272^2} = \mathbf{0.166}$

※「月面での重力は地上の重力の約 6 分の 1 である」ことを知っておくと何かの役に立つ.

問題 18.11

(1) 万有引力の法則より $F = \boldsymbol{G\dfrac{mM}{r^2}}$

(2)「地表での重力＝地表で受ける万有引力」($r = R$) だから

$$mg = G\frac{mM}{R^2} \quad \therefore GM = gR^2$$

よって人工衛星に及ぼす引力は

$$F = \boldsymbol{mg\left(\frac{R}{r}\right)^2}$$

(3) 人工衛星の円運動の方程式は

$$mr\omega^2 = G\frac{mM}{r^2} = mg\frac{R^2}{r^2}$$

これから $r^3 = \dfrac{gR^2}{\omega^2}$ ∴　$r = \boldsymbol{\left(\dfrac{gR^2}{\omega^2}\right)^{\frac{1}{3}}}$

(4) $g = 9.8\ \mathrm{m/s^2}$，$R = 6.4 \times 10^6\ \mathrm{m}$，$\omega = 7.27 \times 10^{-5}\ \mathrm{rad/s}$ を代入して，

$r = 42300 \times 10^3\ \mathrm{m} = 42300\ \mathrm{km}$

$h = r - R = 42300 - 6400 = \mathbf{35900\ km}$

コメント：このように大きなべき数をもつ数を電卓で数値計算をするときは，べき数だけ手で計算した方がよい．具体的には

$$\begin{aligned} r &= \left(\frac{gR^2}{\omega^2}\right)^{\frac{1}{3}} \\ &= \left(\frac{9.8 \times 6.4^2 \times 10^{12}}{7.27^2 \times 10^{-10}}\right)^{\frac{1}{3}} \\ &= \left(\frac{9.8 \times 6.4^2 \times 10}{7.27^2} \times 10^{21}\right)^{\frac{1}{3}} \\ &= \left(\frac{9.8 \times 6.4^2 \times 10}{7.27^2}\right)^{\frac{1}{3}} \times 10^7 \\ &= 4.23 \times 10^7 \mathrm{m} = 42300 \mathrm{km} \end{aligned}$$

$h = 36000\mathrm{km} \approx 5.6R$ だから，静止衛星は地球の半径の約 5.6 倍の高さを運動している．

B. 標準問題

問題 18.12

(1)

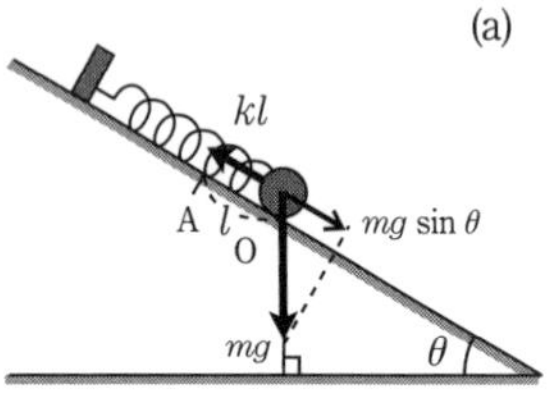

図 (a) のように，ばねが自然長の位置 A から長さ l だけ伸びて，点 O でつり合う．重力の斜面に平行成分のつり合い条件

$$mg\sin\theta = kl$$

より，ばね定数 $k = \boldsymbol{\dfrac{mg\sin\theta}{l}}$

(2)

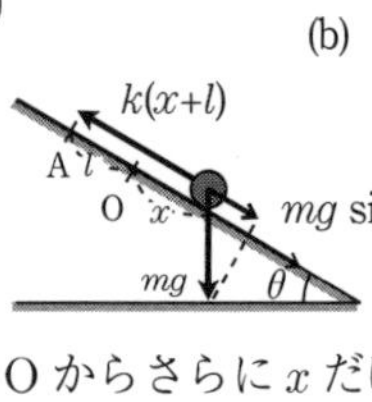

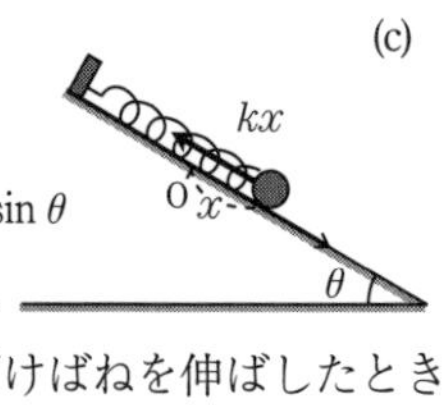

点 O からさらに x だけばねを伸ばしたときにはたらくばねの力は $k(x+l)$ だから，図のように斜面に平行に x 軸をとると，はたらく力（復元力）は

$$F = mg\sin\theta - k(x+l) = \boldsymbol{-kx}$$

(3) 加速度を $a = \dfrac{d^2x}{dt^2}$ として，運動方程式は

$$\boldsymbol{ma = -kx} \text{ つまり } \boldsymbol{m\frac{d^2x}{dt^2} = -kx}$$

これより $\dfrac{d^2x}{dt^2} = -\dfrac{k}{m}x$ と $\dfrac{d^2x}{dt^2} = -\omega^2 x$ を比較して角振動数 $\omega = \sqrt{\dfrac{k}{m}}$ の単振動であることがわかる．よって

$$\text{周期 } T = \frac{2\pi}{\omega} = 2\pi\sqrt{\frac{m}{k}} = \boldsymbol{2\pi\sqrt{\frac{l}{g\sin\theta}}}$$

(4) $x = l\sin(\omega t + \phi)$ とおくと，$t = 0$ で $x = l$ という条件から $\phi = \pi/2$，ゆえに時刻 t での位置 x は

$$\begin{aligned} x &= l\sin\left(\omega t + \frac{\pi}{2}\right) = l\sin\left(\sqrt{\frac{k}{m}}t + \frac{\pi}{2}\right) \\ &= \boldsymbol{l\sin\left(\sqrt{\frac{g\sin\theta}{l}}t + \frac{\pi}{2}\right)} \\ &= l\cos\omega t = l\cos\left(\sqrt{\frac{k}{m}}t\right) \\ &= \boldsymbol{l\cos\left(\sqrt{\frac{\sin\theta}{l}}\,t\right)} \end{aligned}$$

(5) 位置 $x = l\cos\omega t$

速度 $v = \dfrac{dx}{dt} = \dfrac{d}{dt}[l\cos\omega t] = -l\omega\sin\omega t$

おもりが原点を通過するとき $\cos\omega t = 0$ つまり $|\sin\omega t| = 1$．このとき速さは

$$v = |-l\omega\sin\omega t| = l\omega = \boldsymbol{\sqrt{gl\sin\theta}}$$

問題 18.13

糸の長さは l で，重力加速度を g とおく．

張力が最大になるのは最下点で，このときの糸の張力を S とすれば向心力は $S - mg$ だから，円運動の方程式は

$$m\frac{v^2}{l} = S - mg \cdots ①$$

題意より糸の張力の最大値は $S = 2mg \cdots ②$

つまり，①と②より，最下点で糸が切れる限界にあるときには

$m\dfrac{v^2}{l} = mg$ で，速さは $v = \sqrt{gl} \cdots ③$

力学的エネルギー保存の法則より，最下点の

速さ v と（鉛直下方向に対する糸の）最大振れの角 θ の関係は

$$\frac{1}{2}mv^2 = mgh = mgl(1-\cos\theta)\cdots④$$

この④ 式に③の $v=\sqrt{gl}$ を代入して

$$\cos\theta = \frac{1}{2} \qquad \therefore\ \theta = \mathbf{60°}$$

問題 18.14

(1) $\boldsymbol{mg\cos\theta}$

(2) $\boldsymbol{m\frac{v_{\mathrm{B}}^2}{R} = mg\cos\theta}\cdots①$

(3) 力学的エネルギー保存の法則より

$$\frac{1}{2}mv_{\mathrm{B}}^2 = mgh$$

$$\therefore\quad v_{\mathrm{B}} = \boldsymbol{\sqrt{2gh}}\cdots②$$

(4) $R\cos\theta + h = R$

$$\therefore \cos\theta = \boldsymbol{\frac{R-h}{R}}\cdots③$$

(5) 式①と②より $\cos\theta = \dfrac{2h}{R}$

式③と組み合わせて，$h = \boldsymbol{\dfrac{R}{3}}$

問題 18.15

(1) $x = A\cos\omega t\cdots①,\quad y = B\sin\omega t\cdots②$

①と②から $\sin^2\omega t+\cos^2\omega t = 1$ を使って時刻 t を消去すると $\left(\dfrac{x}{A}\right)^2+\left(\dfrac{y}{B}\right)^2 = 1$.

これは長半径 A, 短半径 B の楕円である．

(2) 速度の成分をまず計算すると，

$$v_x = \frac{dx}{dt} = -\omega A\sin\omega t\cdots③$$

$$v_y = \frac{dy}{dt} = \omega B\cos\omega t\cdots④$$

次に加速度の成分を計算すると，

$$a_x = \frac{dv_x}{dt} = -\omega^2 A\cos\omega t = -\omega^2 x \ ⑤$$

$$a_y = \frac{dv_y}{dt} = -\omega^2 B\sin\omega t = -\omega^2 y \ ⑥$$

⑤と⑥から，おもりにはたらく力の成分は，

$$F_x = ma_x = -m\omega^2 x$$

$$F_y = ma_y = -m\omega^2 y$$

となる．これから，力は

$$\boldsymbol{F} = (F_x, F_y) = -m\omega^2(x,y) = -m\omega^2\boldsymbol{r}$$

となり，$\boldsymbol{r} = (x,y)$ と反対向きで，伸び r に比例することがわかる．$\boldsymbol{F} = -k\boldsymbol{r}$ と比べて，ばね定数 $k = \boldsymbol{m\omega^2}$

(3) 角運動量は

$$L = xp_y - yp_x = m(xv_y - yv_x)$$

$$= m(\omega AB\cos^2\omega t + \omega AB\sin^2\omega t)$$

$$= \boldsymbol{m\omega AB}$$

となるので一定である．中心力だから，角運動量は保存されている．

(4) 等速円運動ではないが $\omega T = 2\pi$ のときに楕円軌道を 1 周し元の位置にもどるから，周期 $T = \boldsymbol{\dfrac{2\pi}{\omega}}$

この間に原点 O とおもりを結ぶ直線は，楕円の全面積 πAB を掃くから，

面積速度は $S = \dfrac{\pi AB}{T} = \boldsymbol{\dfrac{\omega AB}{2}}$

つまり角運動量 L は面積速度 S の $2m$ 倍．

19. 剛体にはたらく力 (1)

問題 19.1

① 腕の長さ $= \boldsymbol{l}$

② 力のモーメント $= \boldsymbol{Fl}$

③ 作用点までの距離 $= \boldsymbol{r}$

④ 回転を起こす力の成分 $= \boldsymbol{F\sin\theta}$

⑤ 力のモーメント $= \boldsymbol{rF\sin\theta}$

⑥ $l = \boldsymbol{r\sin\theta}$

問題 19.2

円輪の接線方向に力を加える場合は常に

円輪の半径が「腕の長さ」

になることに注意．

半径 $r_1 = 0.6\,\mathrm{m}$，$r_2 = 0.4\,\mathrm{m}$

加えた力 $F_1 = 3\,\mathrm{N}$，$F_2 = 4\,\mathrm{N}$

① $N_1 = F_1 r_1 = \mathbf{1.8}\ \mathrm{N{\cdot}m}$

（反時計回りだから正）

② $N_2 = -F_2 r_2 = \mathbf{-1.6}\ \mathrm{N{\cdot}m}$

（時計回りだから負）

③ 力のモーメントの和は

$$N = N_1 + N_2 = \mathbf{+0.2}\ \mathrm{N{\cdot}m}.$$

問題 19.3

点 A のまわりでの力のモーメントのつり合いの式をたてると（反時計回りの力のモーメントを正として）　$T\times 100 - 0.6\times 40 = 0$

$$\therefore\quad T = \mathbf{0.24\ kgw}$$

問題 19.4

(1) OA の長さを x [cm] として点 O のまわりでの力のモーメントのつり合いの式をたてると　$6 \times x - 4 \times (100 - x) = 0$

$\therefore \quad x = \mathbf{40\ cm}$

(2) 糸には 6.0kw と 4.0kgw の合力がかかる．

糸の張力の大きさは **10.0 kgw**

問題 19.5

点 O のまわりの力のモーメントのつり合いを考える．

(1) OP と垂直方向に力 T_a を加える場合の力のモーメントのつり合いの式は

$5 \times 4 = T_\mathrm{a} \times 20$

$\therefore \quad T_\mathrm{a} = \mathbf{1.0\ kgw}$

(2) OP と角 60° を力 T_b を加える場合の力のモーメントのつり合いの式は

$5 \times 4 = T_\mathrm{b} \sin 60° \times 20$

$$\therefore \quad T_\mathrm{b} = \frac{\mathbf{2\sqrt{3}}}{\mathbf{3}} = \mathbf{1.15\ kgw}$$

問題 19.6

反時計回りの力のモーメントを正として

10 N の力のモーメントは

$N_1 = +10 \times 0.5 = 5\,\mathrm{N{\cdot}m}$

8 N の力のモーメントは

$N_2 = -8 \sin 30° \times 2 = -8\,\mathrm{N{\cdot}m}$

∴ 点 O にはたらく力のモーメントの和は

$N = N_1 + N_2 = \mathbf{-3\ N{\cdot}m}$

（時計回りに大きさ 3 N·m の力のモーメント）

問題 19.7

反時計回りの力のモーメントを正として

10 N の力のモーメントは

$N_1 = +10 \sin 60° \times 4 = 20\sqrt{3}\ \mathrm{N{\cdot}m}$

点 O から x [m] の位置に棒に垂直にはたらくとして，20 N の力のモーメントは

$$N_2 = -20x\,[\mathrm{N \cdot m}]$$

よって，点 O にはたらく力のモーメントのつり合いの式は $N_1 + N_2 = 20\sqrt{3} - 20x = 0$

ゆえに点 O より $x = \mathbf{\sqrt{3} = 1.73\ m}$ の位置

問題 19.8

平面内の点 $\mathrm{P}(x, y)$ に力 $\boldsymbol{F} = (F_x, F_y)$ がはたらいているとき，原点 O のまわりの力のモーメント N は

分力 F_y のモーメント $= F_y \times x$

（反時計回り，腕の長さ $= x$）

分力 F_x のモーメント $= F_x \times y$

（時計回り，腕の長さ $= y$）

の両方からなる．反時計まわりを正として 2 つの力のモーメントを加算すると

成分表示による力のモーメントは

$$\boldsymbol{N = xF_y - yF_x}$$

20. 剛体にはたらく力 (2)

問題 20.1

2 つの解法を示す．

（座標軸を使う方法）

点 A を原点にして x 座標をとると，

点 A：$x_1 = 0$ cm，$m_1 = 0.4$ kg,

点 B：$x_2 = 24$ cm，$m_2 = 0.6$ kg,

点 C：$x_3 = 60$ cm，$m_3 = 0.8$ kg,

点 D：$x_4 = 100$ cm，$m_4 = 1.0$ kg,

全質量 $M = 0.4 + 0.6 + 0.8 + 1 = 2.8\,\mathrm{kg}$ だから，点 A から重心までの距離は

$$x = \frac{1}{M}(m_1x_1 + m_2x_2 + m_3x_3 + m_4x_4)$$
$$= \mathbf{58\ cm}$$

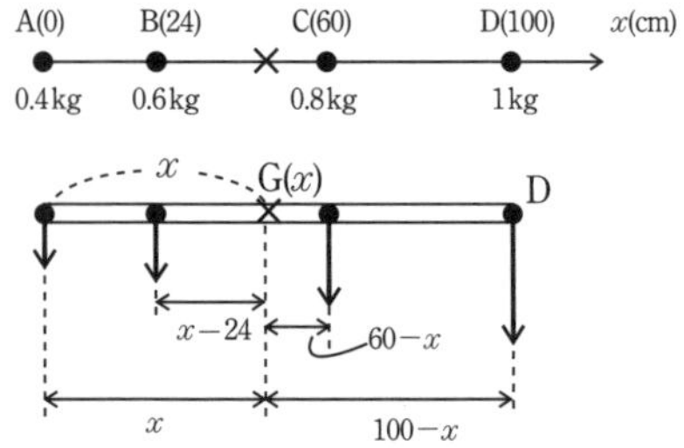

（別解：力のモーメントのつり合いを使う方法）

AG $= x$ [cm] とおくと，G から各点までの距離は上図のようになる．点 G のまわりで力のモーメントのつり合いを考えると

（反時計回りの力のモーメントの和）

（=時計回りの力のモーメントの和）

$0.4x+0.6(x-24) = 0.8(60-x)+1.0(100-x)$

これから　$x = \mathbf{58\ cm}$

問題 20.2

(1) 点Aのまわりの力のモーメントのつり合いの式は，　$2lT\sin 30° - Wl\cos 30° = 0$

よって $T = \dfrac{W}{2}\dfrac{\cos 30°}{\sin 30°} = \dfrac{\sqrt{3}}{2}\boldsymbol{W}$

（補足）力 T のモーメントは，

力 (T) ×腕の長さ $(2l\sin 30°)$

で求めても，

AB の長さ $(2l)$ ×力 T の AB に垂直成分 $(T\sin 30°)$

で求めても，同じく $2lT\sin 30°$ である．

(2) 水平方向の力のつり合いの式は

$$f - T\cos 60° = 0$$

$$\therefore f = T\cos 60° = \frac{\sqrt{3}}{4}\boldsymbol{W}$$

(3) 鉛直方向のつり合いの式は

$$S + T\sin 60° = W$$

$$\therefore S = W - T\sin 60° = \frac{1}{4}\boldsymbol{W}$$

問題 20.3

（解法 1）

下図 (a) のように座標をとり，各正方形の質量 m が $(-\frac{a}{2},+\frac{a}{2})$，$(+\frac{a}{2},+\frac{a}{2})$，$(+\frac{a}{2},-\frac{a}{2})$，の 3 点にあるとする．全体の質量は $M = 3m$ だから，重心 G の座標 (x_G, y_G) は

$$x_G = \frac{1}{M}\left\{m\times\left(\frac{-a}{2}\right) + m\times\frac{a}{2} + m\times\frac{a}{2}\right\}$$
$$= \frac{1}{6}a$$

同様に $y_G = \dfrac{1}{6}a$

ゆえに

$$\mathrm{OG} = \sqrt{x_G^2 + y_G^2} = \frac{\sqrt{2}}{6}\boldsymbol{a}$$

(a)

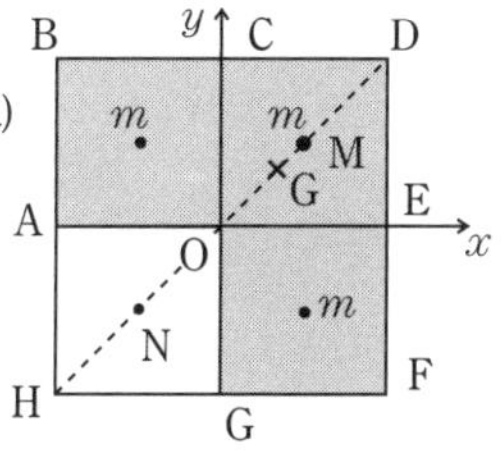

（解法 2）

対称性から向かい合う 2 つの正方形 ABCO と EFGO の重心は O である．つまり，下図 (b) のように対角線 $\overrightarrow{\mathrm{OD}}$ を数直線として考えると，原点 O $(r_1 = 0)$ に質量 $2m$ があり，点 M $(r_2 = \sqrt{2}a/2)$ に質量 m があるから，

$$\mathrm{OG} = r_G = \frac{1}{M}\left\{2m\times 0 + m\times\frac{\sqrt{2}}{2}a\right\}$$
$$= \frac{\sqrt{2}}{6}\boldsymbol{a}$$

(b)

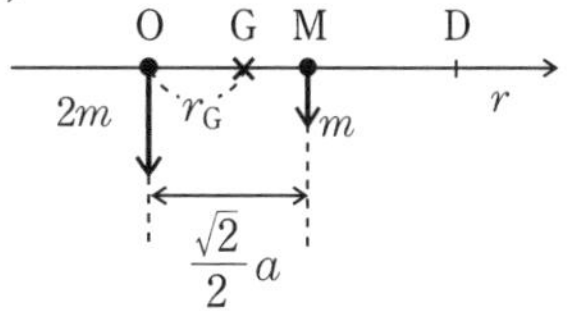

（解法 3）

対角線 $\overrightarrow{\mathrm{HOD}}$ の上で考えると，点 O から r_G の位置に質量 $3m$（3 つの正方形の重心）が置かれ，点 N にもう 1 つの正方形の質量 m を置くと，全体は BDFH の大きな四角形になりその重心は O となるはずである．つまり $\mathrm{NO} = \sqrt{2}a/2$ に注意して，下図 (c) のように点 O のまわりの力のつり合いを考えると，

$$m\times\frac{\sqrt{2}a}{2} = r_G\times 3m$$

これから　$\mathrm{OG} = r_G = \dfrac{\sqrt{2}}{6}\boldsymbol{a}$

(c)

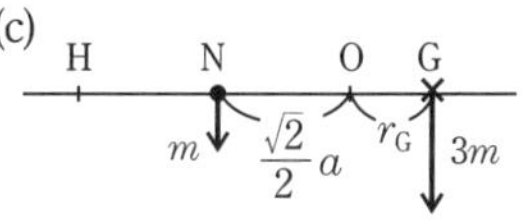

21．回転運動の方程式

問題 21.1

基本ベクトル $\boldsymbol{i}$，$\boldsymbol{j}$，$\boldsymbol{k}$ について，

(1) $\boldsymbol{i}\cdot\boldsymbol{i} = \mathbf{1}\cdots$①

(2) $\boldsymbol{i}\cdot\boldsymbol{j} = \mathbf{0}\cdots$②

(3) $\boldsymbol{i}\times\boldsymbol{i} = \mathbf{0}\cdots$③

(4) $\boldsymbol{i}\times\boldsymbol{j} = \boldsymbol{k}\cdots$④

(5) $(2\boldsymbol{i}+3\boldsymbol{j})\cdot(4\boldsymbol{i}-\boldsymbol{k})$

$= 8\boldsymbol{i}\cdot\boldsymbol{i} + 12\boldsymbol{j}\cdot\boldsymbol{i} - 2\boldsymbol{i}\cdot\boldsymbol{k} - 3\boldsymbol{j}\cdot\boldsymbol{k}$

$= 8\boldsymbol{i}\cdot\boldsymbol{i} = \mathbf{8}\cdots$⑤

(6) $(2\boldsymbol{i}+3\boldsymbol{j})\times(4\boldsymbol{i}-\boldsymbol{k})$

$= 8\boldsymbol{i}\times\boldsymbol{i} + 12\boldsymbol{j}\times\boldsymbol{i} - 2\boldsymbol{i}\times\boldsymbol{k} - 3\boldsymbol{j}\times\boldsymbol{k}$

$= \mathbf{0} + 12(-\boldsymbol{k}) - 2(-\boldsymbol{j}) - 3\boldsymbol{i}$

$= \mathbf{-3\boldsymbol{i} + 2\boldsymbol{j} - 12\boldsymbol{k}} \cdots$ ⑥

問題 21.2

$\boldsymbol{a} = (a_x, a_y, 0) = a_x\boldsymbol{i} + a_y\boldsymbol{j}$,

$\boldsymbol{b} = (b_x, b_y, 0) = b_x\boldsymbol{i} + b_y\boldsymbol{j}$

だから,

$$\begin{aligned}\boldsymbol{a} \times \boldsymbol{b} &= (a_x\boldsymbol{i} + a_y\boldsymbol{j}) \times (b_x\boldsymbol{i} + b_y\boldsymbol{j}) \\ &= a_x b_x(\boldsymbol{i} \times \boldsymbol{i}) + a_y b_x(\boldsymbol{j} \times \boldsymbol{i}) \\ &\quad + a_x b_y(\boldsymbol{i} \times \boldsymbol{j}) + a_y b_y(\boldsymbol{j} \times \boldsymbol{j}) \\ &= a_x b_x \mathbf{0} + a_y b_x(-\boldsymbol{k}) + a_x b_y \boldsymbol{k} + a_y b_y \mathbf{0} \\ &= (a_x b_y - a_y b_x)\boldsymbol{k} \\ &= (\ 0,\ 0,\ a_x b_y - a_y b_x)\end{aligned}$$

問題 21.3

角運動量 $L = xp_y - yp_x = m(xv_y - yv_x)$ を時間 t で微分すると,

$$\begin{aligned}\frac{d}{dt}L &= \frac{d}{dt}m(xv_y - yv_x) \\ &= m(v_x v_y + x a_y - v_y v_x - y a_x) \\ &= x(ma_y) - y(ma_x) \\ &= xF_y - yF_x = N \qquad \text{（証明終わり）}\end{aligned}$$

ただし, $v_x = \dfrac{dx}{dt}$, $a_x = \dfrac{dv_x}{dt}$ と運動方程式 $ma_x = F_x$ を使った（y 成分も同様）.

問題 21.4

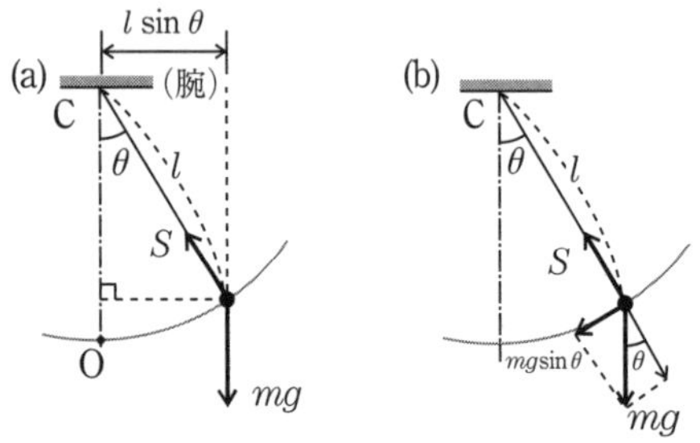

(1) 弧の関係式より $\boldsymbol{s = l\theta}$

これを時間 t で微分して,

$$速さ\ v = \frac{ds}{dt} = \boldsymbol{l\frac{d\theta}{dt}}$$

(2) 運動量の大きさは $p = mv = \boldsymbol{ml\dfrac{d\theta}{dt}}$

(3) 角運動量の大きさは

$$L = l \times p = l \times mv = \boldsymbol{ml^2\frac{d\theta}{dt}}$$

(4) 図 (a) のように, 重力の大きさ mg, 腕の長さ $l\sin\theta$ である. 反時計回りを正として,「力のモーメント＝力の大きさ×腕の長さ」で力のモーメントの大きさ N を計算する.　$N = \boldsymbol{-mgl\sin\theta}$

（別解）図 (b) のように, 重力 mg を円に接線方向の成分 $mg\sin\theta$ と垂直方向（動径方向）の成分 $mg\cos\theta$ に分けると, 力のモーメントに寄与するのは $mg\sin\theta$ だけであるから,

力のモーメント $N = \boldsymbol{-mgl\sin\theta}$

(5) 角運動量と力のモーメントの関係（回転運動の法則）$\dfrac{d}{dt}L = N$ に代入して,

$$\boldsymbol{ml^2\frac{d^2\theta}{dt^2} = -mgl\sin\theta}$$

これから　$\boldsymbol{\dfrac{d^2\theta}{dt^2} = -\dfrac{g}{l}\sin\theta}$

(6) 角 θ が小さいときは, $\sin\theta \approx \theta$ と近似でき,

$$\therefore\ \frac{d^2\theta}{dt^2} = -\frac{g}{l}\sin\theta \approx -\frac{g}{l}\theta$$

よってこれは単振動で,

周期 $T = \boldsymbol{2\pi\sqrt{\dfrac{l}{g}}}$

22. 剛体の運動 (1)

問題 22.1

① 角速度 $\omega = \boldsymbol{\dfrac{d\theta}{dt}}$

② **慣性モーメント** I

③ **力のモーメント** N

④ 回転運動の方程式 $\boldsymbol{I\beta = N}$

⑤ 回転運動のエネルギー $K = \boldsymbol{\dfrac{1}{2}I\omega^2}$

問題 22.2

① $\omega = \boldsymbol{\omega_0 + \beta t}$

② $\theta = \boldsymbol{\omega_0 t + \dfrac{1}{2}\beta t^2}$

③ $\omega^2 - \omega_0^2 = \boldsymbol{2\beta\theta}$

問題 22.3

$r = 0.2$ m, $m = 0.01$ kg とする.

① $I = \displaystyle\sum_i m_i r_i^2$

$= 2mr^2 + 2m(2r)^2$

$= 10mr^2 = \mathbf{0.004\ kg{\cdot}m^2}$

② $I_\mathrm{A} = \sum_i m_i r_i^2$
$= mr^2 + m(2r)^2 + m(3r)^2 + m(4r)^2$
$= 30mr^2 = \mathbf{0.012\ kg{\cdot}m^2}$

問題 22.4

(1) 等角加速度運動の公式 $\omega = \omega_0 + \beta t$ より，

$$\beta = \frac{\omega - \omega_0}{t}$$

この式に与えられた条件：$t = 0$ s で $\omega_0 = 2$ rad/s，$t = 10$ s で $\omega = 7$ rad/s を代入して，

$$\beta = \mathbf{0.5\ rad/s^2}$$

(2) まず回転角を度から rad に直して

$$\theta = 270° = \tfrac{3}{2}\pi \text{ rad}$$

等角加速度運動の公式より $\omega_0 = 0$ のとき $\theta = \frac{1}{2}\beta t^2$　$\therefore \beta = \frac{2\theta}{t^2}$

この式に与えられた条件：$t = 3$ s で $\theta = \frac{3}{2}\pi$ rad を代入して，

$$\beta = \boldsymbol{\frac{\pi}{3}} = \mathbf{1.05\ rad/s^2}$$

$t = 3$ s での角速度は

$$\omega = \beta t = \boldsymbol{\pi} = \mathbf{3.14\ rad/s}$$

問題 22.5

質量 $M = 4$ kg，半径 $R = 0.2$ m，力 $F = 6$ N，時間 $t = 5$ s として，

(1) 力のモーメント $N = RF = \mathbf{1.2\ N{\cdot}m}$

(2) 慣性モーメントは

$$I = \frac{1}{2}MR^2 = \mathbf{0.08\ kg{\cdot}m^2}$$

(3) 回転運動の方程式 $I\beta = N$ より

角加速度 $\beta = \frac{N}{I} = \mathbf{15\ rad/s^2}$

(4) $\omega_0 = 0$ として等角加速度運動の公式を適用すれば，

角速度 $\omega = \beta t = \mathbf{75\ rad/s}$

回転エネルギー $K = \frac{1}{2}I\omega^2 = \mathbf{225\ J}$

(5) $\omega_0 = 0$ として等角加速度運動の公式を適用すれば

回転角 $\theta = \frac{1}{2}\beta t^2 = \mathbf{187.5\ rad}$

回転数 $n = \frac{\theta}{2\pi} = \mathbf{29.8}$ **回転**

問題 22.6

(1) $Ma = \boldsymbol{Mg - S}$

(2) $ma = \boldsymbol{T - mg}$

(3) $I\beta = \boldsymbol{SR - TR = (S - T)R}$

(4) $\boldsymbol{a = R\beta}$

(5) $a = \dfrac{\boldsymbol{(M - m)g}}{\boldsymbol{M + m + I/R^2}}$

23. 剛体の運動 (2)

問題 23.1

① 重心の**並進運動**

② 重心のまわりの**回転運動**

③ $\boldsymbol{Ma = F}$

④ $\boldsymbol{I\beta = N}$

⑤ K（並進）$= \boldsymbol{\frac{1}{2}Mv^2}$

⑥ K（回転）$= \boldsymbol{\frac{1}{2}I\omega^2}$

⑦ $\boldsymbol{a = R\beta}$

⑧ $\boldsymbol{v = R\omega}$

問題 23.2

(1) 加速度 a の方向を正にとると外力は $T-F$ だから，重心の並進運動の方程式は

$$Ma = \boldsymbol{T - F}$$

(2) 重心 G のまわりの力のモーメントは（力の大きさ F）×（腕の長さ R）だから，剛体の回転運動の方程式は

$$I\beta = \boldsymbol{FR}$$

(3) 回転角の関係が成り立つので，$\boldsymbol{a = R\beta}$

(4) 慣性モーメント $I = \frac{1}{2}MR^2$ なので，

$$a = \frac{T}{M + I/R^2} = \boldsymbol{\frac{2T}{3M}}$$

$$\beta = \frac{a}{R} = \frac{T}{(M + I/R^2)R} = \boldsymbol{\frac{2T}{3MR}}$$

$$F = \frac{Ia}{R^2} = \frac{IT}{I + MR^2} = \boldsymbol{\frac{T}{3}}$$

(5) 質量 $M = 0.8$ kg，半径 $R = 0.5$ m，引く力 $T = 0.9$ N を代入して，

$$a = \frac{2T}{3M} = \mathbf{0.75\ m/s^2}$$

$$\beta = \frac{2T}{3MR} = \mathbf{1.5\ rad/s^2}$$

$$F = \frac{T}{3} = \mathbf{0.30\ N}$$

コメント：転がり摩擦では，動摩擦の法則 $F' = \mu' N$ が成り立たないことに注意.

問題 23.3

半径 $R=0.3\,\mathrm{m}$ とおく．車輪の中心の運動は等加速度運動で，中心のまわりの回転は等角加速度運動であるから，次の 2 つの解法がある．

解法 1（等角加速度運動の公式を使う方法）

時刻 $t=10\,\mathrm{s}$ では，速さは $v=9\,\mathrm{m/s}$ だから，回転角の関係式 $v=R\omega$ より

角速度は $\omega=\dfrac{v}{R}=30\,\mathrm{rad/s}$.

等角加速度運動の公式 $\omega=\omega_0+\beta t$ で $\omega_0=0$ として，角加速度 $\beta=\dfrac{\omega}{t}=\mathbf{3\ rad/s^2}$

この 10 秒間で

回転角は $\theta=\dfrac{1}{2}\beta t^2=150\,\mathrm{rad}$

回転回数は $n=\dfrac{\theta}{2\pi}=$ **23.9 回**

解法 2（等加速度運動の公式を使う方法）

時刻 $t=10\,\mathrm{s}$ では，速さは $v=9\,\mathrm{m/s}$ だから，等加速度運動の公式 $v=v_0+at$ で $v_0=0$ として，加速度 $a=\dfrac{v}{t}=0.9\,\mathrm{m/s^2}$.

回転角の関係式 $a=R\beta$ より

角加速度は $\beta=\dfrac{a}{R}=\mathbf{3\ rad/s^2}$.

10 秒間で進んだ距離は $s=\dfrac{1}{2}at^2=45\,\mathrm{m}$

車輪が 1 回転すると $2\pi R$=1.885 m 進むから，$s=45\,\mathrm{m}$ 進む間の回転回数は

$n=\dfrac{s}{2\pi R}=$ **23.9 回**

問題 23.4

(1) 同じ速さならば，下に着くときのエネルギーは **B が大きい**.

（理由）仮に下端に達したときの A と B の速さが全く同じで v であったとすると，角速度も同じで $\omega(=v/R)$ である．位置エネルギーは 2 球について全く等しいから，運動エネルギーだけを考えればよい．剛体の運動エネルギーは並進運動のエネルギー $\frac{1}{2}Mv^2$ と回転運動のエネルギー $\frac{1}{2}I\omega^2$ の和だから

A：$K_{\mathrm{A}}=\dfrac{1}{2}Mv^2+\dfrac{1}{2}I_{\mathrm{A}}\omega^2$

B：$K_{\mathrm{B}}=\dfrac{1}{2}Mv^2+\dfrac{1}{2}I_{\mathrm{B}}\omega^2$

つまり並進運動のエネルギー（$\frac{1}{2}Mv^2$）は 2 球に共通だが，$I_{\mathrm{B}}>I_{\mathrm{A}}$ だから回転運動のエネルギーは B が大きい．結局，下端に達したときのエネルギーは B のほうが大きい．

(2) 実際には慣性モーメントの小さい **A のほうが速い**.

（理由）ころがり摩擦は仕事をしないから，力学的エネルギー保存の法則が成り立つ．位置エネルギーは等しいから，下端に達したときの両者の運動エネルギーも等しい．よって

$$\frac{1}{2}Mv_{\mathrm{A}}^2+\frac{1}{2}I_{\mathrm{A}}\omega_{\mathrm{A}}^2=\frac{1}{2}Mv_{\mathrm{B}}^2+\frac{1}{2}I_{\mathrm{B}}\omega_{\mathrm{B}}^2$$

回転角の関係式 $v_{\mathrm{A}}=R\omega_{\mathrm{A}}$ と $v_{\mathrm{B}}=R\omega_{\mathrm{B}}$ をこの式に代入し整理すると

$$(MR^2+I_{\mathrm{A}})\omega_{\mathrm{A}}^2=(MR^2+I_{\mathrm{B}})\omega_{\mathrm{B}}^2$$

条件から $I_{\mathrm{A}}<I_{\mathrm{B}}$ だから，上の式より $\omega_{\mathrm{A}}>\omega_{\mathrm{B}}$.

$\therefore\quad v_{\mathrm{A}}>v_{\mathrm{B}}\qquad$（A が速い）

問題 23.5

(1) $\boldsymbol{Ma=Mg-T}$

(2) $\boldsymbol{I\beta=RT}$

(3) $\boldsymbol{a=R\beta}$

(4) (1) ~ (3) を未知数 a, β, T の連立方程式として解いて，$I=\frac{1}{2}MR^2$ を代入する．

$$a=\frac{Mg}{M+I/R^2}=\mathbf{\frac{2}{3}}\boldsymbol{g}$$

$$\beta=\frac{a}{R}=\frac{Mg}{(M+I/R^2)R}=\boldsymbol{\frac{2g}{3R}}$$

$$T=\beta\frac{I}{R}=\frac{Mg}{M+I/R^2}\times\frac{I}{R^2}=\mathbf{\frac{1}{3}}\boldsymbol{Mg}$$

24. 問題演習（剛体の力学）

基本問題

問題 24.1

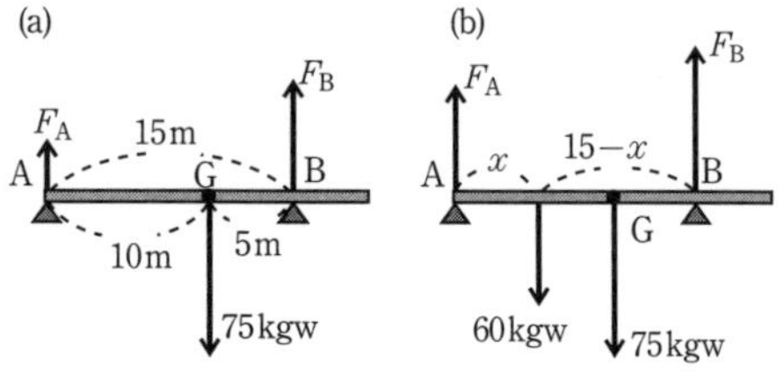

(1) 図 (a) から，点 B のまわりの力のモーメン

トのつり合いの式は　$75\times5-F_{\mathrm{A}}\times15=0$

$\therefore F_{\mathrm{A}}=\mathbf{25\ kgw}$

点Aのまわりの力のモーメントのつり合いの式は　$F_{\mathrm{B}}\times15-75\times10=0$

$\therefore F_{\mathrm{B}}=\mathbf{50\ kgw}$

（点AかBのどちらかのまわりでの力のモーメントのつり合いの式から，1つの力を求め，他方の力は鉛直方向の力のつり合い条件 $F_{\mathrm{A}}+F_{\mathrm{B}}=75\,\mathrm{kgw}$ と組み合わせても正解が得られる.）

(2) 図(b)から，点Bのまわりの力のモーメントのつり合いの式は

$$60\times(15-x)+75\times5-F_{\mathrm{A}}\times15=0$$

$$\therefore F_{\mathrm{A}}=\mathbf{85-4x}\ [\mathbf{kgw}]$$

点Aのまわりの力のモーメントのつり合いの式は

$$F_{\mathrm{B}}\times15-60\times x-75\times10=0$$

$$\therefore F_{\mathrm{B}}=\mathbf{4x+50}\ [\mathbf{kgw}]$$

（鉛直方向の力のつり合い条件 $F_{\mathrm{A}}+F_{\mathrm{B}}=75+60=135\,\mathrm{kgw}$ と組み合わせても正解が得られる.）

問題 24.2

(1) 点Aのまわりの力のモーメントのつり合いの式は

$$T\times l\cos60^\circ-W\times2l\sin60^\circ=0$$

$$\therefore T=2W\tan60^\circ=\mathbf{2\sqrt{3}W}$$

(2) 鉛直方向のつり合いから，　$F=\boldsymbol{W}$

水平方向のつり合いから

$$R=T=\mathbf{2\sqrt{3}W}$$

問題 24.3

点Aのまわりの力のモーメントのつり合いの式は

$$T\times l\sin\left(90^\circ-\frac{\theta}{2}\right)-W\times\frac{l}{2}\sin\theta=0$$

ここで　$\sin\left(90^\circ-\frac{\theta}{2}\right)=\cos\frac{\theta}{2}$

$$\sin\theta=2\sin\frac{\theta}{2}\cos\frac{\theta}{2}$$

を使うと，

$$T=W\sin\frac{\theta}{2}\quad（証終）$$

問題 24.4

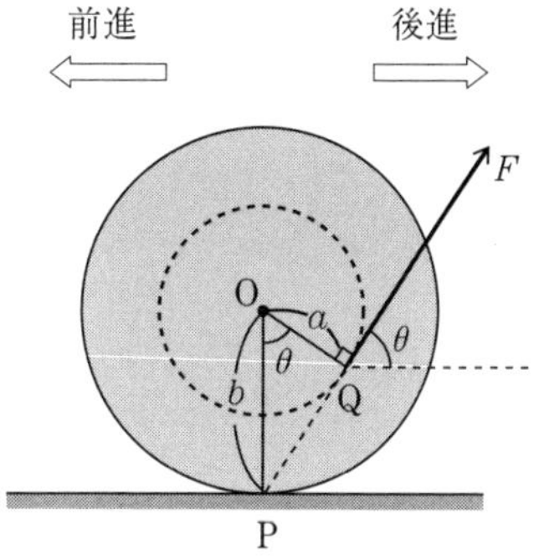

接地点Pのまわりで力 F のモーメントを考える．図のように力の作用線上にPがある場合にはPのまわりの力 F のモーメントは0になり回転作用を起こさない．このときの角を θ_1 とすると，△OPQは直角三角形となっているから，$\cos\theta_1=\dfrac{a}{b}$ である.

つまり，$\cos\theta_1=\dfrac{a}{b}$ を満たす角 θ_1 に対して，糸を引き出す角度 θ が

角 $\theta>\theta_1$ ならば力 F のモーメントは反時計回りであるから糸巻きは前進し（図で左向きに進み），

角 $\theta<\theta_1$ ならば力 F のモーメントは時計回りであるから糸巻きは後進する（図で右向きに進む).

問題 24.5

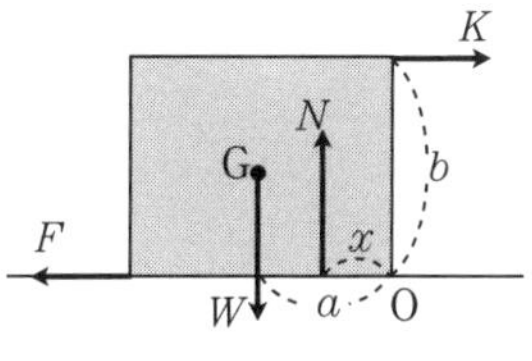

(1) 水平方向のつり合いから，摩擦力 $F=\boldsymbol{K}$.

(2) 鉛直方向のつり合いから，

垂直抗力 $N=\boldsymbol{W}$.

(3) 図の点Oのまわりで力のモーメントのつり合い：

（時計回りのモーメント）

＝（反時計回りのモーメント）

を考えると

$$Kb+Nx=aW$$

$$\therefore\quad x=\frac{\boldsymbol{aW-bK}}{\boldsymbol{W}}$$

（なお，摩擦力 F の作用線は点 O を通るからモーメントは 0 である．$K=0$ では $x=a$，つまり水平に引かないときには，垂直抗力 N の作用線は重さ W の作用線と重なる．）

(4)　箱が傾く条件は $x=0$　$\therefore K=\boldsymbol{\dfrac{a}{b}W}$

問題 24.6

(1) 水平方向のつり合い：

$\boldsymbol{T-F\cos\theta=0}\ \therefore\ \boldsymbol{F\cos\theta=T}\cdots①$

(2) 鉛直方向のつり合い：

$\boldsymbol{F\sin\theta-W=0}\ \therefore\ \boldsymbol{F\sin\theta=W}\cdots②$

(3) 点 B のまわりで，力のモーメントを考える．

力 T のモーメントは（腕の長さが $2b$ だから）：

$T\times 2b$（反時計回り）

力 W のモーメントは（W が重心 G にはたらくから腕の長さは a なので）

$W\times a$（時計回り）

力 F のモーメントは（力 F は B を通るから腕の長さ $=0$ なので）

$F\times 0$

反時計回りを正として力のモーメントを加算すると，つり合いの式は

$\boldsymbol{2bT-aW=0}\cdots③$

(4) ③より $T=\boldsymbol{\left(\dfrac{a}{2b}\right)W}$

①^2＋②^2 より

$F^2=W^2+T^2=\left\{\left(1+\dfrac{a}{2b}\right)^2\right\}W^2$

$F=\sqrt{W^2+T^2}=\boldsymbol{W\sqrt{1+\left(\dfrac{a}{2b}\right)^2}}$

①と②より $\tan\theta=\dfrac{W}{T}=\boldsymbol{\dfrac{2b}{a}}$

問題 24.7

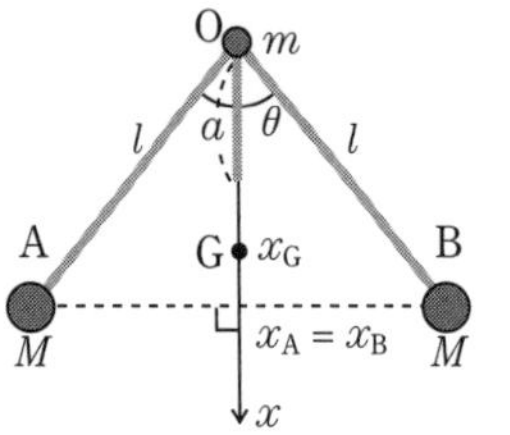

図のように，点 O を原点として OC 方向に x 座標をとれば，対称性から重心は x 軸上にあるのは明らかである．点 O ($x=0$) には質量 m のおもり，点 A，B ($x_A=x_B=l\cos\theta$) には質量 M のおもりがある．したがって重心の x 座標は

$$x_G=\frac{0\times m+x_A\times M+x_B\times M}{m+M+M}$$
$$=\boldsymbol{\left(\frac{2M\cos\theta}{m+2M}\right)l}$$

点 C で支えて安定するためには重心 G が点 C より下にあることが必要である．よって“やじろべえ”になるための条件は $a<x_G$

$\therefore$　条件　$\boldsymbol{a<\left(\dfrac{2M\cos\theta}{m+2M}\right)l}$

問題 24.8

半径 $R=0.05$ m，質量 $M=0.08$ kg，角速度 $\omega=60$ rad/s，時間 $t=2$ s として，

(1) $\omega_0=0$ として公式 $\omega=\omega_0+\beta t$ を適用

角加速度 $\beta=\dfrac{\omega-\omega_0}{t}=\textbf{30 rad/s}$

(2) 慣性モーメントは

$I=MR^2=\boldsymbol{2\times10^{-4}}$ **kg·m²**

(3) 回転運動の方程式 $I\beta=N$ より

力のモーメントは

$N=I\beta=\boldsymbol{6\times10^{-3}}$ **N·m**

(4) 力のモーメントは $N=RF$ だから

力の大きさ $F=\dfrac{N}{R}=\textbf{0.12 N}$

問題 24.9

(1) 円運動の速さは $v=r\omega$ だから，

角運動量の大きさ $L=r\times p=r\times mv$

$=r\times mr\omega=\boldsymbol{mr^2\omega}$

(2) 剛体を固定軸から距離 r_i の位置に質量 m_i の小物体が分布している系だと考える．各小物体の速さは $v_i=r_i\omega$ で，慣性モーメントは $I=\sum_i m_ir_i^2$ である．剛体の角運動量の大きさは，各小物体の角運動量の和だから

$$L=\sum_i r_i\times p_i=\sum_i r_i\times m_iv_i$$
$$=\sum_i r_i\times m_ir_i\omega=\left(\sum_i m_ir_i^2\right)\omega$$
$$=\boldsymbol{I\omega}$$

(3) 外力は加わっていないから，角運動量が保

存される．接着前の角運動量は $L = I_A\omega$

接着後の角運動量は $L_1 = (I_A + I_B)\omega_1$

$L = L_1$ だから

$$\omega_1 = \boldsymbol{\frac{I_A\omega}{I_A + I_B}}$$

問題 24.10

(1)（力のモーメント N）

$= $（力の大きさ F）×（腕の長さ R）

$\therefore \quad N = \boldsymbol{FR}$

(2) 回転運動の方程式は $I\beta = N = FR$ だから，

角加速度 $\beta = \boldsymbol{\frac{FR}{I}}$

(3) 繰り出す糸の長さ l と回転角 θ_1 の間には回転角の関係式 $l = R\theta_1$ が成り立つので，

回転角は $\theta_1 = \boldsymbol{\frac{l}{R}}$

(4)（$\omega_0 = 0$ の）等角加速度運動の公式 $\theta_1 = \frac{1}{2}\beta t_1^2$ を適用して，糸が離れるまでの時間は

$$t_1 = \sqrt{\frac{2\theta_1}{\beta}} = \boldsymbol{\frac{1}{R}\sqrt{\frac{2Il}{F}}}$$

(5) 糸が離れた直後の角速度は，

$$\omega_1 = 0 + \beta t_1 = \boldsymbol{\sqrt{\frac{2Fl}{I}}}$$

(6) 下図の通り．

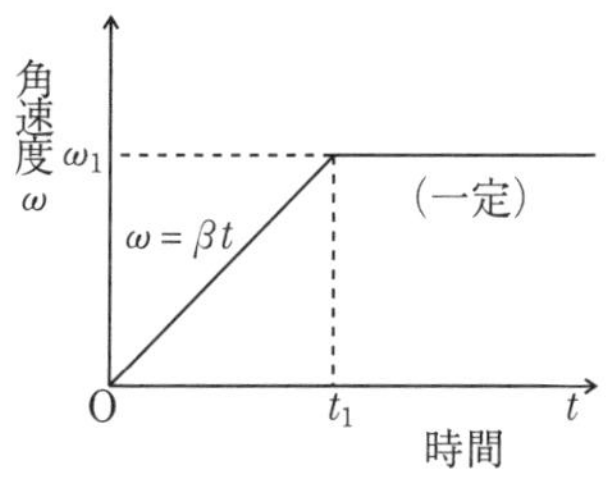

問題 24.11

(1) $ma = \boldsymbol{T_1}$

(2) $Ma = \boldsymbol{Mg - T_2}$

(3) 滑車を回転させようとする力のモーメントは $N = \boldsymbol{R(T_2 - T_1)}$

定滑車の回転運動の方程式 ($I\beta = N$) は

$I\beta = \boldsymbol{R(T_2 - T_1)}$

(4) 回転角の関係式が成り立つので $\boldsymbol{a = R\beta}$

(5) (1) ~ (4) の式から

$$a = \boldsymbol{\frac{Mg}{M + m + I/R^2}}$$

標準問題

問題 24.12

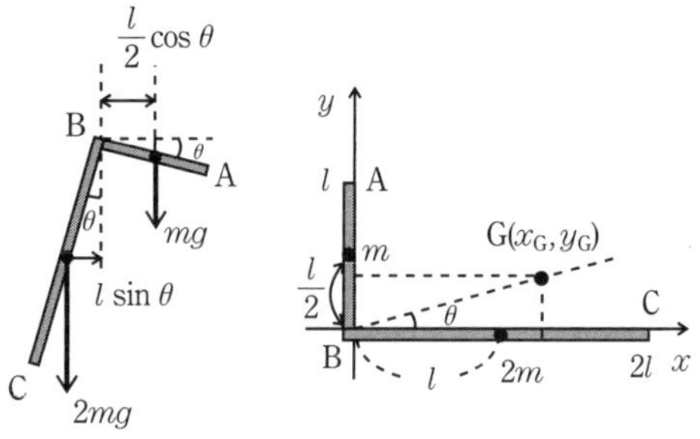

AB 部分 ($= l$) の質量を m，BC 部分 ($= 2l$) の質量を $2m$ とおく．

点 B のまわりで力のモーメントのつり合いを考える．図 (a) のように，BC 部分の重心（=中心）には重力 $2mg$ がはたらき，その腕の長さは $l\sin\theta$ である．AB 部分の重心（中心）には重力 mg がはたらき，その腕の長さは $\frac{l}{2}\cos\theta$ である．点 B のまわりでの力のモーメントのつりあいは，

$$2mg \times l\sin\theta - mg \times \frac{l}{2}\cos\theta = 0$$

$$\therefore \tan\theta = \boldsymbol{\frac{1}{4}}$$

別解 全体の重心 G の位置 (x_G, y_G) をまず求める．図 (b) のように x-y 座標をとると，AB 部分 m の重心の座標は $(0, l/2)$ で，BC 部分 $2m$ の重心の座標は $(l, 0)$ である．したがって全体の重心の座標は

$$x_G = \frac{m \times 0 + 2m \times l}{2m + m} = \frac{2}{3}l$$

$$y_G = \frac{m \times l/2 + 2m \times 0}{2m + m} = \frac{1}{6}l$$

点 B で支えたとき，点 B を通る鉛直線は点 G を貫くから，

$$\tan\theta = \frac{y_G}{x_G} = \boldsymbol{\frac{1}{4}}$$

問題 24.13

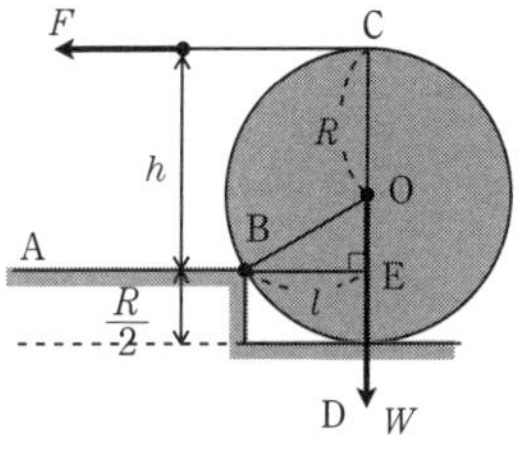

点 B のまわりで力のモーメントのつり合いを考える．

図から引く力 F の腕の長さは $h = (3/2)R$

ゆえに，力 F のモーメントは

$Fh = (3/2)FR \cdots$ ①．

一方，重力 W は中心 O にはたらき，図で △OBE は直角三角形で，$\mathrm{OE} = R/2$, $\mathrm{OB} = R$ だから，W の腕に長さは $l = \mathrm{BE} = (\sqrt{3}/2)R$.

重力 W のモーメントは

$Wl = (\sqrt{3}/2)WR \cdots$ ②

力のモーメントのつり合いの式 ① = ② より，

$$F = \boldsymbol{\frac{\sqrt{3}}{3}W}$$

問題 24.14

(1) （重心の）並進運動エネルギーは

$$K_{\mathrm{G}} = \boldsymbol{\frac{1}{2}Mv^2}$$

(2) 回転角の関係式 $v = R\omega$ が成り立つので，

回転の角速度 $\omega = \boldsymbol{\frac{v}{R}}$

(3) 慣性モーメントが $I = \frac{2}{5}MR^2$ なので，球体の回転エネルギーは，

$$K_{\mathrm{R}} = \frac{1}{2}I\omega^2 = \frac{1}{2}\left(\frac{2}{5}MR^2\right)\left(\frac{v}{R}\right)^2 = \boldsymbol{\frac{1}{5}Mv^2}$$

(4) ころがり摩擦は仕事をしないから，力学的エネルギー保存の法則が成立する．高さ h は斜面に沿った距離 x と $h = x\sin\theta$ の関係にあるから，

$$\frac{1}{2}Mv^2 + \frac{1}{2}I\omega^2 = Mgh = Mgx\sin\theta$$

ゆえに斜面に沿った到達距離は

$$x = \boldsymbol{\frac{7v^2}{10g\sin\theta}}$$

問題 24.15

(1) 面密度σ = (全質量M) ÷ (全面積$\pi R^2/2$)

だから $\sigma = \boldsymbol{\frac{2M}{\pi R^2}}$

(2) 幅 Δx，長さ $2y = 2\sqrt{R^2 - x^2}$ の長方形なので，

面積 $\Delta S = 2y\Delta x = \boldsymbol{2\sqrt{R^2 - x^2}\Delta x}$

質量 $\Delta m = \sigma\Delta S = \boldsymbol{\frac{4M}{\pi R^2}\sqrt{R^2 - x^2}\Delta x}$

(3) 重心

$$x_{\mathrm{G}} = \frac{1}{M}\sum_i x_i m_i = \frac{1}{M}\int x\,dm$$
$$= \frac{1}{M}\int_0^R x\left(\frac{4M}{\pi R^2}\sqrt{R^2 - x^2}\,dx\right)$$
$$= \frac{4}{\pi R^2}\int_0^R x\sqrt{R^2 - x^2}\,dx$$
$$= \frac{4}{\pi R^2}\left[-\frac{1}{3}(R^2 - x^2)^{\frac{3}{2}}\right]_0^R$$
$$= \boldsymbol{\frac{4R}{3\pi}}$$

問題 24.16

(1) おもりの運動方程式は

$$ma = \boldsymbol{mg - T_2} \cdots ①$$

(2) 「力の大きさ $T_1 \times$ 腕の長さ R (=半径)」だから，力のモーメント $= \boldsymbol{T_1R}$

滑車 A の回転運動の方程式は

$$I\beta = \boldsymbol{T_1R} \cdots ②$$

(3) （回転する方向を正として加算すると）

滑車 B にはたらく力のモーメント

$$= \boldsymbol{T_2R - T_1R}$$

滑車 B の回転運動の方程式は

$$I\beta = \boldsymbol{T_2R - T_1R} \cdots ③$$

(4) 回転角の関係式 $\boldsymbol{a = R\beta} \cdots$ ④ が成り立つ．

(5) ① ～ ④ より，T_1, T_2, β を消去する．結果は

$$a = \boldsymbol{\frac{mg}{m + (2I/R^2)}} = \boldsymbol{\frac{g}{1 + (2I/mR^2)}}$$

索　引

著者紹介

高橋正雄（たかはし　まさお）

1981年　東北大学大学院理学研究科博士課程修了
現　在　神奈川工科大学教授
　　　　理学博士
専　攻　物性理論，とくに磁性半導体
主　著　『基礎力学演習』（ムイスリ出版，1989）
　　　　『物理学レクチャー』（共著，ムイスリ出版，1993）
　　　　『工科系の基礎物理学』（東京教学社，1997）
　　　　『基礎と演習 理工系の電磁気学』（共立出版，2004）

基礎と演習　理工系の力学

Elementary Exercises of Mechanics

2006年10月25日　初版1刷発行
2023年2月10日　初版26刷発行

著　者　高橋正雄　© 2006

発　行　**共立出版株式会社**／南條光章
東京都文京区小日向4丁目6番19号
電話 東京（03）3947-2511番（代表）
〒112-0006/振替口座 00110-2-57035番
URL　www.kyoritsu-pub.co.jp

印　刷　啓文堂

製　本　協栄製本

一般社団法人
自然科学書協会
会員

検印廃止
NDC 423
ISBN 978-4-320-03440-2

Printed in Japan

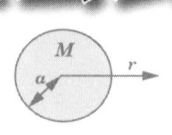